机械制造技术

（含工单）

主　编　李俊涛

副主编　李会荣

参　编　刘　伟　刘彦伯　薛　帅

主　审　张永军

北京理工大学出版社

BEIJING INSTITUTE OF TECHNOLOGY PRESS

图书在版编目（CIP）数据

机械制造技术：含工单 / 李俊涛主编. --北京：
北京理工大学出版社，2022.2
ISBN 978 - 7 - 5763 - 0937 - 9

Ⅰ.①机…　Ⅱ.①李…　Ⅲ.①机械制造工艺　Ⅳ.
①TH16

中国版本图书馆 CIP 数据核字（2022）第 024244 号

出版发行 /	北京理工大学出版社有限责任公司	
社　　址 /	北京市海淀区中关村南大街 5 号	
邮　　编 /	100081	
电　　话 /	(010) 68914775（总编室）	
	(010) 82562903（教材售后服务热线）	
	(010) 68944723（其他图书服务热线）	
网　　址 /	http://www.bitpress.com.cn	
经　　销 /	全国各地新华书店	
印　　刷 /	三河市天利华印刷装订有限公司	
开　　本 /	787 毫米×1092 毫米　1/16	
印　　张 /	16.5	责任编辑 / 多海鹏
字　　数 /	398 千字	文案编辑 / 多海鹏
版　　次 /	2022 年 2 月第 1 版　2022 年 2 月第 1 次印刷	责任校对 / 周瑞红
定　　价 /	79.00 元	责任印制 / 李志强

图书出现印装质量问题，请拨打售后服务热线，本社负责调换

前　言

　　本书依据职业教育相关国家教学标准，对接相关职业标准和岗位（群）能力要求进行编写，充分吸收了近三年高等职业教育教材建设成果，紧扣装备制造业升级和数字化改造，融入机械制造技术领域的新技术、新工艺、新规范，以创设学习情境和完成典型工作任务的形式，将《金属切削原理与刀具》《金属切削机床》《机械制造工艺学》《机床夹具设计》等相关内容有机地结合在一起，力求系统、高效学习。

　　本书内容共有五个学习情境，其中，学习情境一阶梯轴加工刀具选择由李会荣编写，学习情境二实心轴加工设备选用由刘彦伯编写，学习情境三铣削加工专用夹具设计由刘伟编写，学习情境四加工工艺路线拟定由李俊涛编写，学习情境五轴类零件加工质量分析由薛帅编写。全书由李俊涛统稿，薛帅编排，张永军教授主审。

　　本书可供高等职业院校装备制造大类相关专业学生使用，也可作为普通高等院校及有关工程技术人员参考。本书配套相应任务工单，可便于广大学习者更好地掌握所学的知识和技能。

　　由于编者水平有限，书中难免有错误与不妥之处，恳请广大读者批评指正，以便在修订时加以完善。

编　者

目　　录

阶梯轴加工刀具选择

 情景描述

完成阶梯轴零件加工刀具及切削用量的选择。

 学习目标

1. 素养目标

（1）培养学生敬业、精益、专注和创新的工匠精神。

（2）培养学生为国争光、勇攀高峰、甘于奉献的军工精神。

（3）培养学生严谨、规范、标准、认真的职业精神。

（4）培养学生爱党、爱国、爱岗，崇尚技能、热爱劳动的精神。

2. 知识目标

（1）掌握各种加工方法的特点及应用场合。

（2）掌握各种切削加工的切削运动及切削用量。

（3）掌握工具钢、高速钢、硬质合金、超硬刀具材料的特点、分类及应用。

（4）掌握切削加工变形、力、温度的规律。

（5）掌握切削加工过程中切屑的形态、流向和折断。

3. 技能目标

（1）能运用切削理论和切削过程基本规律解决切削加工过程中的实际问题。

（2）能根据零件加工表面形状，正确选择加工刀具种类、结构和刀具几何参数。

（3）能根据零件加工要求，确定切削用量。

任 务 书

某企业生产通用减速器，其中有一根阶梯轴，如图 1-1 所示，中批量生产。现需要完成加工所用刀具及切削用量的选择。接收任务后，根据工艺过程结合企业生产实际情况，查阅资料明确加工方法，选择刀具的类型、材料及切削用量。

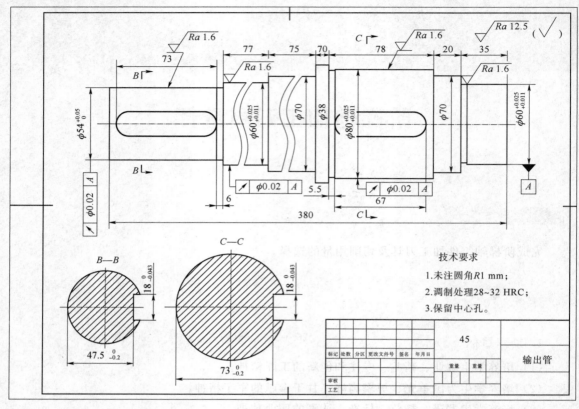

图 1-1 阶梯轴零件图

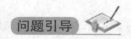

1. 该阶梯轴零件加工用到了哪些加工方法？

_____

_____

_____

2. 完成切削加工必要的运动有哪些？

_____

_____

_____

3. 什么样的材料能作为刀具材料？

_____

_____

_____

_____

4. 在加工过程中，切削温度太高是什么原因造成的？

_____

_____

_____

1.1　零件的成形方法与金属切削要素

1.1.1　零件的成形方法

零件成形是指，在机械制造中，把原材料或毛坯制造成为合格零件。根据零件质量 m 的变化（即质量增量 Δm），可将制造工艺划分为三种类型：

（1）$\Delta m < 0$ 是指在机械制造过程中通过材料被逐渐切除而获得需要的几何形状的制造工艺，即材料切除法。如车削、铣削、刨削、磨削、钻削等加工方法。

（2）$\Delta m = 0$ 是指零件在成形前后，材料主要发生形状变化，而质量基本不变的制造工艺，即变形法。如铸造、锻造及磨具成形（冲压、注塑）等加工工艺。

（3）$\Delta m > 0$ 是指零件在成形过程中通过材料累加而获得需要的几何形状的制造工艺，即材料累积法。这一工艺方法的优点是可以成形任意复杂形状的零件，而无须刀具、夹具等生产准备活动。如焊接、3D 打印等加工方法。

1.1.2　金属切削要素

金属切削加工（即 $\Delta m < 0$）是通过刀具与工件之间的相互作用和相对运动，从毛坯上切除多余金属，使工件达到要求的几何形状、尺寸精度和表面质量，从而获得合格零件的一种机械加工方法。

1. 切削运动

1）主运动

主运动是刀具和工件之间的最主要相对运动，它的速度最高，消耗功率最大。机床的主运动只有一个，做主运动的可以是工件，也可是刀具。如图 1-2 所示车削时的主运动是工件的旋转运动。

2）进给运动

进给运动是刀具和工件之间附加的相对运动，以保持切削连续地进行。进给运动不限于一个，可以是连续的，也可以是间歇运动。图 1-2 所示为车削时的纵向和横向进给运动。

常用加工方法切削运动分析如图 1-3 所示。

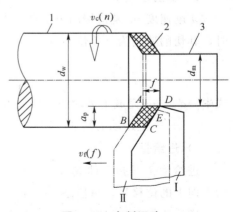

图 1-2　车削运动

1—待加工表面；2—过渡表面；3—已加工表面

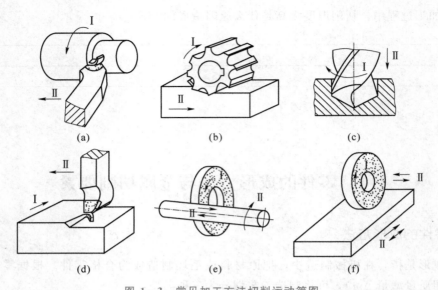

图 1-3 常见加工方法切削运动简图

(a) 车削外圆；(b) 铣削平面；(c) 钻削；(d) 刨削平面；(e) 磨削外圆；(f) 磨削平面

Ⅰ—主运动；Ⅱ—进给运动

3）切削时工件上的三个表面（见图 1-2）

（1）待加工表面：待加工表面指即将被切除的表面。

（2）过渡表面：过渡表面指切削刃正在切削的表面。

（3）已加工表面：已加工表面指经切削形成的新表面。

2. 切削用量要素

切削用量是指切削加工过程中切削速度 v_c、进给量 f 和背吃刀量 a_p 三个要素的总称，它表示主运动和进给运动量，用于调整机床的工艺参数。

1）切削速度 v_c

切削速度 v_c 是指切削刃上选定点相对于工件主运动的瞬时速度。当主运动为旋转运动时，其切削速度为（单位为 m/min）

$$v_c = \frac{\pi d_w n}{1\,000} \tag{1-1}$$

式中　d_w——完成主运动的工件或刀具的最大直径（单位为 mm）；

n——主运动的转速（单位为 r/min）。

2）进给量 f

进给量 f 是指工件或刀具的主运动旋转一周（或一个行程）时，刀具（或工件）沿进给方向上的位移量，单位是 mm/r。

进给速度是指切削刃上选定点相对工件进给运动的瞬时速度，单位为 mm/s 或 m/min。车削时进给速度为

$$v_f = nf \tag{1-2}$$

3）背吃刀量 a_p

车削时 a_p（单位为 mm）是工件上待加工表面与已加工表面间的垂直距离：

$$a_p = \frac{d_w - d_m}{2} \tag{1-3}$$

式中　d_w——工件待加工表面的直径（单位为 mm）；

　　　　d_m——工件已加工表面的直径（单位为 mm）。

常见的车削、铣削、刨削加工切削用量三要素如图 1-4 所示。

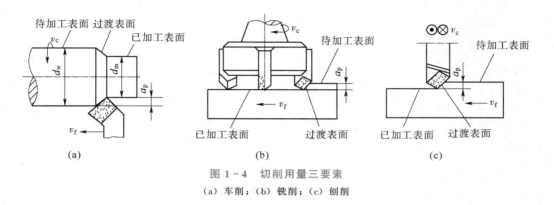

图 1-4　切削用量三要素

(a) 车削；(b) 铣削；(c) 刨削

4）合成切削速度 v_e

在主运动与进给运动同时进行的情况下，切削刃上任一点的实际切削速度是它们的合成速度 v_e，即

$$\boldsymbol{v}_e = \boldsymbol{v}_c + \boldsymbol{v}_f \tag{1-4}$$

3. 切削层横剖面参数

切削层是指切削时，刀具切过工件的一个单程所切除的工件材料层。切削层的金属被刀具切削后直接转变为切屑。

切削层参数包括：切削层公称横截面积、切削层公称宽度和切削层公称厚度。

1）切削层公称横截面积 A_D

切削层公称横截面积简称切削面积，是在切削层尺寸平面里度量的横截面积。如图 1-2 所示，工件旋转一周，刀具从位置 Ⅰ 移到 Ⅱ，切下的 Ⅰ 与 Ⅱ 之工件材料层 $ABCD$ 的面积称为切削层公称横截面积。

2）切削层公称宽度 b_D

切削层公称宽度简称切削宽度，是平行于过渡表面度量的切削层尺寸。

3）切削层公称厚度 h_D

切削层公称厚度简称切削厚度，是垂直于过渡表面度量的切削层尺寸。

切削层参数如图 1-5 所示，其计算公式如下：

$$h_D = f \sin \kappa_r \tag{1-5}$$

$$b_D = \frac{a_p}{\sin \kappa_r} \tag{1-6}$$

$$A_D = a_p f = h_D b_D \tag{1-7}$$

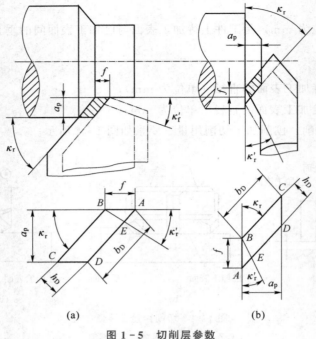

图 1－5　切削层参数

1.2　刀具几何参数

1.2.1　刀具的组成

以车刀为例，车刀由刀头、刀体两部分组成，如图 1－6 所示，刀头用于切削，刀体用于装夹。

1. 刀面

（1）前面（前刀面）A_γ：刀具上切屑流过的表面。

（2）后面（后刀面）A_α：与过渡表面相对的表面。

（3）副后面（副后刀面）A_α'：与已加工表面相对的表面。

前面与后面之间所包含的刀具实体部分称为刀楔。

2. 切削刃

（1）主切削刃 S：前、后面汇交的边缘。它完成主要的切削工作。

（2）副切削刃 S'：切削刃上除主切削刃以外的刀刃。它配合主切削刃完成切削工作，并最终形成已加工表面。

3. 刀尖

主、副切削刃汇交的一小段切削刃称为刀尖。由于切削刃不可能刃磨得很锋利，总有一些刃口圆弧，为了改善刀尖的切削性能，常将刀尖做成修圆刀尖或倒角刀尖，如图 1－7 所示。

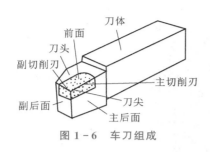

图 1-6　车刀组成

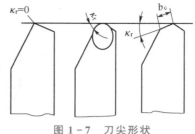

图 1-7　刀尖形状

其他各类刀具，如刨刀、钻头、铣刀等，都可看作是车刀的演变和组合。刨刀切削部分的形状与车刀相同［见图 1-8（a）］；钻头可看作是两把一正一反并在一起同时车削孔壁的车刀，因而有两个主切削刃、两个副切削刃，还增加了一个横刃［见图 1-8（b）］；铣刀可看作由多把车刀组合而成的复合刀具，其每一个刀齿相当于一把车刀［见图 1-8（c）］。

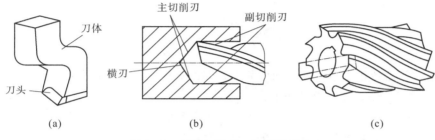

（a）　　　　　　　　　　（b）　　　　　　　　　　（c）

图 1-8　刨刀、钻头、铣刀的结构
（a）刨刀；（b）钻头；（c）铣刀

1.2.2　刀具的角度

刀具要达到良好的切削加工效果和寿命，其切削部分必须具有正确的几何形状。刀具角度是确定刀具切削部分几何形状的重要参数。

假定进给平面　　手工刃磨车刀
参考系

1. 正交平面参考系

用于定义刀具角度的各基准坐标平面称为参考系。正交平面参考系是刀具设计、刃磨和测量角度最常用的参考系，如图 1-9 所示。

（1）基面 P_r：过切削刃选定点平行或垂直于刀具上的安装面（轴线）的平面，车刀的基面可理解为平行于刀具底面的平面。

（2）切削平面 P_s：过切削刃选定点与切削刃相切并垂直于基面的平面。

（3）正交平面 P_o：过切削刃选定点同时垂直于切削平面与基面的平面。在图 1-9 中，过主切削刃某一点 X 或副切削刃某一点 X' 都可建立正交参考系。平面副切削刃与主切削刃的基面是同一个。

2. 几何角度标注（见图 1-10）

（1）在正交平面 P_o 内定义的角度如下：

① 前角 γ_o：前角指前刀面与基面之间的夹角。前角表示前刀面的倾斜程度。

90°车刀几何
角度的标注

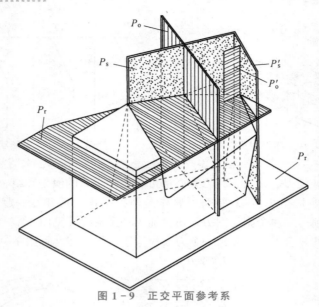

图 1-9　正交平面参考系

② 后角 α_o：后角指主后刀面与切削平面之间的夹角。后角表示主后刀面的倾斜程度。

（2）在基面 P_r 内定义的角度如下：

① 主偏角 κ_r：主偏角指主切削刃在基面的投影与假定进给方向的夹角。

② 副偏角 κ_r'：副偏角指副切削刃在基面的投影与假定进给反方向的夹角。

（3）在切削平面 P_s 内定义的角度如下：

刃倾角 λ_s：刃倾角指主切削刃与基面之间的夹角。

（4）在副正交平面 P_o'（过副切削刃上选定点垂直于副切削刃在基面上的投影的平面）内定义的角度如下：

副后角 α_o'：副后角指副后刀面与副切削平面 P_s'（过副切削刃上选定点的切线垂直于基面的平面）之间的夹角。副后角表示副后刀面的倾斜程度，一般情况下为正值，且 $\alpha_o' = \alpha_o$。

（5）其他常用的刀具角度如刀尖角 ε_r、楔角 β_o 等为派生角度。

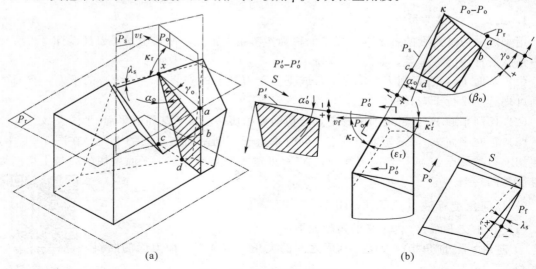

（a）　　　　　　　　　　　　　　（b）

图 1-10　刀具几何角度标注

3. 前、后角及刃倾角正负的判定（见图 1 - 11 ）

1）前、后角正负的判定〔见图 1 - 11（a）〕

若前、后刀面都位于 P_r、P_s 组成的直角平面系之内，则前、后角都为正值；反之，则为负值。当前面与 P_r 重合时，前角为零；当后面与 P_s 重合时，后角为零。

2）刃倾角正负的判定〔见图 1 - 11（b）〕

当刀尖相对车刀的底平面处于最高点时，刃倾角为正；当刀尖相对车刀的底平面处于最低点时，刃倾角为负；当切削刃与基面平行时，刃倾角为零。

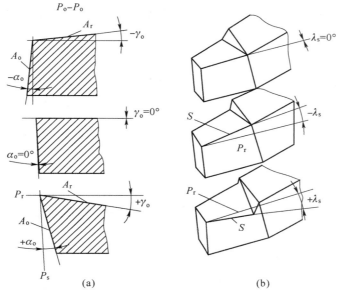

图 1 - 11 刀具角度正负的规定

1.3 金属切削过程

金属切削过程是指在刀具和切削力的作用下形成切屑的过程，在这一过程中会出现许多物理现象，如切削力、切削热、积屑瘤、刀具磨损和加工硬化等。因此，研究切削过程对切削加工的发展和进步、保证切削加工质量、提高生产效率、降低生产成本等，都有着重要意义。

1.3.1 金属切削的变形过程

金属切削过程的实质是通过切削运动，使刀具从工件表面切下多余金属层，形成切屑和已加工表面的过程。金属切削的变形过程实际上就是切屑的形成过程。研究金属切削过程中的变形规律，对于切削加工技术的发展和指导实际生产都非常重要。

1. 变形区的划分

在金属切削过程中，被切削金属层经受刀具的挤压作用，发生弹性和塑性变形，直至切离工件，并形成切屑沿刀具前刀面排出。图 1 - 12 所示为金属切削过程中的滑移线和流线示意图。所谓滑移线即等剪切应力曲线（图中的 OA、OM 线等），流线表示被切削金属的某一点在切削过程中流动的轨迹。通常将这个过程分为三个变形区。

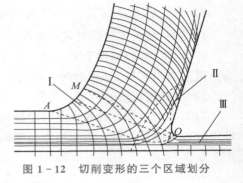

1）第Ⅰ变形区（剪切滑移区）

由 OA 线和 OM 线围成的区域（Ⅰ）称为第一变形区，也称剪切滑移区。从 OA 面开始发生塑性变形，到 OM 面止，晶粒的剪切滑移基本完成。这是切削过程中产生变形的主要区域，在此区域内产生塑性变形形成切屑。

图 1-12 切削变形的三个区域划分

2）第Ⅱ变形区（纤维化区）

第二变形区是指刀具与切屑接触区（Ⅱ）。切屑沿前刀面流出时，切屑底层受到前刀面的进一步挤压和摩擦，由于切屑与刀面之间存在较大的压力和较高的温度，使靠近前刀面处的金属晶粒沿前刀面方向产生纤维化。

3）第Ⅲ变形区（加工表面硬化区）

第三变形区是刀具与已加工表面接触区（Ⅲ）。已加工表面受到切削刃钝圆部分及后刀面的挤压和摩擦产生变形，造成晶粒纤维化与表面加工硬化。

三个变形区汇集在切削刃附近，相互关联，相互影响，称为切削区域。在该区域内，应力集中而复杂，被切金属层在此与工件本体分离。

2. 切屑的形成

切屑是被切材料受到刀具前刀面的推挤，沿着某一斜面剪切滑移而形成的。金属切削过程是切削层金属受到刀具前刀面的挤压后，产生以剪切滑移为主的塑性变形而形成切屑的过程。如图 1-13 所示，切屑形成是在第一变形区完成的，当切削层移近 OA 面时，切削层金属在正压力 F_n 与摩擦力 F_f 的合力 F_r 作用下产生弹性变形，进入 OA 面后，其内应力达到屈服点，开始产生塑性变形，金属内部发生剪切滑移，随着被切金属继续向前刀面逼近，塑性变形加剧，内应力进一步增加，到达 OM 面时，内应力达到金属断裂极限而使被切金属与工件本体分离，分离后的变形金属沿前刀面流出形成切屑。其中 OA 面称为始滑移面，OM 面称为终滑移面，两个滑移面间很窄，仅为 0.02～0.2 mm，故剪切滑移时间很短，切屑形成过程极快。

3. 切屑的变形

在切削过程中，刀具切下的切屑厚度 h_{ch} 通常大于工件上切削层的厚度 h_D，而切屑的长度 l_{ch} 却小于切削层长度 l_D，这种现象称为切屑收缩现象，如图 1-14 所示。切屑收缩的程度用变形系数 ξ 表示，它是大于 1 的有理数，能直观地反映切屑的变形程度，且容易测量。ξ 值越大，说明切出的切屑越厚、越短，切削变形越大，工件的表面质量越差，切削过程中所消耗的能量越多。

$$\xi = \frac{h_{ch}}{h_D} = \frac{l_D}{l_{ch}} > 1 \qquad (1-8)$$

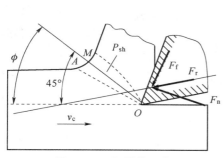

图 1-13　切屑的形成

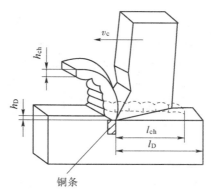

图 1-14　切屑尺寸与切削层尺寸

4. 切屑的类型

根据不同的工件材料和切削过程中的不同变形程度，切屑可分为四种类型，如图 1-15 所示。

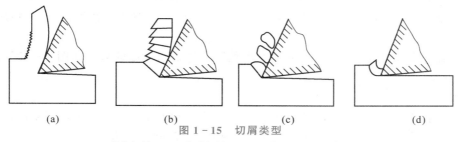

图 1-15　切屑类型

（a）带状切屑；（b）挤裂切屑；（c）粒状切屑；（d）崩碎切屑

1）带状切屑［见图 1-15（a）］

这是最常见的一种切屑，它的内表面光滑，外表面是毛茸状的。在加工塑性金属材料时常得到这类切屑。它的切削过程平稳，切削力波动较小，已加工表面粗糙度较小。

2）挤裂切屑［见图 1-15（b）］

这类切屑与带状切屑的不同之处在于外表面呈锯齿形，内表面有时有裂纹。这种切屑大多在切削速度较低、切削厚度较大、刀具前角较小的塑性材料时产生。

3）粒状切屑［见图 1-15（c）］

如果在挤裂切屑的剪切面上，裂纹扩展到整个平面，则整个单元被切离，此时的切屑即为粒状切屑或单元切屑。

4）崩碎切屑［见图 1-15（d）］

在切削脆性材料时，易产生崩碎切屑。它的切削过程很不平稳，容易破坏刀具，也有损于机床，且已加工表面较为粗糙，因此在生产中应尽量避免。

带状、挤裂、单元切屑是在切削塑性材料时产生的不同屑形，崩碎切屑是在切削脆性材料时产生的屑形。生产中可改变加工条件，使得屑形向有利的方面转化。例如切削塑性金属，随着切削速度提高、进给量减小和前角增大，可由挤裂或粒状切屑转化为带状切屑。切削铸铁时，采用大前角、高速切削也可形成长度较短的带状切屑。

5. 积屑瘤

1) 积屑瘤现象

在中速切削塑性金属时，切屑很容易在前刀面近切削刃处形成一个三角形的硬楔块，这个楔块被称为积屑瘤。在生产中对钢、铝合金和铜等塑性金属进行中速车、钻、铰、拉削和螺纹加工常会出现积屑瘤，如图 1-16 所示。

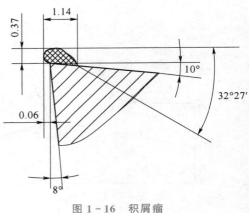

图 1-16 积屑瘤

2) 影响

积屑瘤的硬度很高，可达工件材料硬度的2～3倍，它能够代替切削刃进行切削，对切削刃有一定的保护作用；积屑瘤会增大实际前角，减小切削变形；由它堆积成的钝圆弧刃口将造成挤压和过切现象，使加工精度降低；积屑瘤脱落后黏附在已加工表面上会恶化表面质量。所以精加工时应避免积屑瘤产生。

3) 消除积屑瘤的措施

切削实验和生产实践表明，在中温情况下，例如切削中碳钢，温度在300～380 ℃时积屑瘤的高度最大，温度超过500～600 ℃时积屑瘤消失。根据这一特性，生产中常采取以下措施来抑制或消除积屑瘤。

（1）采用低速或高速切削，避开易产生积屑瘤的切削速度区域。如图 1-17（a）所示，切削 45 钢时，在 $v_c<3$ m/min 的低速和 $v_c\geqslant60$ m/min 的高速范围内，摩擦系数较小，不易形成积屑瘤。

（2）减小进给量 f，增大刀具前角 γ_o，提高刀具刃磨质量，合理选用切削液，以使摩擦和黏结减小，从而达到抑制积屑瘤的作用，如图 1-17（b）所示。

（3）合理调节各切削参数间的关系，以防止形成中温区。

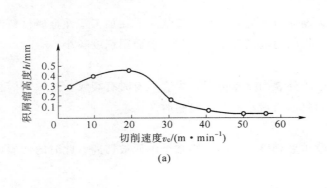

(a)

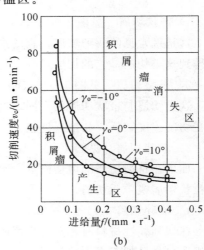

(b)

图 1-17 切削参数对积屑瘤的影响

6. 影响切屑变形的主要因素

影响切屑变形的主要因素有工件材料、刀具前角、切削速度和进给量。

1）工件材料

工件材料的塑性越大，强度、硬度越低，屈服极限越低，越容易变形，切屑变形就越大；反之，切削强度、硬度高的材料，不易产生变形，若需达到一定变形量，则应施加较大的作用力和消耗较多的功率。如图 1-18 所示。

2）前角

前角越大，切削刃越锋利，刀具前面对切削层的挤压作用越小，则切屑变形就越小，如图 1-18 所示。

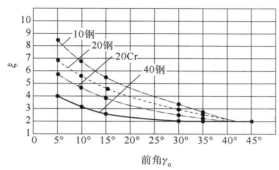

图 1-18　加工材料对变形的影响

3）切削速度

切削速度 v_c 是通过切削温度和积屑瘤来影响切削变形的，如图 1-19 所示。

（1）如图 1-19（a）所示，在无积屑瘤的切削速度范围内，切削速度 v_c 越高，变形系数越小。

（2）如图 1-19（b）所示，在能形成积屑瘤的速度范围内，主要是通过积屑瘤形成实际工作前角的变化来影响切屑变形的。在积屑瘤生长区（$v_c < 22$ m/min），随着切削速度 v_c 的提高，积屑瘤逐渐长大，使得积屑瘤前角 γ_b（即刀具实际工作前角）增大，变形系数 ξ 减小，当切削速度 v_c 达到 20 m/min 左右时，积屑瘤高度达到最大值，变形系数 ξ 最小；在积屑瘤消退区（22 m/min $< v_c <$ 84 m/min），若切削速度 v_c 再提高，则积屑瘤逐渐脱落，积屑瘤前角逐渐减小，直至积屑瘤完全消失，当切削速度 v_c 达到 84 m/min 左右时，$\gamma_o = \gamma_b$，变形系数 ξ 最大；在积屑瘤无瘤区（$v_c > 84$ m/min），切削速度 v_c 提高，剪切屈服强度减小，摩擦系数减小，变形系数 ξ 减小。

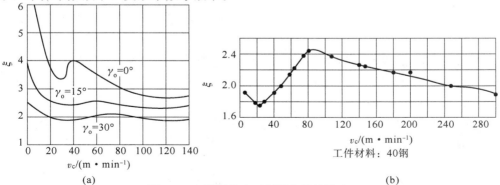

（a）　　　　　　　　　　　　　（b）

图 1-19　切削速度对切削变形的影响

（a）无积屑瘤；（b）有积屑瘤

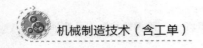

4）进给量

进给量增加会使切削层厚度增加、摩擦系数减小，进而使变形系数变小。

1.3.3 切削力与切削功率

切削力是工件材料抵抗刀具切削所产生的抗力。分析和计算切削力是进行机床、刀具、夹具设计及制定合理的切削用量和优化刀具几何参数的重要依据。在自动化生产和精密加工中，也常利用切削力来检测和监控刀具的切削过程，如刀具折断、磨损和破损等。

1. 切削力的来源与分解

切削力来源于三个方面［见图1-20（a）］：一是克服被加工材料弹性变形的抗力；二是克服被加工材料塑性变形的抗力；三是克服切屑对前刀面的摩擦力和刀具后刀面对过渡表面与已加工表面之间的摩擦力。上述各力的总和形成作用于刀具上的合力 F。

在实际加工中，前、后刀面上的切削力都不易测定，也没有必要测定它，而是根据设计和工艺分析的需要将切削合力分解在相互垂直的三个方向进行研究，图1-20（b）所示为切外圆时切削力的分解。

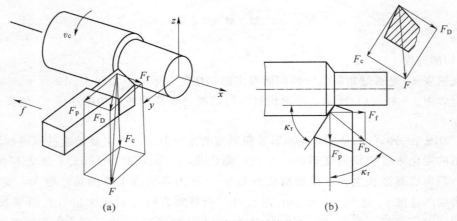

图1-20 切削合力及其分力

（1）主切削力 F_c：在主运动方向上的分力，亦称为切向力。主切削力 F_c 占总切削力的 $80\%\sim90\%$，是计算机床动力以及主传动链传动零件强度、刚度的依据，也是用于选用刀杆、刀片尺寸的依据。切削力过大时，可能使刀具崩刃甚至发生"闷车"现象。

（2）进给力 F_f：在进给运动方向上的分力，亦称为轴向力或走刀抗力。由于切削加工中进给运动的速度低，故 F_f 所消耗的功率小，只占总功率的 $1\%\sim5\%$。进给力是设计和验算机床进给机构必需的数据。

（3）背向力 F_p：在垂直于假定工作平面上的分力，也称为切深抗力或径向分力。背向力与吃刀方向一致，它能使工件产生变形，是校验机床主轴在水平面内刚度、强度以及车刀强度的依据。

合力 F 与主切削力 F_c、进给力 F_f 和背向力 F_p 的关系如下：

$$F = \sqrt{F_D{}^2 + F_c{}^2} = \sqrt{F_c{}^2 + F_f{}^2 + F_p{}^2} \tag{1-9}$$

$$F_p = F_D \cos \kappa_r, \quad F_f = F_D \sin \kappa_r \tag{1-10}$$

式中　F_D——作用于基面内 F_f 和 F_p 的合力，亦称为推力（单位为 N）。

式（1-10）表明，主偏角 κ_r 的大小会影响各分力间的比例，且不同刀具 κ_r 的情况复杂多样，一般在计算进给力和背向力时取经验值，即

$$F_p = (0.15 \sim 0.7)F_c \tag{1-11}$$

$$F_f = (0.1 \sim 0.6)F_c \tag{1-12}$$

2. 切削功率

在切削过程中主运动消耗的功率约占 95%，因此，常用它核算加工成本、计算能量消耗和选择机床主电动机功率。

主运动消耗的功率 P_c（单位为 kW）应为

$$P_c = \frac{F_c v_c \times 10^{-3}}{60} \tag{1-13}$$

式中　F_c——切削力（单位为 N）；

　　　v_c——切削速度（单位为 m/min）；

　　　P_c——切削功率（单位为 kW）。

由式（1-13）可知，切削功率与切削速度和主切削力有关，而主切削力又与背吃刀量和进给量有关，因此直接影响切削功率的是切削用量三要素，即背吃刀量 a_p、进给量 f 和切削速度 v_c。

用式（1-14）还可确定机床输出功率 P_E 为

$$P_E = \frac{P_c}{\eta_c} \tag{1-14}$$

式中　η_c——机床传动效率，一般 $\eta_c = 0.75 \sim 0.85$，其中大值用于新机床，小值用于旧机床。

3. 影响切削力的主要因素

1）工件材料的影响

工件材料的硬度和强度越高、变形抗力越大，切削力就越大；当材料的强度相同时，塑性和韧性大的材料，加工时切削力大。钢的强度与塑性变形大于铸铁，因此在同样的情况下切削钢时产生的切削力大于切削铸铁时产生的切削力。

2）切削用量的影响

当进给量 f、背吃刀量 a_p 增大时，切削力也随之增大，但二者的影响程度不同，a_p 与 F_c 成正比，而 f 与 F_c 不成正比，即 a_p 增大 1 倍，F_c 也增大 1 倍，而 f 增大 1 倍时 F_c 增大 70%~80%。切削速度 v_c 对切削力的影响如图 1-21 所示，加工脆性金属时，v_c 对切削力的影响不大。

3）刀具几何参数的影响

前角 γ_o 对切削力影响较大，当 γ_o 增大时，排屑阻力减小，切削变形减小，使切削力减小，如图 1-22 所示。主偏角 κ_r 对进给力 F_f、背向力 F_p 影响较大（见图 1-23），当 κ_r 增大时进给力 F_f 增大，而背向力 F_p 则减小。此外，刃倾角 λ_s、刀尖圆弧半径、刀具磨损程度及切削液润滑性能等因素对切削力也有一定的影响。

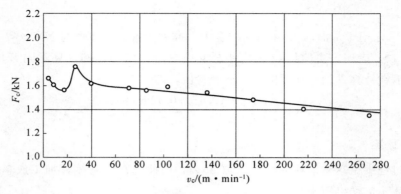

图 1－21　切削速度 v_c 对切削力的影响

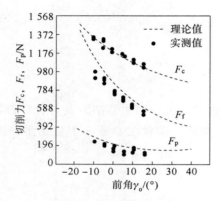

图 1－22　前角对切削力的影响

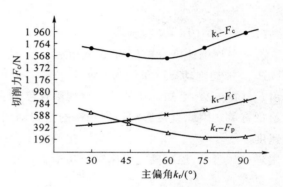

图 1－23　主偏角对切削力的影响

1.3.4　切削热、切削温度

1. 切削热

切削过程中消耗的能量，除了极少部分以形态能存在于工件表面和切屑中外，其余都要转化成热能，所以要产生大量的热，这些热称为切削热。切削热产生于切削加工的三个变形区，即切削变形所消耗的功、切屑与前刀面摩擦消耗的功、工件与后刀面摩擦消耗的功三个方面。三个变形区与三个发热区相对应。

切削塑性材料时，切削变形量大，切屑底部与前刀面摩擦大，消耗的功多，产生的热量多，因此第一变形区产生的切削热所占的比例大。当切削脆性金属时，被切削金属变形小，形成的崩碎切屑与前刀面摩擦小，产生的热量少，而工件与后刀面摩擦产生的热量所占的比例大。

切削热产生以后，由切屑、刀具、工件及周围介质传出，各部分传出的比例取决于工件的材料、切削速度、刀具材料及刀具几何形状等因素。例如车削加工时，$Q_屑$ 占 50%～86%、$Q_刀$ 占 10%～40%、$Q_工$ 占 9%～3%、$Q_介$ 占 1%。切削速度越高或切削厚度越大，则切屑带走的热量越多。传入切屑和介质的热量越多，对切削加工越有利；传入刀具的热量虽不多，但由于刀具切削部分的体积很小，故刀具在切削过程中温度可能很高，从而加剧刀具磨损，缩短刀具的使用寿命；传入工件的热可使工件发生变形，从而影响加工精度和表面质量。

2. 切削温度

切削温度一般是指切削区的平均温度。切削温度的高低取决于切削热的产生和传出情况。如图1-24（a）所示，切屑带走的热量最多，它的平均温度高于刀具和工件上的平均温度，因此切屑塑性变形严重。切削区域的最高温度通常在前刀面距离切削刃大约1 mm处，如图1-24（b）所示。

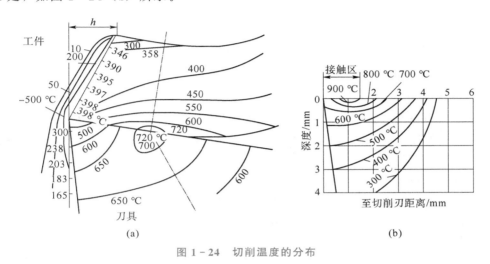

图1-24　切削温度的分布

在切削加工过程中应设法减少切削热的产生，改善散热条件，降低切削温度，减少切削热与切削温度对刀具和工件产生的不良影响。

3. 影响切削温度的主要因素

根据理论分析和大量的实验研究可知，切削温度主要受切削用量、刀具几何参数、工件材料、刀具磨损和切削液的影响。以下对这几个主要因素加以分析。

1）切削用量的影响

在切削用量对切削温度的影响中，切削速度增高，切削温度明显增高，但不成正比。例如切削速度增加一倍时，切削温度增高30%～45%；进给量增加一倍时，切削温度增高15%～20%；背吃刀量增加一倍时，切削温度只增高5%～8%。

2）工件材料影响

工件材料的强度和硬度越高，消耗的切削功也就越多，切削温度越高；工件材料的导热系数越低，切削区的热量传出越少，切削温度就越高。脆性材料的强度一般都较低，切削时塑性变形很小，切屑呈崩碎或脆性带状，与前刀面的摩擦也小，切削温度一般比塑性材料低。

3）刀具角度的影响

如图1-25所示，前角和主偏角对切削温度影响较大。前角加大，变形和摩擦减小，因而切削热少。但前角不能过大，否则刀头部分散热的体积减小，不利于切削温度的降低。主偏角减小将使切削刃的工作长度增加、散热条件改善，进而使切削温度降低。

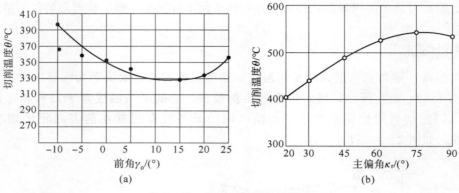

图 1-25　角度对切削温度影响

4）刀具磨损的影响

在后刀面的磨损值达到一定数值后，对切削温度的影响增大；切削速度越高，影响就越显著。合金钢的强度大，热导率小，所以切削合金钢时刀具磨损对切削温度的影响就比切削碳素钢时大。

5）切削液的影响

切削液对切削温度的影响与切削液的导热性能、比热容、流量、浇注方式以及本身的温度有很大的关系，从导热性能来看，油类切削液不如乳化液，乳化液不如水基切削液。

1.3.5　刀具磨损与刀具寿命

1. 刀具磨损

1）刀具磨损的形式

在切削过程中，刀具的前、后面始终与切屑和工件接触，在接触区内发生着强烈的摩擦并伴随着很高的温度和压力，因此刀具的前、后面都会产生磨损，如图 1-29 所示。

刀具前面磨损的形式是月牙洼磨损。当用较高的切削速度和较大的切削厚度切削塑性金属时，前面上磨出一道沟，这道沟称为月牙洼磨损，其深度为 KT、宽度为 KB，如图 1-26 （a）所示。后面磨损的形式如图 1-26 （b）所示，磨损分为三个区域：刀尖磨损 C 区（磨损量 VC）、中间磨损 B 区（磨损量 VB）和边界磨损 N 区（磨损量 VN）。当切削脆性金属时，后面易磨损；当切削塑性金属时，前、后面同时磨损。

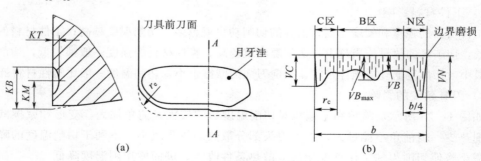

图 1-26　刀具磨损的测量位置

2）刀具磨损过程和刀具磨损标准

刀具磨损过程可分为三个阶段，如图1-27所示。

（1）初期磨损阶段（OA段）：在开始切削的短时间内，将刀具表面的不平度磨掉。

（2）正常磨损阶段（AB段）：随着切削时间的增长，磨损量以较均匀的速度加大，AB线基本上呈直线。

（3）急剧磨损阶段（BC段）：当磨损量达到一定数值后，磨损急剧加速，继而刀具损坏。生产中为合理使用刀具，保证加工质量，应避免达到该阶段。在生产中通常通过磨损过程或磨损曲线来控制刀具的使用时间及衡量、比较刀具切削性能的好坏和刀具寿命的高低。

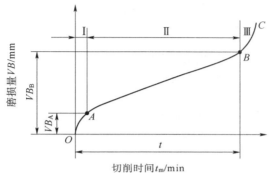

图1-27 刀具磨损曲线

磨损标准：刀具磨损到一定程度就不能继续使用，这个磨损程度称为磨损标准。

如表1-1所示，在国标中规定的磨损标准通常是以后刀面中间磨损量VB来表示磨损的程度。由于切削过程比较复杂，影响加工因素很多，因此刀具磨损量的测定必须考虑生产实际的具体情况。

表1-1 硬质合金车刀的磨钝标准

加工条件	磨钝标准 VB/mm
精车	0.1～0.3
合金钢粗车、粗车刚性较差的工件	0.4～0.5
粗车钢料	06～0.8
精车铸铁	0.8～1.2
钢及铸铁大件低速粗车	1.0～1.5

3）刀具磨损的原因

（1）磨粒磨损。在切削过程中工件或切屑上的硬质点（如工件材料中的碳化物、剥落的积屑瘤碎片等）在刀具表面上刻划出沟痕而造成的磨损，称为磨粒磨损。

（2）黏结磨损。在高温高压的作用下，切屑与前刀面、工件表面与后刀面之间接触与摩擦，使两者黏结在一起，造成刀具的黏结磨损。

（3）相变磨损。高速钢材料有一定的相变温度（550～600 ℃），当切削温度超过了相变温度时，刀具材料的金相组织发生转变，硬度显著下降，从而使刀具迅速磨损。

（4）扩散磨损。在高温高压作用下，两个紧密接触的表面之间金属元素将产生扩散。用硬质合金刀具切削时，硬质合金中的钨、钛、钴、碳等元素会扩散到切屑和工件材料中去，这样即改变了硬质合金表层的化学成分，使它的硬度和强度下降，加快了刀具磨损。

（5）氧化磨损。在高温下（700 ℃以上），空气中的氧与硬质合金中的钴和碳化钨发生氧化作用，产生组织疏松、脆弱的氧化物，这些氧化物极易被切屑和工件带走，从而造成刀具磨损。

不同的刀具材料在不同的使用条件下造成磨损的主要原因是不同的。对高速钢刀具来说，磨粒磨损和黏结磨损是使它产生正常磨损的主要原因，相变磨损是使它产生急剧磨损的主要原因。对硬质合金刀具来说，在中、低速时，磨粒磨损和黏结磨损是使它产生正常磨损的主要原因，在高速切削时刀具磨损主要是由磨粒磨损、扩散磨损和氧化磨损造成的。而扩散磨损是使硬质合金刀具产生急剧磨损的主要原因。

2. 刀具寿命 T

刀具耐用度是指刀具从开始切削至达到磨钝标准为止所用的切削时间 T（min），有时也可用达到磨钝标准所加工零件的数量或切削路程表示。刀具耐用度是一个判断刀具磨损量是否已达到磨钝标准的间接控制量。

生产中一般根据最低加工成本的原则来确定刀具寿命，而在紧急时可根据最高生产率的原则来确定刀具寿命。刀具寿命推荐的合理数值可在有关手册中查到。下列数据可供参考：

高速钢车刀：30～90 min；

硬质合金焊接车刀：60 min；

高速钢钻头：80～120 min；

硬质合金铣刀：120～180 min；

齿轮刀具：200～300 min；

组合机床、自动机床及自动线用刀具：240～480 min。

可转位车刀的推广和应用，使换刀时间和刀具成本大大降低，从而可降低刀具寿命至 15～30 min，即大大地提高了切削用量，进一步提高了生产率。

3. 影响刀具寿命 T 的因素

若磨钝标准相同，刀具寿命大，则表示刀具磨损慢。因此影响刀具磨损的因素也就是影响刀具寿命的因素。

1）工件材料的影响

工件材料的强度、硬度越高，导热性越差，刀具磨损越快，刀具寿命就会越短。

2）切削用量的影响

当切削用量 v_c、f、a_p 增加时，刀具磨损加剧，刀具寿命降低，其中影响最大的是切削速度 v_c，其次是进给量 f，影响最小的是背吃刀量 a_p。切削速度对刀具寿命的影响如图 1 - 28 所示。由图可知，

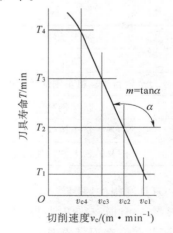

图 1 - 28　切削速度对刀具寿命 T 的影响

在一定的切削速度范围内，刀具寿命最高，提高或降低切削速度都会使刀具寿命下降。

3）刀具的影响

刀具材料的耐磨性、耐热性越好，刀具寿命就越高。前角 γ_o 增大，能减少切削变形，减少切削力及功率的消耗，因而切削温度下降，刀具寿命增加。但是如果前角过

大，则楔角 β。过小，刃口强度和散热条件就不好，反而使刀具寿命降低。刀尖圆弧半径增大或主偏角减小，都会使刀刃的工作长度增加，使散热条件得到改善，从而降低切削温度。

4）切削液的影响

切削液对刀具寿命的影响与切削温度有很大的关系。切削温度越高，刀具寿命越短。切削液本身的温度越低，就越能明显地降低切削温度，如果将室温（20 ℃）的切削液降温至 5 ℃，则刀具寿命可提高 50％。

1.3.6　刀具材料

1. 刀具材料应具备的性能

刀具材料应满足以下基本要求：

1）高的硬度和耐磨性

刀具材料的硬度必须高于工件的硬度才能切削工件，在常温下，刀具材料的硬度一般应该在 60HRC 以上。高耐磨性即抵抗磨损的能力，一般情况下，刀具材料硬度越高，耐磨性越好。

2）足够的强度和韧性

强度是指抵抗切削力的作用而不至于刀刃崩碎与刀杆折断所应具备的性能，一般用抗弯强度来表示。冲击韧性是指刀具材料在间断切削或有冲击的工作条件下保证不崩刃的能力，一般地，硬度越高，冲击韧性越低，材料越脆。只有具备足够的强度和韧性，刀具才能承受切削力和切削时产生的振动，以防脆性断裂和崩刃。

3）高的耐热性（红硬性）

红硬性指刀具材料在高温下仍能保持高的硬度、高强度基本不变的能力，一般用保持刀具切削性的最高温度来表示。

4）良好的热物理性能和化学稳定性

刀具应具备良好的导热性、导电性及抗腐蚀、抗氧化的能力。

5）较好的工艺性与经济性

工具钢应有较好的热处理工艺性；淬火变形小、淬透层深、脱碳层浅；高硬度材料需有可磨削加工性；需焊接的材料，宜有较好的导热性与焊接工艺性。此外，在满足以上性能要求时，宜尽可能满足资源丰富、价格低廉的要求。

2. 刀具材料类型

1）碳素工具钢与合金工具钢

碳素工具钢是含碳量最高的钢，如 T8、T10A。碳素工具钢淬火后具有较高的硬度，而且价格低廉。但这种材料的耐热性较差，当温度达到 200 ℃时即失去它原有的硬度，并且淬火时容易产生变形和裂纹。

合金工具钢是在碳素工具钢中加入少量的 Cr、W、Mn、Si 等合金元素形成的刀具材料（如 9SiCr）。由于合金元素的加入，故与碳素工具钢相比，其热处理变形有所减小，耐热性也有所提高。

以上两种刀具材料因其耐热性都比较差，所以常用于制造手工工具和一些形状较简单的低速刀具，如锉刀、锯条、铰刀等。

2）高速钢

高速钢又称为锋钢或风钢，它是含有较多 W、Cr、Mo、V 合金元素的高合金工具钢，如（W18Cr4V）。与工具钢相比，高速钢具有较高的耐热性，温度达 600 ℃时仍能正常切削，其许用切削速度为 30～50 m/min，是碳素工具钢的 5～6 倍，而且它的强度、韧性和工艺性都较好，可广泛用于制造中速切削及形状复杂的刀具，如麻花钻、铣刀、拉刀、各种齿轮加工工具。如表 1-2 所示列出了常用高速钢的牌号与性能。

表 1-2　常用高速钢的牌号与性能

类别		牌号	硬度 /HRC	抗弯强度 /GPa	冲击韧度	高温硬度 600 ℃ /HRC	磨削性能
普通高速钢		W18Cr4V	62～66	≈3.34	0.294	48.5	好，普通刚玉砂轮能磨
		W6Mo5Cr4V2	62～66	≈4.6	≈0.5	47～48	较 W18Cr4 差一些，普通刚玉砂轮能磨
		W14Cr4VMn-RE	64～66	≈4	≈0.25	48.5	好，与 W18Cr4V 相近
高性能高速钢	高碳	9W18Cr4V	67～68	≈3	≈0.2	51	好，普通刚玉砂轮能磨
	高钒	W12Cr4V4 Mo	63～66	≈3.2	≈0.25	51	差
	超硬高速钢	W6Mo5Cr4V2Al	68～69	≈3.43	≈0.3	55	较 W18Cr4 差一些
		W10Mo4Cr4V3Al	68～69	≈3	≈0.25	54	较差
		W6Mo5Cr4V5SiNbAl	66～68	≈3.6	≈0.27	51	差
		W12Cr4V3Mo3Co5Si	69～70	≈2.5	≈0.11	54	差
		W2Mo9Cr4VCo8（M42）	66～70	≈2.75	≈0.25	55	好，较普通刚好，普通刚玉砂轮能磨

3）硬质合金

硬质合金是由高硬度的难熔金属碳化物（如 WC、TiC、TaC、NbC 等）和金属黏结剂（如 Co、Ni 等）经粉末冶金方法制成的。由于硬质合金中所含难熔金属碳化物远远超过了高速钢，因此其硬度，特别是高温硬度、耐磨性和耐热性都高于高速钢。硬质合金的常温硬度可达 89～93HRA（高速钢为 83～86HRA），耐热温度可达 800～1 000 ℃。在相同的耐用度下，硬质合金刀具的切削速度比高速钢刀具提高了 4～10 倍，它是高速切削的主要刀具材料。但硬质合金较脆，抗弯强度低，仅是高速钢的 1/3 左右，韧性也很低，仅是高速钢的十分之一至几十分之一。目前，硬质合金大量应用于刚性好、刃形简单的高速切削刀具上，随着技术的进步，复杂刀具也在逐步扩大其应用。

常用硬质合金的牌号、成分及性能见表 1-3。其中，钨钴类（YG）硬质合金一般用来加工铸铁和有色金属，也适于加工不锈钢、高温合金、钛合金等难加工材料，因为此类硬质合金有较好的抗弯强度和冲击韧性以及较高的导热系数；钨钛钴类（YT）硬质合金一般用于钢料的连续切削，因为此类硬质合金的硬度、耐磨性、耐热性及抗黏结性能好，而抗弯强度及韧性较差；添加钽（锯）类的硬质合金一般用于加工耐热钢、不锈钢等难加工材料，也可替代 YG 和 YT 类使用，此类硬质合金有良好的综合性能。

表 1-3　常用硬质合金牌号与性能

类型	牌号	成分/% w(WC)	w(TiC)	w(TaC) w(NbC)	w(Co)	w(其他)	物理力学性能 密度/(g·cm⁻³)	热导率 k /(W·m⁻¹·K⁻¹)	硬度 HRA (HRC)	抗弯强度 /GPa	使用性能 加工材料类别	耐磨性	切削速度	进给量	对应 GB/T 2075—1998 颜色	代号	牌号
钨钴类	YG3	97	—	—	3	—	14.9~15.3	87	91 (78)	1.2	短切屑的黑色金属；非铁金属；非金属材料	↑	↓	↓	红	K 类	K01
	YG6X	93.5	—	0.5	6	—	14.6~15	75.55	91 (78)	1.4							K10
	YG6	94	—	—	6	—	14.6~15	75.55	89.5 (75)	1.42							K20
	YG8	92	—	—	8	—	14.5~14.9	75.36	89 (78)	1.15							K30
钨钛钴类	YT30	66	30	—	4	—	9.3~9.7	20.93	92.5 (80.5)	0.9	长切屑的黑色金属	↑	↓	↓	蓝	P 类	P01
	YT15	79	15	—	6	—	11~11.7	33.49	91 (78)	1.15							P10
	YT14	78	14	—	8	—	11.2~12	33.49	90.5 (77)	1.2							P20
	YT5	85	5	—	10	—	12.5~13.2	62.8	89 (74)	1.4							P30
添加钽（钶铌）类	YG6A	91	—	3	6	—	14.6~15		91.5 (79)	1.4	长或短切屑的黑色；有色金属				红	K 类	K10
	YG8N	91	—	1	8	—	14.5~14.9		89.5 (75)	1.5							K20
	YW1	84	6	4	6	—	12.8~13.3		91.5 (79)	1.2					黄	M 类	M10
	YW2	82	6	4	8	—	12.6~13		90.5 (77)	1.35							M20
碳化钛基类	YTN05	—	79	1	—	Ni17 Mo14	5.56		93.3 (82)	0.9	长切屑的黑色金属				蓝	P 类	P01
	YN15	15	62	1	—	Ni12 Mo10	6.3		92 (80)	1.1							P01

注：Y—硬质合金；G—钴；X—细颗粒合金；C—粗颗粒合金；A—含 TaC (NbC) 的 YG 类合金；W—通用合金；N—不含钴，用镍作黏结剂的合金。

从表1-3中可以看出，硬质合金中随含钴（Co）量的增多，其强度和韧性增高，故含钴量高的硬质合金一般用于粗加工；随含钴量减少，其硬度高，耐磨性好，故含钴量低的硬质合金一般用于精加工。成分相同、颗粒细小的硬质合金，其硬度及耐磨性有所提高，但抗弯强度有所下降，故细颗粒的硬质合金一般也用于精加工。

除上述三类硬质合金之外，近年来我国又研制了一些新型硬质合金，如表面涂层硬质合金和超细晶粒硬质合金等。

4）其他刀具材料

（1）陶瓷的硬度可达到91～95HRA，耐磨性好，耐热温度可达1 200 ℃（此时硬度为80HRA），它的化学稳定性好，抗黏结能力强，但它的抗弯强度很低，仅有0.7～0.9 GPa，故陶瓷刀具一般用于高硬度材料的精加工。

（2）人造金刚石人造金刚石的硬度很高，其显微硬度可达10 000 HV，是除天然金刚石之外最硬的物资；它的耐磨性极好，与金属的摩擦系数很小；它的耐热温度较低，在700～800 ℃时易脱碳，失去其硬度；它与铁族金属的亲和作用大，故人造金刚石多用于对有色金属及非金属材料的超精加工以及作磨具磨料用。

1.4　切削条件的合理选择

切削参数包括刀具几何角度参数与切削用量参数。切削参数的合理选择必须依据一些原则和方法，且要根据具体的加工条件适当做一些调整，以满足实际的加工要求。

1.4.1　刀具几何角度的选择

刀具几何角度直接影响切削效率、刀具寿命、表面质量和加工成本，因此必须重视刀具几何参数的合理选择，以充分发挥刀具的切削性能。

1. 前角 γ_o 选择

前角是刀具上重要的几何参数之一，前角的大小决定着刀刃的锋利程度。前角增大，可使切削变形减小，切削力、切削温度降低，还可抑制积屑瘤等现象的产生，提高表面加工质量。但是前角过大会使刀具楔角变小、刀头强度降低、散热条件变差、切削温度升高、刀具磨损加剧、刀具寿命降低。

前角大小选择总的原则是：在保证刀具耐用度满足要求的条件下，尽量取较大值。具体选择应根据以下几个方面考虑：

（1）根据工件材料选择。加工塑性金属前角较大，而加工脆性材料前角较小；材料的强度和硬度越高，前角越小，甚至取负值。

（2）根据刀具材料选择。高速钢强度、韧性好，可选较大前角；硬质合金的强度、韧性较高速钢低，故前角较小；陶瓷刀具前角应更小。

（3）根据加工要求选择。粗加工和断续切削时选小值，精加工时选较大值。

硬质合金刀具前角具体数值参照表1-4选取。

表 1－4　硬质合金刀具前角值

工件材料	碳钢 σ_b/GPa				40Cr	调质40Cr	不锈钢	高锰钢	钛和钛合金
	≤0.445	≤0.558	≤0.784	≤0.98					
前角	25°～30°	15°～20°	12°～15°	10°	13°～18°	10°～15°	15°～30°	3°～－3°	5°～10°

工件材料	淬硬钢					灰铸铁		铜			铝及铝合金
	38～41 HRC	44～47 HRC	50～52 HRC	54～58 HRC	60～65 HRC	≤220 HBS	＞220 HBS	纯铜	黄铜	青铜	
前角	0°	－3°	－5°	－7°	－10°	12°	8°	25°～30°	15°～25°	5°～15°	25°～30°

2. 后角 α_o、副后角 α_o' 选择

后角 α_o 的主要作用是减小刀具后面与工件表面之间的摩擦，所以后角不能太小。后角也不能过大，后角过大虽然刃口锋利，但会使刃口强度降低，从而降低刀具耐用度。后角大小选择总的原则是：在不产生较大摩擦的条件下，尽量取较小的后角。具体选择 α_o 大小时，根据以下几个因素考虑。

（1）根据加工要求选择。粗加工时，后角应选得小（6°～8°）；精加工时，切削用量较小，工件表面质量要求高，后角应选得大（8°～12°）

（2）根据加工工件材料选择。加工塑性金属材料，后角适当选大值；加工脆性金属材料，后角应适当减小；加工高强度、高硬度钢时，应取较小后角。

副后角 α_o' 选择原则与后角 α_o 基本相同，对于有些焊接刀具，为便于制造和刃磨，取 $\alpha_o=\alpha_o'$。有的刀具，例如切槽刀和三面刃铣刀，取副后角 $\alpha_o'=1°～2°$。

3. 主、副偏角 κ_r、κ_r' 选择

当主偏角较小时，刀尖角增大，提高了刀尖强度，改善了刀刃散热条件，对提高刀具耐用度有利。但是，当主偏角较小时，背向切削力 F_p 大，容易使工件或刀杆（孔加工刀）产生挠度变形而引起"让刀"现象，以及引起工艺系统振动，影响加工质量。因此，工艺系统刚性好时，常采用较小的主偏角；工艺系统刚性差时，要取较大的主偏角。

副偏角的大小主要影响已加工表面的表面粗糙度，为了降低工件表面粗糙度，通常取较小的副偏角。具体选择如表 1－5 所示。

表 1－5　主偏角 κ_r、副偏角 κ_r' 选用值

适用范围和加工条件	加工系统刚性差的台阶轴、细长轴、多刀车、仿形车	加工系统刚性差，粗车、强力车削	加工系统刚性较好，加工外圆、端面、倒角	加工系统刚性足够的淬硬钢、冷硬铸铁	加工不锈钢	加工高锰钢	加工钛合金
主偏角 κ_r	75°～93°	60°～70°	45°	10°～30°	45°～75°	25°～45°	30°～45°
副偏角 κ_r'	10°～6°	15°～10°		10°～5°	8°～15°	10°～20°	10°～15°

4. 刃倾角 λ_s 选择

刃倾角的主要作用是它可以控制切屑的流出方向，增加刀刃的锋利程度；增加刀刃参加

工作的长度，使切削过程平稳以及保护刀尖。刃倾角的选择原则如下：

（1）根据加工要求选择。

粗加工时，为提高刀具的强度，选择 $\lambda_s = 0° \sim -5°$；精加工取 $\lambda_s = 0° \sim +5°$。

（2）根据加工条件选择。

加工断续表面、余量不均匀表面及有冲击载荷时，取负刃倾角。

1.4.2 切削用量的选择

切削用量的选择，对加工质量、生产率和刀具的使用寿命有着重要的意义。合理的组合切削用量对提高产品的技术经济效益有着重要的影响。

在切削用量中，切削速度对刀具寿命影响最大，其次为进给量，影响最小的是背吃刀量，因此选择切削用量的步骤是：先定 a_p，再选 f，最后确定 v_c。必要时需校验机床功率是否允许。

1. 选择背吃刀量 a_p

背吃刀量 a_p 一般是根据加工余量确定的。

粗加工（表面粗糙度 Ra 为 $50 \sim 12.5$ μm）时，一次走刀应尽可能切除全部余量，在中等功率机床上，取 $a_p = 8 \sim 10$ mm；如果余量太大或不均匀、工艺系统刚性不足及断续切削，则可分几次走刀。

半精加工（Ra $3.2 \sim 6.3$ μm）时，取 $a_p = 0.5 \sim 2$ mm。

精加工（$Ra = 0，8 \sim 1.6$ μm）时，取 $a_p = 0.1 \sim 0.4$ mm。

2. 选择进给量 f

粗加工时，对表面质量没有太高的要求，而切削力往往较大，合理的 f 应是工艺系统（包括机床进给机构强度、刀杆强度和刚度、刀片的强度、工件装夹刚度等）所能承受的最大进给量。生产中 f 常根据工件材料材质、形状尺寸、刀杆截面尺寸和已定的 a_p 从切削用量手册中查得。一般情况下，当刀杆尺寸、工件直径增大时，f 可选较大值；a_p 增大，因切削力增大，f 就选择较小值；加工铸铁时的切削力较小，所以 f 可大些。具体值可查表 1-6。

表 1-6　硬质合金车刀粗车外圆及端面进给量

工件材料	车刀刀杆尺寸/mm	工件直径/mm	背吃刀量 a_p/mm				
			≤3	>3～5	>5～5	>8～12	>12
			进给量 f/（mm·r^{-1}）				
碳素结构钢、合金结构钢及耐热钢	16×25	20	0.3～0.4	—	—	—	—
		40	0.4～0.5	0.3～0.4	—	—	—
		60	0.5～0.7	0.4～0.6	0.3～0.5	—	—
		100	0.6～0.9	0.5～0.7	0.5～0.6	0.4～05	—
		400	0.8～1.2	0.7～1.0	0.6～0.8	0.5～0.6	—
	20×30 25×25	20	0.3～0.4	—	—	—	—
		40	0.4～0.5	0.3～0.4	—	—	—
		60	0.6～0.7	0.5～0.7	0.4～0.6	—	—
		100	0.8～1.0	0.7～0.9	0.5～0.7	0.4～0.7	—
		400	1.2～1.4	1.0～1.2	0.8～1.0	0.6～0.9	0.4～0.6

工件材料	车刀刀杆尺寸/mm	工件直径/mm	背吃刀量 a_p/mm				
			≤3	>3～5	>5～5	>8～12	>12
			进给量 f/(mm·r^{-1})				
铸铁及铜合金	16×25	40	0.4～0.5	—	—	—	—
		60	0.6～0.8	0.5～0.8	0.4～0.6	—	—
		100	0.8～1.2	0.7～1.0	0.6～0.8	0.5～0.7	—
		400	1.0～1.4	1.0～1.2	0.8～1.0	0.6～0.8	0.4～0.6
	20×30 25×25	40	0.4～0.5	—	—	—	—
		60	0.6～0.9	0.5～0.8	0.4～0.7	—	—
		100	0.9～1.3	0.8～1.2	0.7～1.0	0.5～0.8	—
		400	1.2～1.8	1.2～1.6	1.0～1.3	0.9～1.1	0.7～0.9

注：1. 加工断续表面及有冲击的工件时，表内进给量应乘系数 $k=0.75～0.85$；

　　2. 在无外皮加工时，表内进给量应乘系数 $k=1.1$

精加工或半精加工时，进给量主要受加工表面粗糙度限制，一般取较小值。但若进给量过小，切削深度过薄，刀尖处应力集中，散热不良，使刀具磨损加快，反而会使表面粗糙度加大。所以，进给量也不宜过小。具体值可查表 1-7。

表 1-7　按表面粗糙度选择进给量的参考值

工件材料	表面粗糙度 Ra/μm	切削速度范围 v_c/(m·min^{-1})	刀尖圆弧半径 r_ε/mm		
			0.5	1.0	2.0
			进给量 f/(mm·r^{-1})		
铸铁、青铜、铝合金	10～5	不限	0.25～0.40	0.40～0.50	0.50～0.60
	5～2.5		0.15～0.25	0.25～0.40	0.40～060
	2.5～1.25		0.10～0.15	0.15～0.20	0.20～0.35
碳钢、合金钢	10～5	<50	0.30～0.50	0.45～0.60	0.55～0.70
		>50	0.40～0.55	0.55～0.65	0.65～0.70
	5～2.5	<50	0.18～0.25	0.25～0.30	0.30～0.40
		>50	0.25～0.30	0.30～0.35	0.35～0.50
	2.5～1.25	<50	0.1	0.11～0.55	0.15～0.22
		50～100	0.11～0.16	0.16～0.25	0.25～0.35
		>100	0.16～0.20	0.20～0.25	0.25～0.35

3. 选择切削速度 v_c

1) 选择切削速度的一般原则

(1) 粗车时，a_p、f 均较大，故 v_c 宜取较小值；精车时，a_p、f 均较小，所以 v_c 宜取较大值。

（2）工件材料强度、硬度较高时，应选较小的 v_c 值；反之，宜选较大的 v_c 值。材料加工性较差时，选较小的 v_c 值；反之，选较大的 v_c 值。在同等条件下，易切钢的 v_c 值高于普通碳钢的 v_c 值；加工灰铸铁的 v_c 值低于碳钢的 v_c 值；加工铝合金、铜合金的 v_c 值高于加工钢的 v_c 值。

（3）材料的性能越好，v_c 值也选得越高。

此外，在选择 v_c 时，还应注意以下几点：

（1）加工时，应尽量避开容易产生积屑瘤和鳞刺的速度值域。精加工时，一般硬质合金车刀采用高速切削，其速度范围在 $80\sim100$ m/min 以上；高速钢车刀一般采用低速，其速度范围为 $3\sim8$ m/min。

（2）断续切削时，为减小冲击和热应力，应适当降低 v_c。

（3）易发生振动的情况下，v_c 应避开自激振动的临界速度。

（4）加工大件、细长件、薄壁件及带硬皮的工件时，应选较低的 v_c。

2）选择切削速度的过程

（1）根据切削速度选择的原则和由已选定的 a_p、f 查表 1-8 选取一个切削速度 v_{c1}。

（2）根据切削速度 v_{c1}，计算机床转速 n_1。

$$n_1 = \frac{1\,000v_1}{\pi d_w}$$

式中 d_w——待加工表面直径。

由于一般机床主轴转速为有限的不连续间断值，故选用与 n_1 接近或相等的机床实有转速 n_c。

（3）实际的切削速度 v_c 是通过机床实有转速 n_c 实现的，其计算式为

$$v_c = \frac{\pi d_w n_c}{1\,000}$$

（4）校验其切削功率是否小于机床许用功率，若切削功率超过了机床许用功率，则应先降低切削速度。

表 1-8　国产焊接和可转位车刀切削速度选用参考表

工件材料	热处理状态	刀具材料	$a_p=0.3\sim0.5$ mm $f=0.08\sim0.3$ mm/r	$a_p=2\sim6$ mm $f=0.3\sim0.6$ mm/r	$a_p=6\sim10$ mm $f=0.6\sim1$ mm/r
			$v_c/$ (m·min^{-1})		
碳素钢	正火	YT15 YT30 YT5R YC35 YC45	$160\sim130$	$110\sim90$	$80\sim60$
	调质		$130\sim100$	$90\sim70$	$70\sim50$
合金钢	正火	YT30 YT5R YM10	$130\sim110$	$90\sim70$	$70\sim50$
	调质	YW1 YW2 YW3 YC45	$110\sim80$	$70\sim50$	$60\sim40$
不锈钢	正火	YG8 YG6A YG8N YW3 YM051 YM10	$80\sim70$	$70\sim60$	$60\sim50$
淬火钢	>45HRC	YT510 YM051 YM052	>40HRC $50\sim30$	60HRC $30\sim20$	—

续表

工件材料	热处理状态	刀具材料	$a_p=0.3\sim0.5$ mm $f=0.08\sim0.3$ mm/r	$a_p=2\sim6$ mm $f=0.3\sim0.6$ mm/r	$a_p=6\sim10$ mm $f=0.6\sim1$ mm/r
			$v_c/$ (m·min^{-1})		
高锰钢	（ω(Mn) 13％）	YT5R YW3 YC35 YS30 YM052	30～20	20～10	—
高温合金	（GH135）	YM051 YM052 YD15	50	—	—
	（K14）	YS2T YD15	40～30	—	—
钛合金	—	YS2T YD15	$a_p=1.1$ mm $f=0.1\sim0.3$ mm/r	$a_p=2.0$ mm $f=0.1\sim0.3$ mm/r	$a_p=3.0$ mm $f=0.1\sim0.3$ mm/r
			65～36	49～28	44～26
灰铸铁	（＜190HBS）	YG8 YG8N	120～90	80～60	70～50
	（190～225HBS）	YG3X YG6X YG6A	110～80	70～50	60～40
冷硬铸铁	≥45HRC	YG6X YG8M YM053 YD15 YS2 YDS15	$f=3\sim6$ mm　$f=0.15\sim0.3$ mm/r 15～17		

总之，选择切削用量时，可参照有关手册的推荐数据，也可凭经验根据选择原则确定。

1.4.3　切屑的控制

在生产实践中我们常常可以看到，排出的切屑常常打卷，到一定长度自行折断；但也有切屑成带状直窜而出，特别是在高速切削时切屑很烫，很不安全，应设法使之折断。

1. 切屑的卷曲和形状

切屑的卷曲是由于切屑内部变形或碰到断屑槽等障碍物造成的。切屑的形状是多种多样的，如带形、螺旋形、弧形、e字形、6字形和针形切屑等。较为理想、便于清理的屑形为100 mm 以下长度的螺旋状切屑和不飞溅定向落下的C、6形切屑，如图1-29所示。

2. 切屑的折断

切屑经第Ⅰ、第Ⅱ变形区的严重变形后，硬度增加，塑性大大降低，性能变脆，从而为断屑创造了先决条件。由切屑经变形自然卷曲或经断屑槽等障碍物强制卷曲产生的拉应变超过切屑材料的极限应变值时，切屑即会折断。

3. 断屑措施

生产中常用的断屑措施如下：

（1）磨制断屑槽，如图1-30所示，其中折线形和直线圆弧形适用于加工碳钢、合金钢、工具钢和不锈钢，全圆弧形适用于加工塑性大的材料和用于重型刀具，断屑槽尺寸 L_{Bn}（槽宽）、C_{Bn}（槽深）或 r_{Bn} 应根据切屑厚度取大以防产生堵屑现象。

如图1-31所示，断屑槽在前刀面上的位置有外斜式、平行式（适用粗加工）和内斜式（适于半精加工和精加工）。改变切削用量，主要是增大进给量厂使切屑厚度增大，从而使切屑易折断；改变刀具角度，主要是增大主偏角 κ_r 使切屑厚度增大，使切屑易折断。

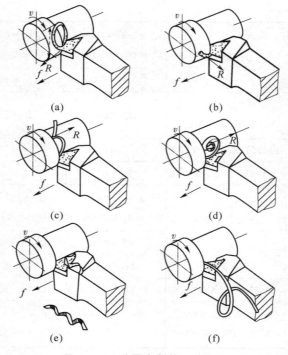

图 1－29　外圆车削的几种屑形

（a）"C"或"6"形；（b）"C"形；（c）弧形；（d）盘形螺旋；（e）螺旋形；（f）连续带形

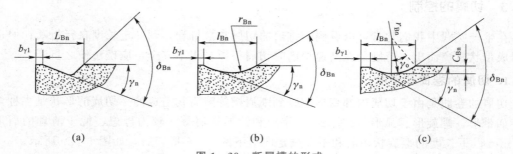

图 1－30　断屑槽的形式

（a）折线形；（b）直线圆弧形；（c）全圆弧形

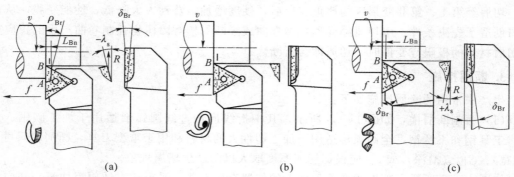

图 1－31　断屑槽的斜角

（a）外斜式；（b）平行式；（c）内斜式

（2）改变刃倾角 λ_s 的正、负值，控制切屑流向达到断屑。对于塑性很高的工件材料，还可采用振动切削装置达到断屑目的，如图 1-32 所示。

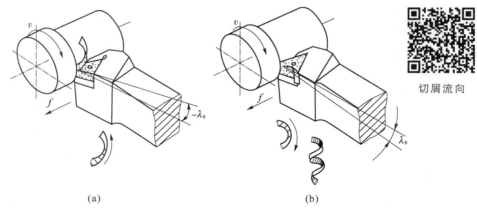

切屑流向

（a）　　　　　　　　　　　（b）

图 1-32　刃倾角 λ_s 控制断屑

（a）$\lambda_s < 0°$；（b）$\lambda_s > 0°$

1.4.4　材料的切削加工性

1. 衡量工件材料切削加工性的指标

工件材料切削加工性，是指工件材料切削加工时的难易程度。通常采用在一定刀具耐用度 T 下，切削某种工件材料所允许的切削速度 v_T，与加工性较好的 45 钢的 $(v_T)_i$ 相比较，一般取 $T = 60$ min，则相对切削加工性 K_r 为 $K_r = \dfrac{v_T}{(v_T)_i}$，$K_r > 1$，说明这种材料加工时刀具磨损较小，耐用度较高，加工性好于 45 钢。K_r 越大，加工性越好。

常用工件材料的相对切削加工性 K_r，见表 1-9。

2. 工件材料的物理力学性能对切削加工性的影响

（1）硬度。工件材料的硬度越高，加工性越差，如不锈钢难加工就是这个原因。

（2）强度。工件材料的强度越高，加工性越差，如合金钢与不锈钢加工性低于碳素钢就是这个原因（常温强度相差不大）。

（3）塑性。在工件材料的硬度、强度大致相同时，塑性越大，加工性越差。

（4）导热系数。工件材料的导热系数大，由切屑带走的热量多，切屑温度低，刀具磨损慢，其切削加工性好；反之则差。导热系数小是难加工材料切削加工性差的原因之一。

3. 改善工件材料切削加工性的途径

当工件材料的切削加工性满足不了加工的要求时，往往需要通过各种途径，针对难加工的因素采取措施，以达到改善切削加工性的目的。

（1）采取适当的热处理。通过热处理可以改变材料的金相组织及材料的物理力学性能。例如，低碳钢采用正火处理或冷拔状态，以降低其塑性，提高表面加工质量；高碳钢采用退火处理，以降低硬度，减少刀具的磨损；马氏体不锈钢通过调质处理，以降低塑性；热轧状态的中碳钢，通过正火处理使其组织和硬度均匀；铸铁件一般在切削前都要进行退火，以降低表层硬度，消除应力。

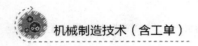

机械制造技术（含工单）

表1-9 相对切削加工性及其分级

切削加工性		易切削			较易切削		较难切削			难切削			
等级代号		0	1	2	3	4	5	6	7	8	9	9a	9b
硬度	HBS	≤50	>50~100	>100~150	>150~200	>200~250	>250~300	>300~350	>350~400	>400~480	>480~635	>635	
	HRC					>14~24.8	>24.8~32.3	>32.3~38.1	>38.1~43	>43~50	>50~60	>60	
抗拉强度 σ_b/GPa		≤0.196	>0.196~0.441	>0.441~0.588	>0.588~0.784	>0.784~0.98	>0.98~1.176	>1.176~1.372	>1.372~1.568	>1.568~1.764	>1.764~1.96	>1.96~2.45	>2.45
伸长率 δ/%		≤10	>10~15	>15~20	>20~25	>25~30	>30~35	>35~40	>40~50	>50~60	>60~100	>100	
冲击韧性 a_k/(kJ·m^{-2})		≤196	>196~392	>392~588	>588~784	>784~980	>980~1372	>1372~1764	>1764~1962	>1962~2450	>2450~2940	>2940~3920	
热导率 k/(W·m^{-1}·K^{-1})		418.68~293.08	<293.08~167.47	<167.47~83.74	<83.74~62.80	<62.80~41.87	<41.87~33.5	<33.5~25.12	<25.12~16.75	<16.75~8.37	<8.37		

（2）调整工件材料的化学成分。在大批量生产中，应通过调整工件材料的化学成分来改善切削加工性。例如易切削钢就是在钢中适当添加一些化学元素（S、Pb 等），以金属或非金属夹杂物状态分布，不与钢基体固溶，从而使得切削力小、容易断屑，且刀具耐用度高，加工表面质量好。

1.4.5　切削液的合理选用

合理地选用切削液，对降低切削温度、减小刀具磨损、提高刀具耐用度、改善加工质量都有很好的效果。

1. 切削液的作用

（1）冷却作用。在切削过程中，切削液能带走大量的切削热，有效地降低切削温度，提高刀具耐用度。切削液冷却性能的好坏主要取决于它的导热系数、比热、汽化热、流量的大小。一般说来，水溶液冷却效果最好，乳化液其次，油类最差。

（2）润滑作用。润滑作用是通过切削液渗透到刀具、切屑及工件表面之间形成润滑油膜而实现的。

作为一种性能优良的切削液，除了具有良好的冷却、润滑性能外，还应具有防锈作用及不污染环境、稳定性好、价格低廉等。

2. 切削液的种类和选用

（1）切削液的种类。

① 水溶液主要成分是水，并在水中加入一定的防锈剂。它的冷却性能好，润滑性能差，呈透明状。它常在磨削中使用。

② 乳化液是将乳化油用水稀释而成，呈乳白色，一般水占 $95\% \sim 98\%$，故冷却性能好，并有一定的润滑性能。若乳化油占的比例大些，则其润滑性能会有所提高。乳化液中常加入极压添加剂，以提高油膜强度，起到了良好的润滑作用。

一般材料的粗加工常使用乳化液，难加工材料的切削常使用极压乳化液。

③ 切削油主要是矿物油（机油、煤油、柴油），有时采用少量的动、植物油及它们的复合油。切削油的润滑性能好，但冷却性能差。为了提高切削油在高温高压下的润滑性能，常在切削油中加入极压添加剂以形成极压切削油。

一般材料的精加工常使用切削油，难加工材料的精加工常使用极压切削油。

（2）切削液的选择。

切削液的品种很多，性能各异，通常根据加工性质、工件材料和刀具材料等来选择合适的切削液，才能收到良好的效果。具体选择原则如下：

① 粗加工时，主要要求冷却，一般应选用冷却作用较好的切削液，如低浓度的乳化液等；精加工时，主要希望提高工件的表面质量和减少刀具磨损，一般应选用润滑作用较好的切削液，如高浓度的乳化液或切削油等。

② 加工一般钢材时，通常选用乳化液或硫化切削油；加工铜合金和有色金属时，一般不宜采用含硫化油的切削液，以免腐蚀工件；加工铸铁、青铜、黄铜等脆性材料时，一般不使用切削液。在低速精加工（如宽刀精刨、精铰、攻螺纹）时，可用煤油作为切削液。

③ 高速钢刀具一般要根据加工性质和工件材料选用合适的切削液，硬质合金刀具一般不用切削液。

任务实施

1. 车刀选择

（1）类型：车刀按用途分为外圆车刀、端面车刀、切断刀、内孔车刀、圆头车刀和螺纹车刀等。90°车刀（偏刀）用于车削工件的外圆、台阶和端面；45°车刀（弯头刀）用于车削工件的外圆、端面和倒角；切断刀用于切断工件或在工件上切槽；内孔车刀用于车削工件的内孔；圆头车刀用于车削工件的圆角、圆槽或成形面；螺纹车刀用于车削螺纹。查表 1-2 可知车刀类型为 90°外圆车刀，焊接式。

（2）材料：刀具常用材料有高速钢和硬质合金，因车刀类型为焊接式，且工件材料为 45 钢，中批生产，故适合用硬质合金刀片，粗车选牌号 YT5，半精车选牌号 YT15。

（3）规格：焊接式外圆车刀刀杆材料一般选 45 钢，刀杆截面形状选为矩形，断面 $B \times H$ 为 16 mm×25 mm，高度 L 为 150 mm。

2. 切削用量选择

切削用量包括切削速度 v_c、进给量 f 和背吃刀量 a_p，选择切削用量首先应分析被加工材料的性能和加工要求、刀具材料性能、机床及其运动参数及装夹和加工系统刚性等条件。

现以 $\phi 80^{+0.021}_{+0.002}$ mm 外圆加工（粗车—半精车—磨削）为例说明切削用量选择。

（1）选择粗车外圆的切削用量。

已知条件：毛坯为模锻件，有硬皮，毛坯直径为 $\phi 90$ mm，总长为 388 mm，工件材料为 45 钢，$\sigma_b = 650$ MPa，$\phi 80^{+0.021}_{+0.002}$ mm 外圆长度为 78 mm，所选刀具为 YT5 焊接式车刀，$\kappa_r = 90°$，$\gamma_o = 15°$，$\lambda_s = -5°$，$\alpha_o = 6°$，$\alpha_o' = 6°$，$\kappa_r' = 10°$，刀尖圆弧半径 $r_\epsilon = 0.5$ mm。机床为 CA6140 型卧式车床。

① 确定背吃刀量。

根据加工面的尺寸精度和表面粗糙度进行分析，此外圆在加工时划分为粗车、半精车和磨削三个加工阶段，故 $A_总 = 90 - 80 = 10$ （mm），半精车和磨削的加工工序余量（直径）查加工余量及偏差表确定为 1.5mm 和 0.4mm，粗车余量 $A_粗 = A_总 - A_{半精} - A_精$，故粗车背吃刀量为

$$\alpha_{p粗} = (10 - 1.5 - 0.4)/2 = 4.05 \text{ mm}$$

（2）选用进给量 f。

进给量 f 的值一般查表确定，由于采用 CA6140 型卧式车床，刀杆截面 $B \times H$ 为 16 mm×25 mm，粗车背吃刀量为 4.05 mm，查表 f 值为 0.5～0.7 mm/r，最后根据选用原则粗车取较大值，故选取粗车 f 为 0.6 mm/r。

（3）选用切削速度。

主轴的转速是根据切削速度计算选取的，而切削速度的选择原则和工件材料、刀具材料以及工件加工精度有关。先采用硬质合金车刀粗车外圆面，粗车背吃刀量为 4.05 mm，f 为 0.5～0.7 mm/r，直径为 $\phi 90$ mm，正火处理，查国产焊接和可转位车刀切削速度选用参考表，切削速度为 90～110 m/min，根据选择原则，粗车切削速度选小值，$v_c = 90$ m/min，故计算主轴的转速为

$$n=\frac{1\,000v_c}{\pi d}=\frac{1\,000\times 90}{3.14\times 90}=318.5\ （r/min）$$

再查 CA6140 的最大加工尺寸及主轴转速表，CA6140 卧式车床上主轴转速中选取近似值为 320 r/min，再反计算 v_c 为

$$v_c=\frac{\pi d_w n}{1\,000}=\frac{3.14\times 90\times 320}{1\,000}=90.4\ （m/min）$$

任务考核

任务考核评分标准见表 1-10。

表 1-10　评分标准

序号	考核评价项目		考核内容	学生自检	小组互检	教师终检	配分	成绩
1	过程考核	素养目标	爱党爱国，爱岗敬业；团队协作，开拓创新；热爱劳动，服务国防				20	
2		知识目标	信息搜集，自主学习，分析解决问题，归纳总结及创新能力				35	
3		能力目标	团队协作，沟通协调，语言表达能力及安全文明、质量保障意识				30	
4	常规考核		作业				5	
5			回答问题				5	
6			其他				5	

实心轴加工设备选用

情景描述

　　按实心轴车削机械加工工序卡片完成实心轴的车削加工；能读懂工序卡片，选择合适的机床类型与型号；完成工件的装夹，以及刀具和夹具的安装；调整、操作机床，完成实心轴的车削加工过程。

学习目标

　　1．素养目标

　　（1）培养学生爱岗敬业、业务精干、吃苦耐劳的职业道德与素养。

　　（2）培养学生良好的学习习惯，具备积极的学习态度和浓厚的学习兴趣。

　　（3）培养学生对信息的处理能力，能查阅资料，能看懂机床说明书和操作维护手册。

　　（4）培养学生团结协作的能力。

　　（5）培养学生独立分析和处理问题的能力。

　　（6）培养学生动手操作机床设备的能力，并掌握一定的劳动技能。

　　（7）培养学生尊重事实和证据，有实证意识和严谨的求知态度，能根据具体情况对机床故障做出准确判断。

　　（8）培养学生能自觉遵守标准，了解国家职业技能标准（车工）及其他相关标准。

　　2．知识目标

　　（1）掌握机械加工工序卡片的相关内容。

　　（2）了解车床的加工工艺范围与分类。

　　（3）了解车床常用的工装。

　　（4）了解车床主运动及进给运动系统。

　　（5）了解车床典型结构及其工作原理。

　　（6）了解车床维护保养的相关内容。

　　3．技能目标

　　（1）能根据工艺要求合理选择机床类型并确定机床型号。

　　（2）能根据工艺要求确定合适的加工方法。

　　（3）了解车床整体布局和主要技术参数。

　　（4）会分析车床的主运动传动系统和进给运动传动系统等。

　　（5）能对卧式车床进行调整操作，完成工件、刀具和夹具的安装。

　　（6）能操作卧式车床进行实心轴零件的车削加工并检验。

　　（7）能根据机床结构及特点对常见故障进行诊断与排除。

　　（8）能完成车床的维护保养工作和安全文明生产。

机械加工工艺过程卡片

	产品型号		零件图号		共 页	第 页
	产品名称		零件名称	台阶轴	材料牌号	45钢

车间	工序号	工序名称	每台件数
机加	15	车台阶轴	1

毛坯种类	毛坯外形尺寸	每毛坯可制件数	同时加工件数
棒料	φ75 mm	1	1

设备名称	设备型号	设备编号	切削液
卧式车床	CA6140		水溶液

夹具编号	夹具名称		工序工时（分）
	专用夹具		准终
工位器具编号	工位器具名称		单件

工步号	工步内容	工艺装备	主轴转速 r/min	切削速度 m/min	进给量 mm/r	切削深度 /mm	进给次数	工步工时 机动	辅助
1	装夹								
2	车右端面	三爪卡盘 45°车刀	400	89.8	0.29				
2	粗车外圆 φ71.5$^{0}_{-0.19}$ mm 及 φ41.5$^{0}_{-0.16}$ mm	三爪卡盘外圆车刀 卡尺	400	89.8	0.29				
3	半精车外圆 φ70.5$^{0}_{-0.19}$ mm 及 φ41.5$^{0}_{-0.16}$ mm	三爪卡盘外圆车刀 千分尺	560	123.8	0.1				
4	倒角 2×45°	45°车刀	560	66.3	0.1				
5	切槽 4×2	切槽刀	320	123.1	手动				

	设计（日期）	校对（日期）	审核（日期）	标准化（日期）	会签（日期）

任务书

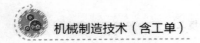

1. 加工精度分析

根据零件图可知，加工部位主要是圆柱表面、轴肩及端面，主要加工表面的公差等级是7级。

2. 表面粗糙度分析

工件主要表面的粗糙度为 $Ra6.3\ \mu m$ 和 $Ra3.2\ \mu m$，车削加工可以满足加工要求。

3. 材料分析

45 钢为优质碳素结构钢，硬度不高，易切削加工，切削性能好，一般可选用硬质合金刀具进行加工。

4. 形体分析

该零件为圆柱体形状的毛坯件，外形尺寸不大，宜采用三爪自定心卡盘装夹。

5. 任务要求

按实心轴车削机械加工工序卡片完成实心轴的车削加工。

问题引导

1. 如何选择合适的机床类型与型号？

2. 刀具和夹具如何安装？

3. 操作机床的步骤是什么？

4. 怎么处理机床的常见故障？

5. 机床维护保养的措施有哪些？

2.1　机床概述

金属切削机床简称机床，它是通过金属切削刀具，采用切削的方法把金属毛坯（或半成品）表面多余的金属切除，让其变成切屑，从而形成零件图纸要求的形状、尺寸、精度和表面粗糙度的机械零件的机器。它是生产机器的机器，所以也被称为"工作母机"。

1. 机床的类型

机床的传统分类方法主要是按加工性质和所用的刀具进行分类。根据我国制定的机床型号编制方法，目前将机床共分为 11 大类：车床、钻床、镗床、磨床、齿轮加工机床、螺纹加工机床、铣床、刨插床、拉床、锯床及其他机床。在每一类机床中，又按工艺范围、布局型式和结构等，分为 10 个组，每一组又细分为 10 系（系列）。

在上述基本分类方法的基础上，还可根据机床的其他特征进一步区分。

（1）同类型机床按工艺范围又可分为通用机床、专门化机床和专用机床。

① 通用机床可用于加工多种零件的不同工序，加工范围较广，通用性较大，但结构比较复杂。这种机床主要适用于单件小批生产，如万能升降台铣床和卧式车床等。

② 专门化机床的工艺范围较窄，专门用于加工某一类或几类零件的某道（或几道）特定工序，如曲轴车床和凸轮轴车床等。

③ 专用机床的工艺范围最窄，只能用于加工某一种零件的某一道特定工序，适用于大批量生产，如车床导轨的专用磨床和机床主轴箱的专用镗床等。汽车、拖拉机制造中使用的各种组合机床也属于专用机床。

（2）机床按照自动化程度可分为手动、机动、半自动和自动机床，半自动和自动机床按机床控制方式不同又分为用机械方式控制式、电器控制式和计算机数字程序控制式等。

（3）同类型机床按精度等级又可分为普通精度机床、精密机床和高精度机床。

（4）机床按照重量与尺寸分为仪表机床、中型机床（一般机床）、大型机床（重量达 10 t）、重型机床（大于 30 t）和超重型机床（大于 100 t）。

（5）机床按照主要工作部件的数目可分为单轴、多轴或单刀和多刀机床等。

一般情况下机床是根据加工性质进行分类的，再根据其某些特点做进一步描述，如多刀半自动车床、高精度外圆磨床等。

随着机床的发展，其分类方法也将不断发展。现代机床正在向数控化方向发展，数控机床的功能日趋多样化，工序更加集中。现在一台数控机床集中了越来越多的传统机床的功能。例如，数控车床在卧式车床功能的基础上，又集中了转塔车床、仿形车床、自动车床等多种车床的功能。车削加工中心是在数控车床功能的基础上加入了钻、铣、镗等类机床的功能。又如，具有自动换刀功能的镗铣加工中心机床集中了钻、镗、铣等多种类型机床的功能，一般把这类机床称为"加工中心"。有些加工中心的主轴既能立式又能卧式，集中了立式加工中心和卧式加工中心的功能。可见，随着技术的发展与进步及机床的自动化、智能化，引起了机床传统分类方法的变化，这种变化主要表现在机床品种不是越分越细，而应是趋向于综合。

2. 机床型号编制办法

机床的型号是赋予每种机床的一个代号，用以简明地表示机床的类型、通用和结构特性、主要技术参数等。我国的机床型号现在是按 2008 年颁布的标准"GB/T 15375—2008《金属切削机床型号编制方法》"编制的，此标准规定，机床型号由大写汉语拼音字母和阿拉伯数字按一定的规律组合而成，适用于各类通用机床和专用机床及自动线，不包括组合机床和特种加工机床。

机床型号的编制

1）通用机床型号

(△)	□	(□)	△	△	△	(X△)	(□)	/(▨)
分类代号	类别代号	通用特性或结构特性	组代号	系代号	主参数或设计顺序号	主轴数或第二主参数	重大改进顺序号	其他特性代号

通用机床型号由基本部分和辅助部分组成，中间用"/"隔开，读作"之"。前者需统一管理，后者纳入型号与否由企业自定。型号构成如下：

型号表示法中，有"（　）"的代号或数字，当无内容时，则不表示，若有内容则不带括号；有"□"符号者，为大写的汉语拼音字母；有"△"符号者，为阿拉伯数字；有"▨"符号者，为大写的汉语拼音字母，或阿拉伯数字，或两者兼有之。

例如 1 组、4 系、最大磨削直径为 $\phi320$ mm、经第一次重大改进的高精度磨床类机床型号为 MG1432A。

（1）机床类代号。

机床的类别用汉语拼音大写字母表示。例如，"车床"的汉语拼音是"Chechuang"，所以用"C"表示。当需要时，每类又可分为若干分类，分类代号用阿拉伯数字表示，在类代号之前，居于型号的首位，但第一分类不予表示，例，磨床类分为 M、2M、3M 三个分类。机床的类别代号及其读音如表 2-1 所示。

表 2-1　机床的类别和分类代号

类别	车床	钻床	镗床	磨床			齿轮加工机床	螺纹加工机床	铣床	刨插床	拉床	锯床	其他机床
代号	C	Z	T	M	2M	3M	Y	S	X	B	L	G	Q
读音	车	钻	镗	磨	二磨	三磨	牙	丝	铣	刨	拉	割	其

（2）机床的特性代号。

它表示机床所具有的特殊性能，包括通用特性和结构特性。当某类型机床除有普通型外，还具有如表 2-2 所列的某种通用特性时，则在类别代号之后加上相应的特性代号。例如"CK"表示数控车床。如同时具有两种通用特性，则可用两个代号同时表示，如"MBG"表示半自动高精度磨床。如某类型机床仅有某种通用特性，而无普通型者，则通用特性不必表示。如 C1312 型单轴转塔自动车床，由于这类自动车床没有"非自动"型，所以不必用"Z"表示通用特性。

表 2－2　机床的通用特性代号

通用特性	高精度	精密	自动	半自动	数控	加工中心自动换刀	仿形	轻型	加重型	柔性加工单元	数显	高速
代号	G	M	Z	B	K	H	F	Q	C	R	X	S
读音	高	密	自	半	控	换	仿	轻	重	柔	显	速

为了区分主参数相同而结构不同的机床，在型号中用结构特性代号表示，结构特性代号为汉语拼音字母。例如，CA6140 型卧式车床型号中的 "A"，可理解为这种型号车床在结构上区别于 C6140 型车床。结构特性代号的字母是根据各类机床的情况分别规定的，在不同型号中的意义并不一样。

（3）机床组、系的划分原则及其代号。

机床的组别和系别代号用两位阿拉伯数字表示。每类机床按其结构性能及使用范围划分为 10 个组，用数字 0～9 表示，每组机床又分 10 个系（系列），系的划分原则是：在同一类机床中，主要布局或使用范围基本相同的机床，即为同一组。在同一组机床中，主参数相同、主要结构及布局型式相同的机床，即划为同一系。常用机床的组别和系别代号见表 2－3。

表 2－3　金属切削机床组系划分表（摘自 GB/T 15375—2008 部分）

类别	代号	机床名称	组别	系别	主参数名称	折算系数
车床	C	多轴棒料自动车床	2	1	最大棒料直径	1
		回轮车床	3	0	最大棒料直径	1
		滑鞍转塔车床	3	1	卡盘直径	1/10
		单柱立式车床	5	1	最大车削直径	1/100
		双柱立式车床	5	2	最大车削直径	1/100
		落地车床	6	0	最大工件回转直径	1/100
		卧式车床	6	1	床身上最大回转直径	1/10
		仿形车床	7	1	刀架上最大回转直径	1/10
钻床	Z	深孔钻床	2	1	最大钻孔直径	1/10
		摇臂钻床	3	0	最大钻孔直径	1
		台式钻床	4	0	最大钻孔直径	1
		方柱立式钻床	5	0	最大钻孔直径	1
镗床	T	卧式坐标镗床	4	6	工作台面宽度	1/10
		卧式铣镗床	6	1	镗轴直径	1/10
		落地镗床	6	2	镗轴直径	1/10
磨床	M	无心外圆磨床	1	0	最大磨削直径	1
		外圆磨床	1	1	最大磨削直径	1/10
		万能外圆磨床	1	4	最大磨削直径	1/10
		内圆磨床	2	1	最大磨削孔径	1/10

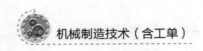

续表

类别	代号	机床名称	组别	系别	主参数名称	折算系数
齿轮加工机床	Y	滚齿机	3	1	最大工件直径	1/10
		剃齿机	4	2	最大工件直径	1/10
		衍齿机	4	6	最大工件直径	1/10
		插齿机	5	1	最大工件直径	1/10
螺纹加工机床	S	套丝机	3	0	最大套丝直径	1
		卧式攻丝机	4	8	最大攻丝直径	1/10
		丝杠铣床	6	0	最大工件直径	1/10
铣床	X	立式升降台铣床	5	0	工作台面宽度	1/10
		万能升降台铣床	6	1	工作台面宽度	1/10
		万能工具铣床	8	1	工作台面宽度	1/10
刨插床	B	龙门刨床	2	0	最大刨削宽度	1/100
		插床	5	0	最大插削宽度	1/10
		牛头刨床	6	0	最大刨削宽度	1/10
拉床	L	卧式外拉床	3	1	额定拉力	1/10
		立式内拉床	5	1	额定拉力	1/10

（4）机床主参数、第二主参数和设计顺序号。

机床主参数代表机床规格的大小，用折算值表示。当某些通用机床无法用一个主参数表示时，则在型号中用设计顺序号表示。设计顺序号由 1 起始，当设计顺序号小于 10 时，则在设计顺序号之前加"0"，由 01 开始编号。

（5）机床主轴数和第二主参数。

对于多轴车床、多轴钻床和排式钻床等机床，其主轴数应以实际数值列入型号，置于主参数之后，用"×"分开，读作"乘"。单轴可省略，不予表示。

第二主参数（多轴机床的主轴数除外）一般不予表示。如有特殊情况，则需在型号中表示。在型号中表示的第二主参数，一般以折算成两位数为宜，最多不超过三位数。以长度、深度值等表示的，其折算系数为 1/100；以直径和宽度值等表示的，其折算系数为 1/10；以厚度和最大模数值等表示的，其折算系数为 1。当折算值大于 1 时，则取整数；当折算值小于 1 时，则取小数点后第一位数，并在前面加"0"。

（6）机床的重大改进顺序号。

当机床的性能及结构布局有重大改进，并按新产品重新设计、试制和鉴定时，在原机床型号的尾部加重大改进顺序号，以区别于原机床型号，序号按 A、B、C、…字母（I、O 除外）的顺序选用。

重大改进设计不同于完全的新设计，它是在原有机床的基础上进行改进设计的。但若对原机床的结构性能没有做重大的改变，则不属于重大改进，其型号不变。

（7）其他特性代号及其表示方法。

其他特性代号置于辅助部分之首，其中同一型号机床的变形代号，也应放在其他特性代号的首位。其他特性代号主要用以反映各类机床的特性，如对于数控机床，可用以反映不同的控制系统等；对于加工中心，可用以反映控制系统自动交换主轴头和自动交换工作台等；对于柔性加工单元，可用以反映自动交换主轴箱；对于一机多能机床，可用以补充表示某些功能；对于一般机床，可以反映同一机床的变型等。

其他特性代号可用汉语拼音字母（I、O除外）表示，当单个字母不够用时，可将两个字母组合起来使用，如 AB、AC、AD、…，BA、CA、DA、…。此外，其他特性代号还可用阿拉伯数字表示，也可用阿拉伯数字和汉语拼音字母组合表示，用汉语拼音字母读音，如有需要，也可用相对应的汉字字意读音。

通用机床型号示例如下：

① 工作台最大宽度为 500 mm 的精密卧式加工中心，其型号为 THM6350。

② 最大棒料直径 ϕ16 mm 的数控精密单轴纵切自动车床，其型号为 CKM1116。

③ 经过第一次重大改进，最大钻孔直径为 ϕ25 mm 的四轴立式排钻床，其型号为 Z5625×4A。

2）专用机床型号

专用机床型号一般由设计单位代号和设计顺序号组成，其型号的结构与构成如下：

专用机床设计单位代号包括机床生产厂和机床研究单位代号，一般位于型号之首。专用机床设计顺序号按该单位的设计顺序号排列，由 001 起始，位于设计单位之后，并用"—"隔开，读作"之"。

例如北京第一机床厂设计制造的第 100 种专用机床，其型号为 BI—100；沈阳第一机床厂设计制造的第一种专用机床，其型号为 SI—001。

3）机床自动线型号

机床自动线代号是由通用机床或专用机床组成的机床自动线，其代号为"ZX"，读作"自线"，位于设计代号之后，并用"—"分开，读作"之"。

机床自动线设计顺序号的排列与专用机床设计顺序号相同，位于机床自动线代号之后。机床自动线型号构成如下：

△　—　ZX　—　△

设计顺序号

机床自动线代号

设计单位代号

例如北京机床研究所设计的第一条机床自动线，型号为 JCS—ZX001。

3. 机床的基本组成

机床由本体、传动系统及操纵、控制机构等几个基本部分组成。

机床本体包括主轴、刀架、工作台等执行件，以及床身、导轨等基础件。执行件是安装刀具和工件并带动它们做规定运动，直接执行切削任务的部件。传动系统是驱动执行件及其他运动部件做各种规定运动的传动装置，其由各种传动机构组成，一般安装在机床本体内部。操纵、控制机构是使机床各运动部件启动、停止、改变速度、改变运动方向等的机构。其他还有一些使加工能正常、顺利进行，减轻工人劳动强度等的辅助装置，如安全装置，冷却、润滑装置等。

根据不同的切削方式及运动形式确定各执行件应具有的相对位置，并按照有利于操作、调整、美观的原则将组成机床的其他部件及操作手柄等加以合理的配置和布局，便形成了具有一定外形特征的各种类型的机床。

4. 机床的运动

各类机床在进行切削加工时，应使刀具和工件做一系列的运动，这些运动的最终目的是

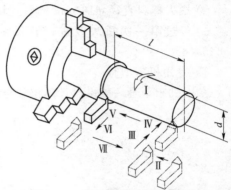

保证刀具与工件之间具有正确的相对运动，以便刀具按一定规律切除毛坯上的多余金属，进而获得具有一定几何形状、尺寸、精度和表面粗糙度的工件。以车床车削圆柱表面为例，如图 2-1 所示，在工件安装于三爪自定心卡盘并启动之后，首先通过手动方式将车刀在纵向和横向靠近工件（运动 Ⅱ 和 Ⅲ）；然后根据所要求的加工直径 d，将车刀横向切入一定深度（运动 Ⅳ）；接着通过工件旋转（运动 Ⅰ）和车刀的纵向直线运动（运动 Ⅴ），车削出圆柱表面；当车刀纵向移动所需长度 l 时，横向退离工件（运动 Ⅵ）并纵向退回至起始位置（运动 Ⅶ）。除了上述运动外，尚需完成开车、停车和变速等动作。

图 2-1　车削圆柱过程中的运动

Ⅰ、Ⅴ—成形运动；Ⅱ、Ⅲ—快速趋近运动；
Ⅳ—切入运动；Ⅵ、Ⅶ—快速退回运动

机床在加工过程中所需的运动按照其功用不同可分为表面成形运动和辅助运动。

1）表面成形运动

机床在切削过程中，使工件获得一定表面形状所必需的刀具和工件间的相对运动（直接参与切削的运动）称为表面成形运动。如图 2-1 所示，工件的旋转运动 Ⅰ 和车刀的纵向运动 Ⅴ 是形成圆柱表面的成形运动。机床加工时所需表面成形运动的形式、数目与被加工表面的形状、所采用的加工方法和刀具结构有关。采用单刃刨刀刨削成形面如图 2-2（a）所示，其所需的成形运动为工件的直线纵向移动 v 及刨刀的横向和垂向运动 s_1、s_2。若采用成形刨刀刨削成形面 [见图 2-2（b）]，则成形运动只需纵向直线移动 v。

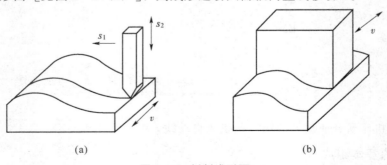

(a)　　　　　　　　　　　　　(b)

图 2-2　刨削成形面

(a) 单刃刀刨削成形面；(b) 成形刨刀刨削成形面

根据切削过程中所起的作用不同，表面成形运动又可分为主运动和进给运动。直接切除毛坯上的被切削层，使之变为切屑的运动（即形成切削速度的运动），称为主运动。例如车床上工件的旋转，钻、镗床上刀具的旋转，以及牛头刨床上刨刀的直线运动等都是主运动。主运动速度高，会消耗大部分机床动力。进给运动是保证将被切削层不断地投入切削，以逐渐加工出整个工件表面的运动。如车削外圆柱表面时，车刀的纵向直线运动、钻床上钻孔时刀具的轴向运动、卧式铣床工作台带动工件的纵向或横向直线移动等都属于进给运动。进给运动速度较低，消耗机床动力很少，如卧式车床的进给功率仅为主电动机功率的 $1/30\sim1/25$。

　　机床在进行切削加工时，至少有一个主运动，但进给运动可能有一个或几个，也可能没有，如图 2-2（b）所示成形刨刀刨削成形面的加工中就只有主运动而没有进给运动。

　　机床运动按组成情况不同，可分为简单运动和复合运动两种。

　　如果一个独立的成形运动是由单独的旋转运动或直线运动构成的，则称此成形运动为简单成形运动，简称简单运动。例如：在车床上车外圆柱面时，工件的旋转运动和刀具的直线运动就是两个简单运动；砂轮磨外圆柱表面时，砂轮和工件的旋转运动及工件的直线运动，也都是简单运动。

　　如果一个独立的成形运动是由两个或两个以上的旋转运动和直线运动，按某种确定的运动关系组合而成的，则称此成形运动为复合成形运动，简称复合运动。例如在车床上车削螺纹时，形成螺旋线的刀具和工件之间的相对螺旋运动，是由工件的匀速旋转运动和刀具的匀速直线运动形成的，彼此之间不能独立，它们之间必须保持严格的运动关系，即工件每转 1 转时，刀具匀速直线移动的距离应等于螺纹的导程，从而工件和刀具的这两个单元运动组成一个复合运动。

　　2）辅助运动

　　除了表面成形运动以外，机床在加工过程中还需完成一系列其他的运动，即辅助运动。如图 2-1 所示，除了工件旋转和刀具直线移动这两个成形运动外，还有车刀快速靠近工件、径向切入以及快速退离工件、退回起始位置等运动。这些运动与外圆柱表面的形成无直接关系，但也是整个加工过程中必不可少的。这些运动皆为辅助运动。辅助运动的种类很多，主要包括刀具接近工件，切入、退离工件，快速返回原点的运动；为使刀具与工件保持相对正确位置的对刀运动；多工位工作台和多工位刀架的周期换位以及逐一加工多个相同局部表面时，工件周期换位所需的分度运动，等等。另外，机床的启动、停车、变速、换向以及部件和工件的夹紧、松开等的操纵控制运动，也属于辅助运动。简而言之，除了表面成形运动外，机床上其他所需的运动都属于辅助运动。

　　5. 机床运动的组成

　　金属切削机床在加工过程中所需的各种运动通常由以下部分组成：

　　（1）动源：如各种电动机、液压马达以及伺服驱动系统等，是机床运动的主要来源。伺服驱动系统根据数控装置发来的速度和位移指令控制执行部件的进给速度、方向和位移。

机床运动的组成

　　（2）执行件：如主轴、刀架和工作台等用来直接执行某一运动，用来安装刀具或工件。

　　（3）传动装置：带传动、齿轮、齿条、丝杠螺母、链传动、液压、电器、气压传动等，用来传递运动和速度。连接动源和执行件（或执行件和执行件）保持运动联系的一系列顺序排列的传动件，称为该运动的传动链。

（4）运动控制装置：如离合器、按钮、操纵机构、行程开关及数控装置等零部件，用来控制运动的开、关、换向和变速等。若运动控制装置是数控装置，则用其输出的各种信号和指令控制机床各个部分进行规定、有序的动作。

（5）润滑装置：如液压泵、管路系统和分油器等，用于润滑运动副，以减小摩擦，提高机械效率，延长机构使用寿命。

（6）电气系统零部件：如控制柜、接触器和线路等，用于电源与信息的传递和控制。

（7）支承零部件：如床身、立柱、横梁、底座、工作台和拖板等，用于支承和连接其他零部件。此外，一些支承件上常常备有导轨表面，对运动部件起导向作用。

（8）其他机构：如冷却系统、分度系统、读数系统、保险系统及数控机床存放刀具的刀库、交换刀具的机械手和安全低电压照明装置等。

机床的精度

6. 机床的精度

机床的精度包括几何精度、传动精度和定位精度。不同类型和不同加工要求的机床的要求是不同的。

几何精度是指机床某些基础零件工作面的几何形状精度，如决定机床加工精度的运动部件的运动精度，决定机床加工精度的零、部件之间及其运动轨迹之间的相对位置精度等。例如，床身导轨的直线度、工作台台面的平面度、主轴的旋转精度、刀架和工作台等移动的直线度、车床刀架移动方向与主轴轴线的平行度等，这些都决定着刀具和工件之间相对运动轨迹的准确性，从而也就决定了被加工表面的形状精度以及表面之间的相对位置精度。图 2-3 列举了这方面的几个例子，图 2-3（a）表示由于车床主轴的轴向窜动，使车出的端面产生平面度误差；图 2-3（b）表示由于垂直平面内车床刀架移动方向与主轴轴线的平行度误差，使车出的圆柱面成为中凹的回转双曲面；图 2-3（c）表示由于卧式升降台铣床的主轴旋转轴线对工作台的平行度误差，使铣出的平面与底部的定位基准平面产生平行度误差。

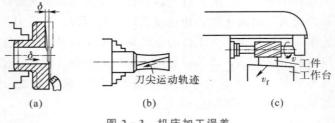

图 2-3 机床加工误差

传动精度是指机床内联系传动链两端件之间运动关系的准确性，它决定着复合运动轨迹的精度，从而直接影响被加工表面的形状精度。例如，卧式车床的螺纹进给传动链，应保证主轴每转一转时，刀架均匀、准确地移动被加工螺纹的一个导程，否则工件螺纹将会产生螺距误差（相邻螺距误差和一定长度上的螺距累积误差）。

定位精度是指机床运动部件，如工作台、刀架和主轴箱等，从某一起始位置运动到预期的另一位置时所到达的实际位置的准确程度。如图 2-4（a）所示，在车床上车削外圆时，为了获得一定的直径尺寸 d，要求刀架横向移动 L，使车刀刀尖从位置 I 移动到位置

Ⅱ。如果刀尖到达的实际位置与预期的位置Ⅱ不一致，则车出的工件直径 d 将产生误差。如图 2-4（b）所示车床液压刀架，由定位螺钉顶住死挡铁实现横向定位，以获得一定的工件直径尺寸 d；在加工一批工件时，如果每次刀架定位时的实际位置不相同，即刀尖与主轴轴线之间的距离在一定范围内变动，则车出的各个工件的直径尺寸 d 也不一致。上述这种机床运动部件在某一给定位置上，做多次重复定位时实际位置的一致程度，称为重复定位精度。

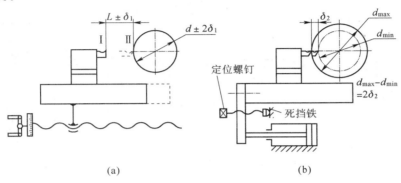

图 2-4　车床刀架的定位误差

静态精度只能在一定程度上反映机床的加工精度，因为机床在实际工作状态下，还有一系列因素会影响其加工精度。例如由于切削力、夹紧力等的作用，机床的零、部件会产生弹性变形；在机床内部热源（如电动机、液压传动装置的发热，齿轮、轴承、导轨等的摩擦发热）以及环境温度变化的影响下，机床零、部件将产生热变形；由于切削力和运动速度的影响，机床会产生振动；当机床运动部件以工作状态的速度运动时，由于相对滑动面之间的油膜以及其他因素的影响，其运动精度也与低速运动时不同。所有这些，都将引起机床静态精度的变化，影响工件的加工精度。机床在载荷、温升和振动等作用下的精度，称为机床的动态精度。动态精度除了与静态精度密切有关外，还在很大程度上取决于机床的刚度、抗振性和热稳定性等。

2.2　车削加工

车床的工艺范围很广，主要用于加工机械零件上的各种回转表面。如图 2-5 所示，其适合加工各种轴类、套筒类和盘类零件上的回转表面，如内圆柱面、圆锥面、环槽及成形回转表面；端面及各种常用螺纹；还可以进行钻孔、扩孔、铰孔和滚花等工艺。车削中工件旋转，则形成主切削运动。当刀具沿平行旋转轴线运动时，即形成内、外圆柱面；当刀具沿与轴线相交的斜线运动时，就形成锥面。在仿形车床或数控车床上，可以控制刀具沿着一条曲线进给，形成特定的旋转曲面；采用成形车刀，横向进给时，也可加工出旋转曲面来。车削还可以加工螺纹面、端平面及偏心轴等。车削加工精度一般为 IT8～IT7，表面粗糙度为 6.3～1.6 μm，精车时可达 IT6，粗糙度可达 0.8 μm 以上。采用车削加工的生产率较高，切削过程比较平稳，刀具较简单。

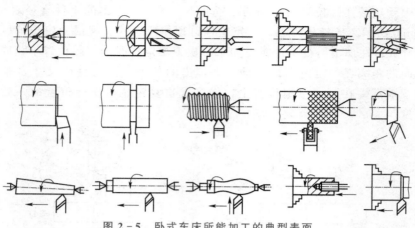

图 2-5 卧式车床所能加工的典型表面

2.2.1 车床

1. 卧式车床

以 CA6140 型卧式车床为例，其组成如图 2-6 所示，各组成部分的主要功用如下。

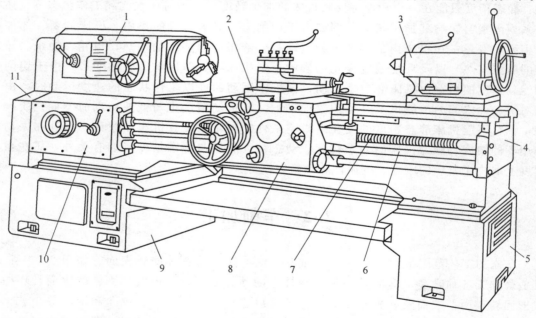

图 2-6 卧式车床结构

1—主轴箱；2—刀架；3—尾座；4—床身；5，9—床腿；6—光杠；7—丝杠；
8—溜板箱；10—进给箱；11—挂轮变速机构

1) 主轴箱

主轴箱 1 固定在床身 4 的左上部，其功用是支承并传动主轴，使主轴带动工件按照规定的转速旋转，以实现主运动。

2）进给箱

进给箱 10 固定在床身 4 的左前侧，进给箱内装有进给运动的变换机构，用于改变机动进给的进给量或改变被加工螺纹的导程。

3）溜板箱

溜板箱 8 固定在刀架 2 的底部。溜板箱的功用是把进给箱传来的运动传递给刀架，使刀架实现纵、横向进给及快速移动或车螺纹。

4）床身

床身 4 通过螺栓固定在左右床腿上，它是车床的基本支撑件，用以支撑其他部件，并使它们保持准确的相对位置或运动轨迹。

5）刀架

刀架 2 装在床身 4 的刀架导轨上。刀架部件可通过机动或手动使夹持在方刀架上的刀具做纵向、横向或斜向进给。

6）尾座

尾座 3 安装在床身 4 右端的尾座导轨上，尾座的功用是用后顶尖支承长工件，还可以安装钻头等孔加工刀具以进行孔加工，尾座可沿床身导轨纵向调整位置并锁定在床身上的任何位置，以适应不同长度的工件加工。

CA6140 型卧式车床的主要技术性能如下：

（1）床身上最大工件回转直径：$\phi 400$ mm。

（2）最大工件长度：750 mm；1 000 mm；1 500 mm；2 000 mm。

（3）刀架上最大工件回转直径：$\phi 210$ mm。

（4）主轴转速：正转 24 级，10～1 400 r/min；反转 12 级，14～1 580 r/min。

（5）进给量：纵向 64 级，0.028～6.33 mm/r；横向 64 级，0.014～3.16 mm/r。

（6）车削螺纹范围：米制螺纹 44 种，$P=1～192$ mm；英制螺纹 20 种，$\alpha=2～24$ 牙/in①；模数螺纹 39 种，$m=0.25～48$ mm；径节螺纹 37 种，$DP=1～96$ 牙/in；主电机功率为 7.5 kW。

2. 立式车床

立式车床一般用于加工直径大、长度短且质量较大的工件，分为单柱式和双柱式两种。立式车床工作台的台面是水平面，主轴的轴心线垂直于台面，工件的矫正、装夹比较方便，工件和工作台的重量均匀地作用在工作台下面的圆导轨上。其外形结构如图 2-7 所示，图 2-7（a）所示为单柱式立式车床，图 2-7（b）所示为双柱式立式车床。

3. 转塔车床

转塔车床与卧式车床相比而言，转塔车床除了有前刀架外，还有一个转塔刀架。转塔刀架有六个装刀位置，可以沿床身导轨做纵向进给，每一个刀位加工完毕后，转塔刀架快速返回，转动 60°，更换到下一个刀位进行加工。如图 2-8 所示。

4. 数控车床

数控车床用于加工回转体零件，它集中了卧式车床、转塔车床、多刀车床、仿形车床、自动和半自动车床的功能，是数控机床中产量最大的品种之一。图 2-9 所示为 CK3263B 型

---

① 1 in＝2.54 cm。

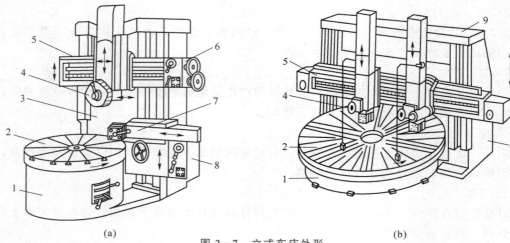

图 2－7　立式车床外形

（a）单柱式；（b）双柱式

1—底座；2—工作台；3—立柱；4—垂直刀架；5—横梁；6—垂直刀架进给箱；7—侧刀架；8—侧刀架进给箱；9—顶梁

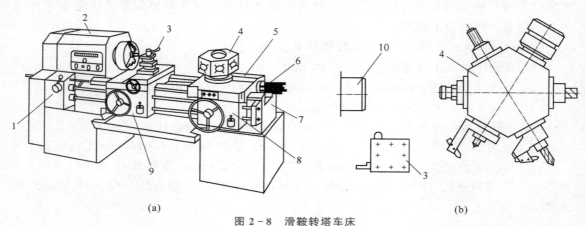

图 2－8　滑鞍转塔车床

1—进给箱；2—主轴箱；3—前刀架；4—转塔刀架；5—纵向溜板；6—定程装置；

7—床身；8—转塔刀架溜板箱；9—前刀架溜板箱；10—主轴

数控车床的外形，数控车床多采用这种布局形式。

数控机床无须人工操作，也没有机械操作元件和手柄、摇把等。机床在防护罩的保护下工作，只能通过防护罩上的玻璃窗观察工作情况。数控机床的布局有以下特点：底座 1 上装有后斜床身 5，床身导轨 6 与水平面的夹角为 75°，刀架 3 装在主轴的右上方。这显然是只有无须人工操作时才能采用的布局。刀架的位置决定了主轴的转向应与卧式车床相反。数控车床不用担心切屑飞溅伤人，故切削速度可以很高，以充分发挥刀具的切削性能。数控车床又集中了粗、精加工工序，所以切屑多，切削力大。倾斜床身可使切屑方便地排除，又可以采用箱式结构，刚度比卧式车床身高。导轨 6 镶钢、淬硬、磨削，因此比较耐磨。床身左端固定有主轴箱。床身中部为刀架溜板 4，分为两层，底层为纵向溜板，可沿床身导轨 6 做纵向（Z 向）移动；上层为横向溜板，可沿纵向溜板的上导轨做横向（沿床身倾斜方向，即 X 向）移动。刀架溜板上装有转塔刀架 3，刀架有 8 个工位，可装 12 把刀具，在加工过程中可按照零件加工程序自动转位，将所需的刀具转到加工位置。

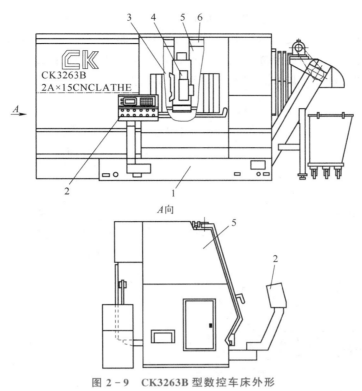

图 2-9　CK3263B 型数控车床外形

1—底座；2—操作台；3—转塔刀架；4—刀架溜板；5—床身；6—床身导轨

1）数控机床的传动系统

机床的传动系统如图 2-10 所示。主电动机是直流电动机 M_1，也可用交流变频调速电动机，额定功率为 37 kW，额定转速为 1 150 r/min，最高转速为 2 660 r/min，在此范围为恒功率调速。从最高转速起，最大输出转矩随转速的下降而提高，维持额定输出功率不变，最低转速为 252 r/min，在额定转速与最低转速之间为恒转矩调速。最大输出转矩维持额定转速时的转矩不变，最大输出功率则随转速的下降而下降，到最低转速时，最大输出功率约为

$$37 \times \frac{252}{1\,150} \approx 8\,(\text{kW})$$

主电动机经带轮副和四速变速机构驱动主轴，使主轴得到 20-90-210 r/min、37-170-395 r/min、76-350-807 r/min、140-650-1 500 r/min 四段转速，每段转速中的第一个和第二个数字之间为恒转矩调速，第二和第三个数字之间为恒功率调试。在切削端面和阶梯轴时，随着切削直径的变化，主轴转速也随之而变化，以维持切削速度不变。这时切削不能中断，滑移齿轮不能移动，此功能可以在任意一段转速内由电动机无级变速来实现。

数控车床切削螺纹时，主轴与刀架间为内联系传动链。数控车床是用电脉冲实现的，即主轴经一对 $z=79$，$m=2.5$ mm 的齿轮驱动主轴脉冲发生器 G，每转发 1 024 个脉冲，经数控系统根据加工程序处理后，输出一定数量的脉冲，再通过伺服系统，经伺服电动机 M_2（Z 轴）或 M_3（X 轴）、联轴节 1 或 6 以及滚珠丝杠 V 或 VI，驱动刀架的纵向或横向运动。这就可切削任意导程的螺纹或进行进给量以 mm/min 计的车削。如果根据加工程序，主轴

每转数控系统输出的脉冲数是变动的，即可切削变导程螺纹。如果脉冲同时输往 X 和 Z 轴，脉冲频率又是根据加工程序变化的，则可加工任意回转曲面。螺纹往往需多次车削，一刀切完后刀架退回原处，下一刀必须在上次的起点处开始才不会乱扣。因此，脉冲发生器还会发出另一组脉冲，即每转一个脉冲，显示工件旋转的相位，以避免乱扣。

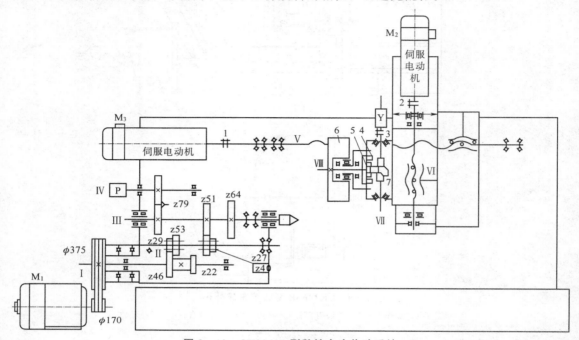

图 2－10　CK3263B 型数控车床传动系统

1，5，6—联轴节，2—转塔；3—回转轮；4—柱销；7—圆柱凸轮

8 工位转塔刀架的转位由液压马达 Y，经联轴节 5，驱动凸轮轴Ⅶ。轴上装有圆柱凸轮 7，凸轮转动时，拨动回转轮 3 上的柱销 4，使回转轮 3、轴Ⅷ和转塔 2 旋转。

2）数控机床的分类

数控车床的分类方法较多，通常用与普通车床相似的方法进行分类。

（1）按车床主轴位置分类。

① 立式数控车床。其车床主轴垂直于水平面，并有一个直径很大、供装夹工件用的圆形工作台。这类机床主要用于加工径向尺寸相对较小的大型复杂零件。

② 卧式数控车床。卧式数控车床又分为数控水平导轨卧式车床和数控倾斜导轨卧式车床。倾斜导轨结构可以使车床具有更大的刚性，并易于排除切屑。

（2）按数控系统的功能分类。

① 经济型数控车床。这类数控车床一般采用开环控制，具有 CRT 显示、程序存储、程序编辑等功能，加工精度较低，功能较简单。

② 全功能型数控车床。这是较高档次的数控车床，具有刀尖圆弧半径自动补偿、恒线速、倒角、固定循环、螺纹切削、图形显示、用户宏程序等功能，加工能力强，适于加工精度高、形状复杂、循环周期长、品种多变的单件或中小批量零件。

③ 精密型数控车床。该类数控车床采用闭环控制，不但具有全功能型数控车床的全部

功能，而且机械系统的动态响应较快，适于精密和超精密加工。

（3）其他分类方法。

按数控车床的不同控制方式，可以分为直线控制数控车床、两主轴控制数控车床等；按特殊或专门工艺性能，可分为螺纹数控车床、活塞数控车床和曲轴数控车床等多种。

3）数控机床的特点

数控机床与一般机床相比，有以下几方面的特点：

（1）采用数控机床可以获得更高的加工精度和稳定的加工质量。

数控机床是按以数字形式给出的指令脉冲进行加工的，目前脉冲当量基本达到了0.001 mm。进给传动链的反向间隙与丝杠导程误差等均可由数控装置进行补偿，所以可获得较高的加工精度。

当加工轨迹是曲线时，数控机床可以做到使进给量保持恒定。这样，加工精度和表面质量可以不受零件形状复杂程度的影响。

工件的加工尺寸是按预先编好的程序由数控机床自动保证的，加工过程消除了操作者人为的操作误差，使得同一批零件的加工尺寸一致，重复精度高，加工质量稳定。

（2）具有较强的适应性和柔性。

当数控机床的加工对象发生改变时，只需重新编制相应的程序，输入计算机即可自动地加工出新的工件。同类工件系列中不同尺寸、不同精度的工件，只需局部修改或增删零件程序的相应部分。随着数控技术的迅速发展，数控机床的柔性也在不断地扩展，逐步向多工序集中的加工方向发展。

当使用数控车床、数控铣床和数控钻床等时，分别只限于各种车、铣或钻等加工。然而，在机械工业中，多数零件往往必须进行多种工序的加工。这种零件在制造中，大部分时间用于安装刀具、装卸工件、检查加工精度等，真正进行切削的时间只占30%左右。在这种情况下，单功能数控机床就不能满足要求了。因此出现了具有刀库和自动换刀装置的各种加工中心机床，实现一机多用，如车削加工中心、镗铣加工中心。车削加工中心用于加工回转体，且兼有铣（铣键槽、扁头等）、镗、钻（钻横向孔等）等功能，镗铣加工中心用于箱体零件的钻、扩、镗、铰、攻螺纹等工序。加工中心机床具有更强的适应性和更广的通用性。

（3）具有较高的生产率。

数控机床无须人工操作，四面都有防护罩，不用担心切屑飞溅伤人，可以充分发挥刀具的切削性能。主轴和进给都采用无级变速，可以达到切削用量的最佳值，这就有效地缩短了切削时间。

数控机床在程序指令的控制下可以自动换刀、自动变换切削用量、快速进退等，因而大大缩短了辅助时间。在数控加工过程中，由于可以自动控制工件的加工尺寸和精度，故一般只需做首件检验或工序间关键尺寸的抽样检查，因而可以减少停机检验时间。

加工中心进一步实现了工序集中，一次装夹可以完成大部分工序，从而有效地提高了生产效率。

（4）改善劳动条件，减轻工人的劳动强度。

在应用数控机床时，工人无须直接操作机床，只需编好程序调整好机床后由数控系统来控制机床，免除了繁重的手工操作，一个人即能管理几台机床，提高了劳动生产率。当然对工人的文化技术要求也提高了，数控机床的操作者，既是体力劳动者，也是脑力劳动者。

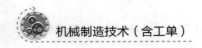

（5）便于现代化的生产管理。

用计算机管理生产是实现管理现代化的重要手段。数控机床的切削条件、切削时间等都是由预先编好的程序决定的，都能实现数据化。这就便于准确地编制生产计划，为计算机管理生产创造了有利条件。数控机床适宜于与计算机联系，目前已成为以计算机辅助设计、辅助制造和计算机管理一体化的计算机集成制造系统（CIMS）的基础。

（6）数控机床造价高，维护比较复杂，需专门的维修人员及高度熟练和经过培训的零件编程人员。

4）数控系统

数控系统是数控机床的核心。数控机床根据功能和性能要求，配置不同的数控系统。系统不同，其指令代码也有差别，因此，编程时应按所使用数控系统代码的编程规则进行编程。

FANUC（日本）、SIEMENS（德国）、FAGOR（西班牙）、HEIDENHAIN（德国）、MIT−SUBISHI（日本）等公司的数控系统及相关产品，在数控机床行业占据主导地位；我国数控产品以华中数控、航天数控为代表，也已将高性能数控系统产业化。

（1）FANUC 公司的主要数控系统如下。

① 普及型 CNCO—D 系列。

该系列中，O—TD 用于车床，O—MD 用于铣床及小型加工中心，O—GCD 用于圆柱磨床，O—GSD 用于平面磨床，O—PD 用于冲床。

② 全功能型的 O—C 系列。

该系列中，O—TC 用于通用车床、自动车床，O—MC 用于铣床、钻床、加工中心，O—GCC 用于内、外圆磨床，O—GSC 用于平面磨床，O—TTC 用于双刀架 4 轴车床。

③ 高性能/价格比的 Oi 系列。

该系列可用于高速、高精度加工，并具有网络功能。Oi—MB/MA 用于加工中心和铣床，四轴四联动；Oi—TB/TA 用于车床，四轴两联动；Oi—mateMA 用于铣床，三轴三联动；Oi—mateTA 用于车床，二轴二联动。

（2）SIEMENS 公司的主要数控系统如下。

① SINUMERIK802S/C。

该系列主要用于车床、铣床等，可控制 3 个进给轴和 1 个主轴。802S 适用于步进电动机驱动；802C 适用于伺服电动机驱动，具有数字 I/O 接口。

② SINUMERIK802D。

该系列可控制 4 个数字进给轴和 1 个主轴，PLC I/O 模块，具有图形式循环编程，车削、铣削/钻削工艺循环，FRAME（包括移动、旋转和缩放）等功能，为复杂的加工任务提供了智能控制。

③ SINUMERIK810D。

该系列用于数字闭环驱动控制，最多可控制 6 轴（包括 1 个主轴和 1 个辅助主轴），紧凑型，可编程输入/输出。

华中数控系统以"世纪星"系列数控单元为典型产品，HNC—21T 为车削系统，最大联动轴数为 4 轴；HNC—21/22M 为铣削系统，最大联动轴数为 4 轴，采用开放式体系结构，内置嵌入式工业 PC。伺服系统的主要产品包括 HSV—11 系列交流伺服驱动装置、HSV—16 系列全数字交流伺服驱动装置、步进电动机驱动装置、交流伺服主轴驱动装置与电机、永磁同步交流伺服电机等。

5）数控机床的主要参数

（1）数控机床的可控轴数与联动轴数。

数控机床的可控轴数是指机床数控装置能够控制的坐标数目，即数控机床有几个运动方向采用了数字控制。数控机床可控轴数与数控装置的运算处理能力、运算速度及内存容量等有关。国外最高级数控装置的可控轴数已达到24轴。

数控机床的联动轴数，是指机床数控装置控制的坐标轴同时达到空间某一点的坐标数目。目前有两轴联动、三轴联动、四轴联动和五轴联动等。三轴联动数控机床可以加工空间复杂曲面，实现三坐标联动加工。四轴联动和五轴联动数控机床可以加工飞行器叶轮和螺旋桨等零件。

（2）数控机床的性能指标。

① 数控机床的运动性能指标主要包括主轴转速、进给速度、坐标行程、摆角范围、刀库容量和换刀时间等。

a. 主轴转速：数控机床的主轴一般均采用直流或交流调速主轴电动机驱动，选用高速精密轴承支承，以保证主轴具有较宽的调速范围和足够高的回转精度、刚度及抗振性。

b. 进给速度：数控机床的进给速度是影响零件加工质量、生产效率以及刀具寿命的主要因素。它受数控装置的运算速度、机床动特性及工艺系统刚度等因素的限制。

c. 坐标行程：数控机床坐标轴 X、Y、Z 的行程大小构成了数控机床的空间加工范围，即加工零件的大小。坐标行程是直接体现机床加工能力的指标参数。

d. 摆角范围：具有摆角坐标的数控机床，其转角大小也直接影响到加工零件空间部位的能力。但转角太大又会造成机床的刚度下降，因此给机床设计带来了许多困难。

e. 刀库容量和换刀时间：刀库容量和换刀时间对数控机床的生产率有直接影响。刀库容量是指刀库能存放加工所需要的刀具数量，目前常见的中小型数控加工中心多为16～60把刀具，大型数控加工中心达100把刀具。换刀时间指带有自动交换刀具系统的数控机床，将主轴上使用的刀具与装在刀库上的下一工序需用的刀具进行交换所需要的时间。

② 数控机床的精度指标主要包括定位精度、重复定位精度、分度精度、分辨度与脉冲当量等。

分辨度与脉冲当量：分辨度是指两个相邻的分散细节之间可以分辨的最小间隔。对测量系统而言，分辨度是可以测量的最小增量；对控制系统而言，分辨度是可以控制的最小位移增量。机床移动部件相对于数控装置发出的每个脉冲信号的位移量称为脉冲当量。坐标计算单位是一个脉冲当量，它标志着数控机床的精度分辨度。脉冲当量是设计数控机床的原始数据之一，其数值的大小决定数控机床的加工精度和表面质量。目前，普通精度级数控机床的脉冲当量一般采用 0.001 mm/pulse，简易数控机床的脉冲当量一般采用 0.01 mm/pulse，精密或超精密数控机床的脉冲当量采用 0.000 1 mm/pulse。脉冲当量越小，数控机床的加工精度和加工表面质量越高。

2.2.2　车削刀具

1. 外圆车刀

1）外圆粗车刀

外圆粗车刀应能适应粗车外圆时切削深、进给快的特点，主要要求车刀有足够的强度，能在一次进给中切去较多的余量。如图 2 - 11 所示，常用的外圆粗车刀其主偏角有 45°、75° 和 90° 等几种。

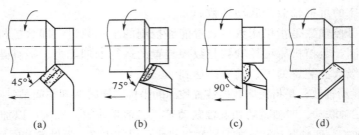

图 2 - 11　外圆粗车刀

（a）45°外圆粗车刀；（b）75°外圆粗车刀；（c）90°外圆粗车刀；（d）高速钢外圆粗车刀

选择粗车刀几何角度的一般原则是：为了增加刀头强度，前角应小些，但前角太小会使切削力增大，具体要根据加工条件而定；为增加刀头强度，后角也应小些（一般取 5°～7°）；主偏角不宜过小，否则车削时容易引起振动，当工件形状许可时，主偏角最好取 75°或 45°，因为这样刀尖角较大，能承受较大的切削力，而且有利于切削刃散热；一般粗车时采用 0°～3°的刃倾角，以增加刀头强度；主切削刃上应磨有负倒棱，其宽度为（0.5～0.8）f，以增加切削刃强度；为了增加刀尖强度，改善散热条件，刀尖处应磨有过渡刃；粗车塑性材料时，为使切屑能自行折断，车刀前刀面上应磨有断屑槽。图 2 - 12 所示为车削钢件用的 75°硬质合金粗车刀。

2）外圆精车刀

精车外圆时，切去的金属较少，即背吃量、进给量较小，切削力小，所以要求车刀锋利，切削刃平直，前刀面和后刀面粗糙度值小。刀尖处可以修磨出修光部分，切削时必须使切屑排向工件待加工表面的方向。

选择精车刀几何角度的一般原则是：前角一般应取大些，使车刀锋利，以减小切削变形，并使切削变快；后角取得大些，以减少车刀和工件之间的摩擦。精车时切削力较小，对车刀强度要求不太高，因此允许取较大的后角（6°～8°）；取较小的副偏角或在刀尖处磨出修光刃，以减小加工表面的粗糙度值。修光刃的长度一般为（1.2～1.5）f；取较大的主偏角，以减小径向切削力，避免工件变形，一般 90°偏刀应用最为广泛；采用正值的刃倾角（3°～8°），以控制切屑排向工件待加工表面方向；精车塑性材料时，车刀前刀面应磨出较窄的断屑槽。图 2 - 13 所示为车削钢件用的 90°精车刀。

镗大直径孔　　镗同轴孔

2. 内孔镗刀

根据不同的加工情况，可分为通孔镗刀和不通孔镗刀两种。

1）通孔镗刀

其切削部分的几何形状与外圆车刀基本相同，如图 2 - 14（a）所示。为了减小径向切削力，防止振动，其主偏角一般取 60°～75°，副偏角取 15°～30°。为了防止镗孔刀后刀面和孔壁的摩擦，以及不使镗孔刀的后角磨得太大，一般磨成两个后角，如图 2 - 14（c）所示。

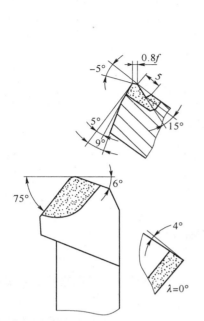

图 2 - 12　车削塑性材料用的 75°硬质合金粗车刀

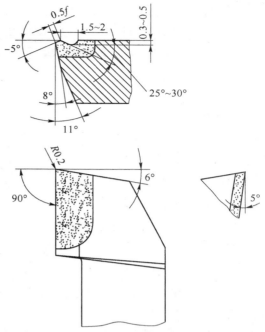

图 2 - 13　车削钢件用的 90°精车刀

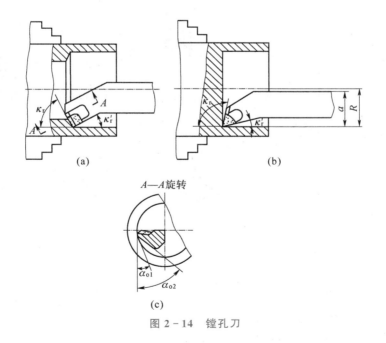

图 2 - 14　镗孔刀

镗小孔

2）不通孔镗刀

车台阶孔和不通孔时使用，其特点：主偏角大于 90°，一般取 92°～95°。刀尖在刀杆的最前端；刀尖到刀杆的距离 a 应小于内孔半径 R，否则孔的底平面就无法车平，如图 2 - 14（b）所示。

为了节省刀具材料和增加刀杆强度，可以把高速钢或硬质合金做成很小的刀头，装在碳素钢或合金钢制成的刀杆中，在顶端或上面用螺钉紧固，如图2-15所示。

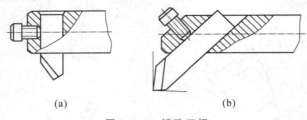

(a) (b)

图2-15 镗孔刀杆

(a) 通孔镗刀；(b) 盲孔镗刀

2.3 铣削加工

铣床是用铣刀进行加工的机床。由于铣床应用了多刃刀具切削，所以它的生产率较高，而且还可以获得较好的加工表面质量。铣床的工艺范围很广，在铣床上可以加工平面（水平面、垂直面等）、沟槽（键槽、T形槽、燕尾槽等）、多齿零件上的齿槽（齿轮链轮棘轮花键轴等）、螺旋形表面（螺纹和螺旋槽）等，如图2-16所示。在生产加工中，铣削加工应用广泛。

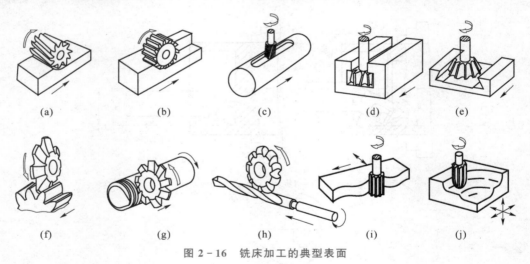

(a) (b) (c) (d) (e)

(f) (g) (h) (i) (j)

图2-16 铣床加工的典型表面

2.3.1 铣床

由于铣床使用旋转的多齿刀具加工工件，同时有数个刀齿参加切削，所以生产率高。但是由于铣刀每个刀齿的切削过程是断续的，且每个刀齿的切削厚度又是变化的，这就使切削力相应地发生变化，容易引起机床振动，因此，铣床在结构上要求有较高的刚度和抗振性。

顺铣和逆铣

铣床的主要类型有卧式铣床、立式铣床、工作台不升降铣床、龙门铣床，工具铣床等，此外，还有仿形铣床、仪表铣床和各种专门化铣床等。

1. 卧式铣床

卧式升降台铣床的主轴是水平布置的，所以习惯上称为"卧铣"。卧式升降台铣床外形如图 2-17 所示，它由底座 8、床身 1、铣刀轴（即刀杆）3、悬梁 2 及悬梁支架 6、升降工作台 7、滑座 5 及工作台 4 等主要部件组成。床身 1 固定在底座 8 上，用于安装和支撑机床的各个部件。床身 1 内装有主轴部件、主传动装置和变速操纵机构等。床身顶部的燕尾形导轨上装有悬梁 2，可以沿水平方向调整其位置。在悬梁的下面装有支架 6，用以支撑刀杆 3 的悬伸端，以提高刀杆的刚度。升降工作台 7 安装在床身的导轨上，可做竖直方向运动。升降台内装有进给运动和快速移动装置及操纵机构等。升降台上面的水平导轨上装有滑座 5，滑座 5 带着其上的工作台和工件可做横向移动；工作台 4 装在滑座 5 的导轨上，可做纵向移动。固定在工作台上的工件，通过工作台、滑座、升降台，可以在互相垂直的三个方向上实现任一方向的调整或进给。铣刀装在铣刀轴 3 上，铣刀旋转做主运动。

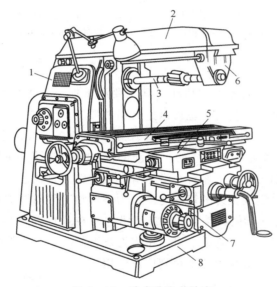

图 2-17　卧式升降台铣床

1—床身；2—悬梁；3—铣刀轴（刀杆）；4—工作台；5—滑座；6—悬梁支架；7—升降工作台；8—底座

万能卧式铣床与一般卧式铣床的区别，仅在于万能卧式铣床有回转盘（位于工作台和滑座之间），回转盘可绕垂直轴线在±45°范围内转动，工作台能沿调整转角的方向在回转盘的导轨上进给，以便铣削不同角度的螺旋槽。

2. 立式铣床

数控立式升降台铣床的外形如图 2-18 所示，这类铣床与卧式升降台铣床的主要区别在于它的主轴是竖直安装的。立式床身 2 装在底座 1 上，床身上装有变速箱 3，滑动立铣头 4 可升降，它的工作台 6 安装在升降台 7 上，可做 X 方向的纵向运动和 Y 方向的横向运动，升降台还可做 Z 方向的垂直运动。5 是数控机床的吊挂控制箱，装有常用的操作按钮和开关。立铣床上可加工平面、斜面、沟槽、台阶、齿轮、凸轮以及封闭轮廓表面等。卧式和立式铣床适用于单件及成批生产中。

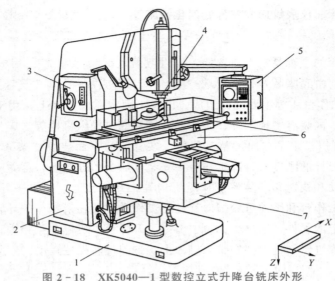

图 2-18　XK5040—1 型数控立式升降台铣床外形

1—底座；2—床身；3—变速箱；4—立铣头；5—控制箱；6—工作台；7—升降台

3. 龙门铣床

龙门铣床是一种大型、高效通用机床，其主要用于加工各类大型工件上的平面、沟槽等，可以对工件进行粗铣、半精铣，也可以进行精铣加工。图 2-19 所示为龙门铣床的外形图。它的布局呈框架式，5 为横梁，4 为立柱，在它们上面各安装两个铣削主轴箱（铣头）6 和 3 及 2 和 8。每个铣头都是一个独立的主运动部件，铣刀旋转为主运动。9 为工作台，其上安装被加工的工件，加工时，工作台 9 沿床身 1 上导轨做直线进给运动，四个铣头都可沿各自的轴线做轴向移动，实现铣刀的切深运动。为了调整工件与铣头间的相对位置，则铣头 6 和 3 可沿横梁 5 水平方向移位，铣头 8 和 2 可沿立柱在垂直方向移位。7 为按钮站，操作位置可以自由选择。由于在龙门铣床上可以用多把铣刀同时加工工件的几个平面，所以龙门铣床生产率很高，在成批和大量生产中得到广泛应用。

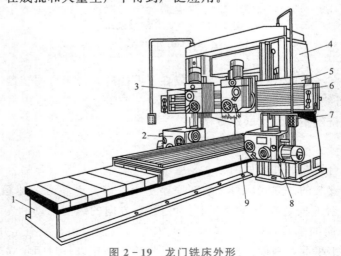

图 2-19　龙门铣床外形

1—床身；2、3、6、8—铣头；4—立柱；5—横梁；7—按钮站；9—工作台

2.3.2　铣削刀具

1. 铣刀的分类

为适应不同的铣削加工，铣刀的种类很多，其分类方法也很多。一般可按用途、结构和齿背形式等进行分类。

1）按用途分类

按用途进行分类时，加工平面用的铣刀有圆柱铣刀、端面铣刀；加工沟槽和台阶面的铣刀有槽铣刀、三面刃铣刀、立铣刀、模具铣刀、键槽铣刀和角度铣刀等；加工成形面用的铣刀有凸半圆铣刀、凹半圆铣刀等。

2）按结构分类

按铣刀结构不同，可分为整体式铣刀、焊接式铣刀、装配式铣刀、焊接—装配式铣刀、可转位铣刀等。

3）按齿背形式分类

（1）尖齿铣刀。

齿背经铣制而成，后刀面形状简单，并有一条窄棱边，重磨时刃磨后刀面。这种刀具加工质量好，切削效率高，应用广泛。大部分铣刀都属于尖齿铣刀。

（2）铲齿铣刀。

铲齿铣刀的齿背经铲制而成，重磨时刃磨前刀面（通常不能刃磨后刀面），重磨后可保持切削刃形状不变。这种刀具制造困难，但当铣刀刃形复杂时，制造则相对容易，刃磨简单，刃形保持性好。其主要用于加工成形表面的成形铣刀。

2. 铣刀的结构及应用

1）圆柱铣刀

圆柱铣刀结构如图 2-20 所示，圆柱铣刀只在圆柱表面上有切削刃，一般用高速钢整体制造，也可镶焊硬质合金刀片。其用于卧式铣床上加工平面，分为粗齿和细齿两种。其直径 d 有 $\phi 50$ mm、$\phi 63$ mm、$\phi 80$ mm、$\phi 100$ mm 几种，几何角度为 $\gamma_n = 15°$，$\alpha_o = 12°$，$\omega = 30° \sim 35°$（细齿）或 $\omega = 40° \sim 45°$（粗齿）。

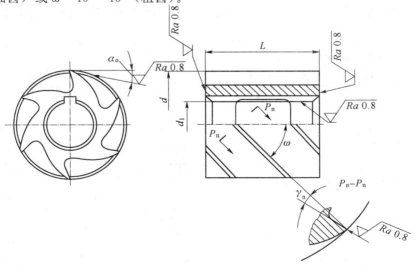

图 2-20　圆柱铣刀

根据等强度理论，应将齿背做成近似于抛物线的圆弧形。但圆弧形齿背需要专用成形铣刀加工，制造较复杂，故仅在大批大量生产中使用，一般情况下可将齿背做成直线形或双直线形。

选择铣刀直径时，应保证铣刀心轴具有足够的刚度和强度，刀齿具有足够的容屑空间以及能多次重磨。在满足这些条件下，应尽可能选择较小的数值。否则，将增大铣削扭矩，增加动力消耗，容易发生振动，并且使铣刀切入时间加长，从而降低了生产率。此外，小直径铣刀材料消耗少，可降低成本，通常根据铣削用量和铣刀心轴来选择铣刀直径。

2）面铣刀

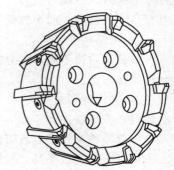

图 2-21　面铣刀

如图 2-21 所示，面铣刀的主切削刃分布在圆柱或圆锥表面上，端部切削刃为副切削刃，用在立式或卧式铣床上加工台阶面和平面，特别适合较大平面的加工。面铣刀多制成套式镶齿结构，刀齿为高速钢或硬质合金，刀体为 40Cr。高速钢面铣刀按国家标准规定，$d=80\sim250$ mm，$\beta=10°$，$z=10\sim20$。硬质合金面铣刀与高速钢铣刀相比，铣削速度较高，加工生产率高，加工表面质量也较好，并可加工带有硬皮和淬硬的工件，故得到广泛应用。硬质合金面铣刀按刀片和刀齿的安装方式不同，可分为整体焊接式、机夹—焊接式和可转位式三种。

3）立铣刀

立铣刀的圆柱表面和端面上都有切削刃，主要用于加工凹槽、台阶面、平面以及利用靠模加工成形表面。

4）键槽铣刀

键槽铣刀结构如图 2-22 所示，主要用于加工圆头封闭键槽。它有两个刀齿，圆柱面和端面都有切削刃，端面刃延至中心，既像立铣刀又像钻头，加工时先轴向进给达到槽深，然后沿键槽方向铣出键槽全长。按国家标准规定，直柄键槽铣刀直径 $d=2\sim22$ mm，锥柄键槽铣刀直径 $d=14\sim50$ mm。键槽铣刀直径的偏差有 e8 和 d8 两种。键槽铣刀的圆周切削刃仅在靠近端面的一小段长度内发生磨损。重磨时，只需刃磨端面切削刃，因此重磨后铣刀直径不变。

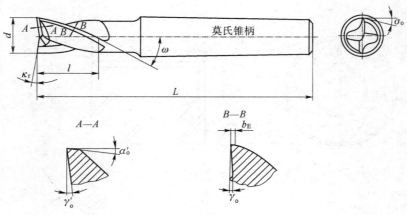

图 2-22　键槽铣刀

5）槽铣刀

槽铣刀的结构如图 2-23 所示，槽铣刀的侧面无切削刃，仅在圆柱面上有切削刃。为了减少摩擦，两侧面磨出 1° 的副偏角，并留有 0.5～1.2 mm 的棱边，重磨后宽度变化很小。按国家标准规定，其直径 $d=50\sim125$ mm，宽度 $L=4\sim25$ mm，宽度偏差 K8，可用于加工凹槽和键槽，但不能用来加工圆头封闭形的键槽。

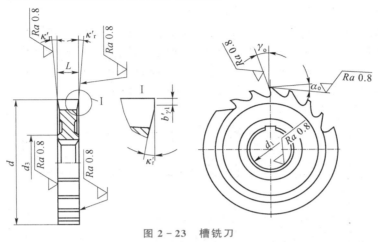

图 2-23　槽铣刀

6）三面刃铣刀

三面刃铣刀除圆周具有主切削刃外，两侧面也有副切削刃，从而改善了切削条件，提高了切削效率，减小了表面粗糙度。但重磨后宽度尺寸变化较大。三面刃铣刀可分为直齿三面刃铣刀和错齿三面刃铣刀，主要用于加工凹槽和台阶面。按国家标准规定，直齿三面刃铣刀 $d=50\sim200$ mm，宽度 $L=4\sim40$ mm，偏差为普通级 K11 和精密级 K8。直齿三面刃铣刀两侧面副切削刃的前角为 0°，切削条件较差。为了改善侧面切削刃的条件，可以采用斜齿结构，使每个刃齿上只有两条切削刃并交错地左斜或右斜，即错齿三面刃铣刀，如图 2-24 所示。错齿三面刃铣刀比直齿三面刃铣刀切削平稳，切削力小，排屑容易。

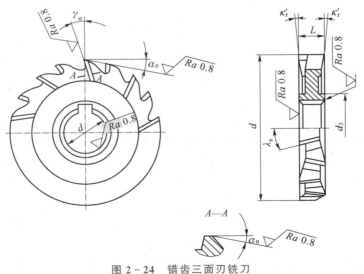

图 2-24　错齿三面刃铣刀

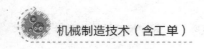

7）模具铣刀

模具铣刀结构如图 2-25 所示，用于加工模具型腔或凸模成形表面。它由立铣刀发展而成，可分为圆柱形球头立铣刀、圆锥形立铣刀$\left(\text{圆锥半角}\dfrac{\alpha}{2}=3°、5°、7°、10°\right)$和圆锥形球头立铣刀三种，其柄部有直柄、削平型直柄和莫氏锥柄，可以做径向和轴向进给。铣刀工作部分用高速钢制造，国家标准规定直径 $d=4\sim60$ mm。

目前我国已批量生产硬质合金模具铣刀，它是实现钳工机械化的重要工具，用途极为广泛，可以取代金刚石锉刀和磨头来加工淬火后硬度小于 65HRC 的各种模具，清理铸、锻、焊工件的飞边和毛刺，加工各种叶轮成形表面等。硬质合金模具铣刀头部有圆球、圆柱、圆锥、凸凹形等各种形状，可根据不同加工对象选用，一般做成直柄。

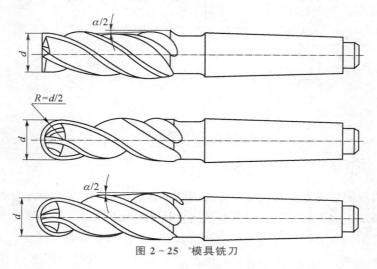

图 2-25　模具铣刀

2.4　磨削加工

2.4.1　磨床

使用砂轮、砂带、油石或研磨料等磨料磨具作为工具对工件表面进行切削加工的机床称为磨床。磨床的应用非常广泛，用于磨削各种表面，如内外圆柱面和圆锥面、平面、螺旋面、齿轮的轮齿表面以及各种成形面等，还可以刃磨刀具。

磨削加工获得的加工精度高、表面质量好，故磨床主要应用于零件精加工，尤其是淬硬钢和高硬度特殊材料的精加工。近年来由于科学技术的发展，现代机械零件的精度和表面粗糙度要求越来越高，各种高硬度材料应用日益增多，以及由于精密铸造和精密锻造工艺的发展，有可能将毛坯直接磨成成品。

磨床的主要类型有外圆磨床、内圆磨床、平面磨床、工具磨床、刀具刃具磨床和各种专门化磨床等。外圆磨床包括万能外圆磨床、普通外圆磨床、无心外圆磨床等；内圆磨床包括普通内圆磨床、无心内圆磨床、行星式内圆磨床等；平面磨床包括卧轴矩台平面磨床、立轴矩台平面磨床、卧轴圆台平面磨床、立轴圆台平面磨床等；工具磨床包括工具曲线磨床、钻头沟槽磨床、丝锥沟槽磨床等；刀具刃具磨床包括万能工具磨床、拉刀刃磨床、滚刀刃磨床等；专门化磨床是专门用于磨削某一类零件的磨床，如曲轴磨床、凸轮轴磨床、花键轴磨床、活塞环磨床、齿轮磨床、螺纹磨床等；其他磨床有珩磨机、研磨机、抛光机、超精加工机床、砂轮机等。

1. 磨床的典型结构

M1432A 型万能外圆磨床的外形如图 2-26 所示，其主要由下列部件组成。

1）床身

床身 1 是磨床的基础支撑件，在它的上面装有砂轮架、工作台、头架、尾座及横向滑鞍等部件，使它们在工作时保持准确的相对位置。床身内部用作液压油的油池。

2）头架

头架 2 用于安装及夹持工件，并带动工件旋转，实现圆周进给运动，在水平面内可逆时针方向转 90°。尾座 6 和头架的前顶尖一起支承工件。

3）工作台

工作台 3 由上下两层组成。上工作台可绕下工作台在水平面内回转一个角度（±10°），用以磨削锥度不大的长圆锥面。上工作台的上面装有头架和尾座，它们随着工作台一起沿床身导轨做纵向往复运动。

4）内圆磨具

内圆磨具 4 用于支承磨内孔的砂轮主轴。内圆磨具主轴由单独的电动机驱动。

5）砂轮架

砂轮架 5 用于支承并传动高速旋转的砂轮主轴。砂轮架装在滑鞍上，当需磨削短圆锥面时，砂轮架可以在水平面内调整至一定角度位置（±30°）。

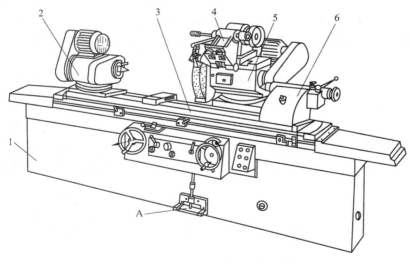

图 2-26 M1432A 型万能外圆磨床

1—床身；2—头架；3—工作台；4—内圆磨具；5—砂轮架；6—尾座；A—脚踏操纵板

磨床的运动方式 3

2. 磨床的加工方法

M1432A 型机床是普通精密级万能外圆磨床，其通用性较好，但生产率较低，适用于单件小批生产、工具车间和机修车间等。其主要用于磨削 IT6～IT7 级精度的圆柱形或圆锥形的外圆和内孔，表面粗糙度为 $Ra1.25～0.08\ \mu m$。图 2-27 所示为万能外圆磨床加工示意图。

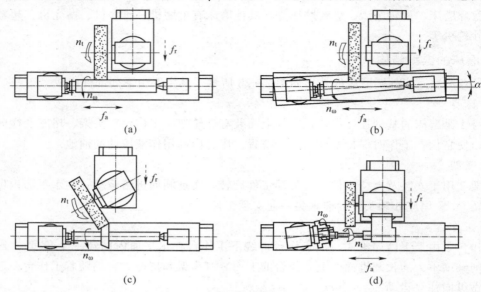

图 2-27　万能外圆磨床加工示意图
(a) 纵磨法磨外圆柱面；(b) 扳转工作台用纵磨法磨圆锥面；(c) 扳转砂轮架用切入法磨短锥面；
(d) 扳转头架用纵磨法磨内圆锥面

万能外圆磨床主要用来磨削内外圆柱面、圆锥面，其基本磨削方法有两种：纵向磨削法和切入磨削法。

纵向磨削法是使工作台做纵向往复运动进行磨削的方法，用这种方法加工时，表面成形方法采用相切—轨迹法，共需要三个表面成形运动，如图 2-27（a）、图 2-27（b）和图 2-27（d）所示。

切入磨削法是用宽砂轮进行横向切入磨削的方法，如图 2-27（c）所示。表面成形运动是成形—相切法，只需要两个表面成形运动：砂轮的旋转运动 n_t 和工件的旋转运动 n_ω。

用纵向磨削法加工时，工件每一纵向行程或往复行程（纵向进给 f_a）终了时，砂轮做一次横向进给运动 f_r，这是周期的间歇运动，全部磨削余量在多次往复行程中逐步磨去。

用切入磨削法加工时，工件只做圆周进给运动 n_ω 而无纵向进给运动 f_a，砂轮则连续地做横向进给运动 f_r，直到磨去全部磨削余量为止。

2.4.2　砂轮及磨削

1. 砂轮

砂轮是由结合剂将磨粒黏结而成的多孔体，如图 2-28 所示。砂轮由磨料、结合剂和气孔所组成，它的特性由磨料、粒度、结合剂、硬度和组织五个参数所决定。

1）磨料

磨料大致可分天然磨料和人造磨料两种。天然磨料为金刚砂、天然刚玉和金刚石等，其价格昂贵或质地不均匀，故在生产加工中主要使用人造磨料来制造砂轮。

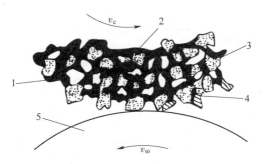

图 2-28　砂轮的组成

1—砂轮；2—结合剂；3—磨料；4—气孔；5—工件

目前常用的磨料可分为刚玉系、碳化物系和超硬磨料系三类，其具体种类、代号、主要成分、性能和适用范围如表 2-4 所示。

表 2-4　磨料的种类、代号、主要成分、性能和适用范围

系别	名称	代号	主要成分	颜色	性能	适用范围
刚玉	棕刚玉	A	Al_2O_3 92.5%～97% TiO_2 1.5%～3.8%	棕褐色	硬度较低，韧性较好	磨削碳素钢、合金钢、可锻铸铁与青铜
	白玉刚	WA	Al_2O_3 不少于 98.5%	白色	较 A 硬度高，磨粒锋利，韧性差	磨削淬硬的高碳钢、合金钢、高速钢，磨削薄壁零件、成形零件
	单晶刚玉	SA	Al_2O_3 单晶体	浅黄色或白色	较 WA 硬度高，韧性好，磨粒棱角多，更锋利	磨削不锈钢、高钒高速钢、其他耐磨削材料，内圆磨削等散热不良的磨削和高表面粗糙度要求的磨削
	微晶刚玉	MA	Al_2O_3 小晶体	棕褐色	形成许多微刃，韧性好，自锐性好	磨削不锈钢、特种球墨铸铁。高表面粗糙度要求的磨削
	铬刚玉	PA	Al_2O_3 97.5% 以上 Cr_2O_3 1.15% 以上	玫瑰红色	韧性比 WA 好	磨削高速钢、不锈钢。成形磨削，刀具刃磨，高表面粗糙度要求的磨削
	锆刚玉	ZA	Al_2O_3 77% 以上 ZrO_2 10%～15%	灰色	韧性好，耐磨性好，硬度稍低	重负荷磨削，特别是磨削合金钢和不锈钢
	黑玉刚	BA	Al_2O_3 77%～79% SiO_2 10.5%～12% TiO_2 2.75%～3.2% Fe_2O_3 6%～8%	黑色	硬度较高，韧性、自锐性较好	抛光铝、不锈钢、电镀金属、光学玻璃

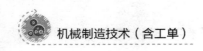

续表

系别	名称	代号	主要成分	颜色	性能	适用范围
碳化物	黑碳化硅	C	SiC97%～98.5%以上	黑色带光泽	比刚玉类硬度高，导热性能好，但韧性差	磨削铸铁和黄铜
	绿碳化硅	GC	SiC97.5%～99%以上	绿色带光泽	较C硬度高，导热性好，韧性较差	磨削硬质合金、宝石、光学玻璃
	立方碳化硅	SC	SiC呈立方晶格	草绿色无光泽	硬度较GC高	超精磨削
	立方碳化硼	BC	B_4C	黑色	比刚玉、C、GC都硬，耐磨单温度高时易氧化	研磨硬质合金
超硬磨料	人造金刚石	JR	C	白色淡绿黑色	硬度最高，韧性最差	磨削硬质合金、光学玻璃、宝石、陶瓷等高硬度材料
	立方氮化硼	CBN	BN	棕黑色	硬度仅次于JR，韧性较JR好	磨削高钒高速钢等难加工材料，坐标磨床用

2）粒度

砂轮粒度是指磨料颗粒的大小。粒度有两种表示方法：对于用机械筛分法来区分的较大的磨粒，磨粒号为4#～240#。粒度号数值是该种颗粒能通过的筛子每英寸长度上的孔数，因此，粒度号越大，颗粒尺寸越细。对于用显微镜测量来区分的微细磨粒（成微粉），其粒度为W63～W0.5。磨料粒度标准如表2-5所示。

表2-5　磨料粒度标准

磨粒	4# 5# 6# 7# 8# 10# 12# 14# 16# 20# 22# 24# 30# 36# 40# 46# 54# 60# 70# 80# 90# 100# 120# 150# 180# 220# 240#
微粉	W63 W50 W40 W28 W20 W14 W10 W7 W5 W3.5 W2.5 W1.5 W1.0 W0.5

砂轮粒度选择的准则：精磨时，应选用磨料粒度号较大或颗粒直径较小的砂轮，以减小已加工表面粗糙度值；粗磨时，应选用磨料粒度号较小或颗粒较粗的砂轮，以提高磨削生产率；砂轮速度较高、砂轮与工件接触面积较大时，选用颗粒较粗的砂轮，以减少同时参加磨削的磨粒数，以免发热过多而引起工件表面烧伤；磨削软而韧的金属时，用颗粒较粗的砂轮，以免砂轮过早堵塞；磨削硬而脆的金属时，选用颗粒较细的砂轮，以增加同时参加磨削的磨粒数，提高生产率。

3）结合剂

砂轮的结合剂将磨粒粘合起来，使砂轮具有一定的强度、气孔、硬度和抗腐蚀、抗潮湿的性能。国产砂轮常用的结合剂有两种：

（1）陶瓷结合剂（代号V）。这是一种由黏土、长石、滑石、硼玻璃、硅石等陶瓷材料配制成的无机结合剂。它的特点是黏结强度高，耐热性及耐腐蚀性好（不怕水、油、普通的酸碱），气孔率大，不易堵塞。但它较脆，韧性及弹性较差，不能承受侧面弯扭力，故不宜于制造切断砂轮。目前我国大部分砂轮采用陶瓷结合剂。

（2）树脂结合剂（代号 B）。此种结合剂多采用酚醛树脂或环氧树脂，为有机结合剂。其特点是：强度高、弹性好，砂轮退让性好，多用于制造切断、开槽等工序使用的薄片砂轮；耐热性差。当砂轮磨削表面温度达到 200～300 ℃时，结合能力就会降低，致使磨粒容易脱落，故适于要求避免烧伤的工序，例如磨薄壁件、刀具以及超精磨或抛光等；气孔率小，易堵塞；磨损快，易失去廓形；耐腐蚀性差。人造树脂与碱性物质易起化学反应，故切削液的含碱量不宜超过 1.5%。树脂砂轮存放期不能超过一年。

（3）橡胶结合剂（代号 R）。此种结合剂多采用人造橡胶，为有机结合剂。与树脂结合剂相比，具有更高的弹性和强度，可制造 0.1 mm 厚度的薄砂轮，切削速度可用至 65 m/s 左右。其多用于制作无心磨导轮，切断、开槽、抛光等用的砂轮，但耐热性比树脂结合剂还要差。其气孔小，砂轮组织较紧密，磨削生产率底，故不宜用于粗加工。

（4）金属结合剂（代号 M）。常用的是青铜结合剂，用于制造金刚石砂轮。其特点是型面保持性好，抗振强度高，有一定的韧性，但自砺性较差。其主要用于粗磨、精磨硬质合金，以及磨削与切断光学玻璃、宝石、陶瓷、半导体等。

此外，还有菱苦土结合剂，代号 m_g。菱苦土是镁的氧化物和氯化物，易与切削液起反应，故此种结合剂的砂轮一般只用于干磨。

4）砂轮的硬度

砂轮的硬度是指砂轮上磨粒受力后自砂轮表层脱落的难易程度，也反映磨粒与结合剂的黏固程度。砂轮磨粒难脱落时叫作硬度高，反之叫作硬度低，可见砂轮的硬度主要取决于结合剂的黏结强度，而与磨粒的硬度无关。砂轮的硬度的分级如表 2 - 6 所示。

表 2 - 6　硬度分级代号

等级	大级	超软	软			中软		中		中硬			硬		超硬
	小级	超软	软1	软2	软3	中软1	中软2	中1	中2	中硬1	中硬2	中硬3	硬1	硬2	超硬
代号	GB/T 2484 —2018	D E F	G	H	J	K	L	M	N	P	Q		R	S T	Y

一般说来，砂轮组织较疏松时，砂轮硬度低些。树脂结合剂的砂轮，其硬度比陶瓷结合剂的低些。

砂轮硬度的选用原则如下：

（1）工件材料越硬，应选用越软的砂轮。这是因为硬材料易使磨粒磨损，需用较软的砂轮，以便磨钝的磨粒及时脱落。但是磨削有色金属（铝、黄铜、青铜等）、橡皮、树脂等软材料时，也应使用较软的砂轮。这是因为这些材料易使砂轮堵塞，选用软些的砂轮可使堵塞的磨粒较易脱落，露出锋锐、新鲜的磨粒来。

（2）砂轮与工件磨削接触面积大时，磨粒参加切削的时间较长，较易磨损，故应选用较软的砂轮。

（3）半精磨与粗磨相比，常用较软的砂轮，以免工件发热烧伤。但精磨和成形磨削时，为了使砂轮廓形保持较长时间，则需用较硬一些的砂轮。

（4）砂轮气孔较低时，为了防止砂轮堵塞，应选用较软的砂轮。

（5）树脂结合剂砂轮由于不耐高温，磨粒容易脱落，故其硬度可比陶瓷结合剂砂轮选高1～2级。在机械加工中，常用的砂轮硬度等级为软2至中2，荒磨钢锭及铸件时常用至中硬2。

5）砂轮的组织号

磨粒在磨具中占有的体积百分数（即磨粒率），称为磨具的组织号，如表2-7所示。磨料的磨粒度相同时组织号从小到大，磨粒间距由窄到宽，即砂轮的气孔率由小到大。

表2-7　磨具的组织号

组织号	0	1	2	3	4	5	6	7	8	9	10	11	12	13	14
磨粒率/%	62	60	58	56	54	52	50	48	46	44	42	40	38	36	34

砂轮组织号大，组织松，砂轮不易被磨屑堵塞，切削液和空气能被带入磨削区域，可降低磨削区域的温度，减少工件因发热引起的变形和烧伤，故适用于粗磨、平面磨、内圆磨等磨削接触面积较大的工序，以及磨削热敏感性较强的材料，如软金属和薄壁工件。

砂轮组织号小，组织紧密，气孔率小，使砂轮变硬，容易被磨屑堵塞，磨削效率低。但可承受较大的磨削压力，砂轮廓形可较持久保持，故适用于重压力下磨削，如手工磨削以及精磨、成形磨削。中等组织的砂轮适于一般磨削。

2. 砂轮的形状、尺寸和标志

为了适应在不同类型磨床上磨削各种形状和尺寸工件的需要，砂轮有许多种形状和尺寸。常用砂轮的形状、代号和主要用途如表2-8所示。

表2-8　常用砂轮的形状、代号和主要用途

代号	名称	断面图	形状尺寸标记	主要用途
P	平形砂轮		P $D \times H \times d$	磨外圆、内孔，无心磨，周磨平面及刃磨刀具
N	筒形砂轮		N $D \times Hb$（b 的尺寸）	端磨平面
PSX$_1$	双斜边一号砂轮		PSX$_1$ $D \times H \times d$	磨齿轮与螺纹

代号	名称	断面图	形状尺寸标记	主要用途
PDA	单面凹砂轮		PDA　$D \times H \times$ $d-1-d_1 \times t_1$ （注：1 指单面）	磨外圆、内孔、平面
B	杯形砂轮		B　$D \times H \times db$ （b 的尺寸） h（h 的尺寸）	端磨平面，刃磨刀具后刀面
PSA	双面凹砂轮		PSA　$D \times H \times$ $d-2-d_1 \times t_1 \times t_2$ （注：2 指双面）	磨外圆，无心磨的砂轮和导轮，刃磨车刀后刀面
BW	碗形砂轮		BW　$D \times H \times d$	端磨平面，刃磨刀具后刀面
D_1	碟形一号砂轮		D_1　$D \times H \times d$	刃磨刀具前刀面
D_3	碟形三号砂轮		D_3　$D \times H \times d$	磨齿轮和插齿刀
PSZA	双面凹带锥砂轮		PSZA　$D \times H \times d$	磨外圆兼磨两端肩部
PB	薄片砂轮		PB　$D \times H \times d$	切断及磨槽

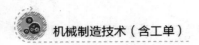

砂轮的标志印在砂轮端面上，其顺序是：形状代号、尺寸、磨料、粒度号、硬度、组织号、结合剂、线速度。例如：外径 $\phi 300$ mm、厚度 50 mm、孔径 $\phi 75$ mm、棕刚玉、粒度 $60^{\#}$、硬度 L、5 号组织、陶瓷结合剂、最高工作线速度 35 m/s 的平形砂轮标志为：P300×50×75A60L5V35。

3. 磨削用量

磨削用量是指磨削速度（砂轮速度）v_c、工件速度切向进给量（也称工件切线速度）v_w、砂轮轴向进给量 f_a、砂轮径向进给量 f_r 或磨削深度（背吃刀量）。磨削用量的选择对于磨削过程能否达到要求是十分重要的，它不仅决定了磨削加工的生产效率和经济性，而且也会影响被加工工件的精度和表面质量。砂轮速度增加时单颗磨粒的切削厚度将减小；工件切线速度、轴向进给量和磨削深度增加时，单颗磨粒的切削厚度将增加。

磨削过程中应当结合磨床的结构性能、砂轮特性、工件材料性质、磨削方式、磨削效率和工件精度及表面质量要求等各方面的因素，来合理选择磨削用量。

1）磨削速度的选择

在磨削过程中，磨削速度是磨削用量中最重要的一个参数，因为它不仅影响磨削效率，而且影响砂轮的耐用度和工件的加工质量。选择砂轮时，主要应考虑工件材料的特点、加工要求、磨床工作情况和砂轮特性等。

目前，普通磨削时砂轮线速度一般为 30～35 m/s，高速磨削时可达 45～100 m/s 或更高一些。砂轮速度一般比车削时的切削速度大 10～15 倍。由于砂轮圆周速度的提高，可使磨粒切削厚度减小，使作用在磨粒上的磨削力减小，单颗磨粒承受的磨削负荷可大大降低，改善了磨削条件，使磨削生产效率大为提高，砂轮的耐用度和使用寿命增加，工件表面粗糙度值减小，因而磨削时人们都希望提高磨削速度。但是砂轮圆周速度受到砂轮本身抗拉强度和机床结构性能的影响，不可能无限制提高。这是因为砂轮圆周速度越高，作用在砂轮上的离心力也越大，如果砂轮的内应力超过砂轮的强度，就可能产生破裂，严重时会损坏设备甚至导致人身事故。另外，砂轮的圆周速度太高也可能产生振动和工件表面烧伤，影响加工表面质量。

2）工件速度的选择

选择工件速度时，主要应考虑磨削热量的大小、热源作用的时间、工件表面粗糙度和高速回转所产生的振动等因素。工件速度太低时，工件易烧伤；工件速度太高时，机床可能产生振动。

工件速度在粗磨时常取为 15～85 m/min，精磨时为 15～50 m/min。选择工件速度时还应注意与砂轮速度相配合。外圆磨削时，砂轮速度与工件速度之比为 60～150；内圆磨削时，砂轮速度与工件速度之比为 40～80。砂轮速度提高时，由于磨削温度急剧增加，工件很容易发生烧伤。因此，需要提高工件速度，以改善工件的散热条件。在提高工件速度时，还应该考虑不要导致磨床顶尖的急剧磨损。

3）轴向进给量的选择

磨削时轴向进给量的大小直接影响磨削效率和工件表面的加工质量。轴向进给量增加时，砂轮工作表面磨粒的切削厚度增加，同时参加切削的磨粒数也增加，生产效率提高。但是随着轴向进给量增加，砂轮轴向截面上起光磨作用的磨粒数减少，使工件表面粗糙度值增大，因此应根据加工要求来选择合理数值。一般粗磨时不应超过砂轮宽度的 0.3～0.85；精磨时要更小些，以不超过砂轮宽度的 0.2～0.3 为宜。磨削速度较高时，由于砂轮单颗磨粒切削厚度减小，使磨粒承受的切削负荷减轻，即可选用较大的轴向进给量，提高磨削效率。

4）径向进给量的选择

径向进给量对磨削过程的影响与轴向进给量相似。径向进给量增加，砂轮工作面上的磨粒切削厚度增加，每颗磨粒切去的金属体积也就增加，因此提高了磨削效率。但当磨粒切削厚度增加时，在工件表面留下的切痕深度增加，使工件表面粗糙度值增大，同时产生的磨削力和磨削热也会增加。这样既会影响工件的加工精度，也会使单颗磨粒的负荷增加，使磨粒过早地破损和脱落，从而加速了砂轮的磨损，使砂轮耐用度降低。因此，径向进给量也要根据加工质量和生产率要求来选择。一般粗磨时径向进给量为 0.01～0.07 mm，精磨时径向进给量为 0.002 5～0.02 mm，镜面磨削时可取 0.000 5～0.001 5 mm。磨细长工件时，要选择较小的径向进给量；磨粗而短的工件时，径向进给量可以选大些。磨削速度提高时，可相应提高径向进给量。

由于影响磨削过程的因素很多，故对于不同的磨床、工件、砂轮以及不同磨削方法，磨削用量的选择需要根据具体情况决定。具体情况可查有关的切削用量手册。

2.5 齿轮加工

2.5.1 齿轮加工机床

齿轮是最常用的传动件，常用的有直齿、斜齿和人字齿的圆柱齿轮，直齿和弧齿圆锥齿轮，蜗轮以及应用很少的非圆形齿轮等。加工这些齿轮表面的机床称为齿轮加工机床。由于齿轮具有传动比准确、传力大、效率高、结构紧凑、可靠耐用等优点，因此被广泛应用于各种机械及仪表当中。

1. 齿轮加工方法

制造齿轮的方法很多，虽然可以铸造、热轧或冲压，但目前这些方法的加工精度还不够高。精密齿轮加工仍然主要依靠切削法。按照形成齿形的原理不同，其可以分为成形法和展成法两大类。

1）成形法

成形法是用与被切齿轮齿槽形状完全相符的成形铣刀切出齿轮的方法。

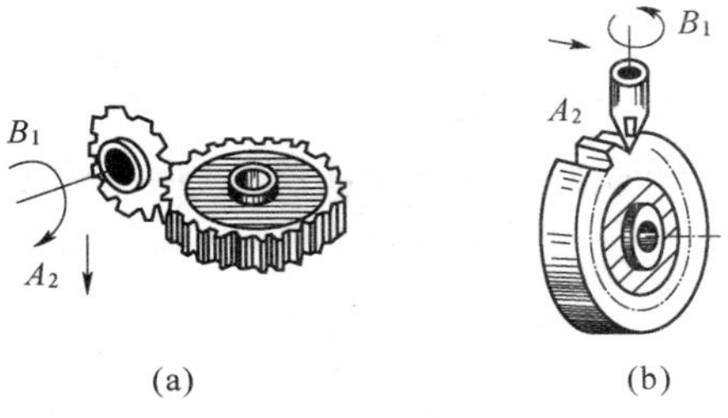

成形法加工齿轮时一般在普通铣床上进行加工，图 2-29（a）所示为用标准盘形齿轮铣刀加工直齿齿轮的情况。轮齿的表面是渐开面，形成母线（渐开线）的方法是成形法，不需要表面成形运动；形成导线（直线）的方法是相切法，需要两个成形运

图 2-29 成形法加工齿轮

（a）用盘形齿轮铣刀铣制齿轮；

（b）用指状齿轮铣刀铣削齿轮

动，一个是盘形齿轮铣刀绕自己的轴线旋转 B_1，一个是铣刀旋转中心沿齿坯轴向移动 A_2。当铣完一个齿槽后，齿坯退回原处，用分度头使齿坯转过 $360°/z$ 的角度（z 是被加工齿轮的齿数），这个过程称为分度。然后，再铣第二个齿槽，这样一个齿槽一个齿槽地铣削，直到铣完所有齿槽为止。分度运动是辅助运动，不参与渐开线表面的成形。

在加工模数较大的齿轮时，为了节省刀具材料，常用指状齿轮铣刀（模数立铣刀），如图 2-29（b）所示。用指状铣刀加工直齿齿轮所需的运动与用盘形铣刀时相同。

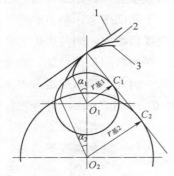

图 2-30　渐开线形状与基圆关系

成形法加工齿轮也可以用成形刀具在刨床上刨齿或在插床上插齿。

齿轮的齿廓形状决定于基圆的大小，如图 2-30 中的线 1、2 和 3，基圆越小，渐开线弯曲越厉害；基圆越大，渐开线越伸直，基圆半径为无穷大时，渐开线就成了直线 1。而基圆直径 $d_基 = mz\cos\alpha$（m 为齿轮的模数，z 是齿轮齿数，α 是压力角），所以要想精确制造一套具有一定模数和压力角的齿轮，就必须每一种齿数配有一把铣刀，这样并不经济。为了减少刀具数量，一般采用八把一套或十五把一套的齿轮铣刀，其每一把铣刀可切削几个齿数的齿轮。八把一套的齿轮铣刀的刀号可以参见表 2-9。

表 2-9　齿轮铣刀的刀号

铣刀刀号	1	2	3	4	5	6	7	8
能加工的齿数范围	12～13	14～16	17～20	21～25	26～34	35～54	55～134	13 以上

为了保证加工出来的齿轮在啮合时不会卡住，每一号铣刀的齿形都是按所加工的一组齿轮中齿数最少的齿轮的齿形制成的，当用这把铣刀切削同组其他齿数的齿轮时其齿形是有一些误差的。因此，成形法加工齿轮的缺点是精度低。这种方法采用单分齿法，即加工完一个齿退回，工件分度，再加工下一齿。因此，其生产率也不高。但是这种加工方法简单，不需要专用的机床，所以适用于单件小批生产和加工精度要求不高的修配行业中。

2）展成法

展成法加工齿轮是利用齿轮啮合的原理，其切齿过程模拟某种齿轮副（齿条、圆柱齿轮、蜗轮、锥齿轮等）的啮合过程。这时，把啮合中的一个齿轮做成刀具来加工另外一个齿轮毛坯。被加工齿的齿形表面是在刀具和工件包络（展成）过程中由刀具切削刃的位置连续变化而形成的，用展成法加工齿轮的优点是：用同一把刀具可以加工相同模数而任意齿数的齿轮，生产率和加工精度都比较高。在齿轮加工中，展成法应用最为广泛。

2. 齿轮加工机床的类型

按照被加工齿轮种类的不同，齿轮加工机床可以分为圆柱齿轮加工机床和圆锥齿轮加工机床两大类。

1）圆柱齿轮加工机床

圆柱齿轮加工机床主要包括滚齿机、插齿机、磨齿机、剃齿机和珩齿机等。

（1）滚齿机：主要用于加工直齿、斜齿圆柱齿轮和蜗轮。

（2）插齿机：主要用于加工单联和多联的内、外直齿圆柱齿轮。

（3）磨齿机：主要用于淬火后的直齿、斜齿圆柱齿轮的齿廓精加工。

（4）剃齿机：主要用于淬火之前的直齿、斜齿圆柱齿轮的齿廓精加工。

（5）珩齿机：主要用于热处理后的直齿、斜齿圆柱齿轮的齿廓精加工。珩齿对于齿形精度改善不大，主要是降低齿面的表面粗糙度。

2）锥齿轮加工机床

锥齿轮加工机床主要分为直齿锥齿轮加工机床和曲线齿锥齿轮加工机床两类。

（1）直齿锥齿轮加工机床：主要包括刨齿机、铣齿机、拉齿机等。

（2）曲线齿锥齿轮加工机床：主要包括加工各种不同曲线齿锥齿轮的铣齿机和拉齿机等。

用来精加工齿轮齿面的机床主要有珩齿机、剃齿机、磨齿机等。此外，齿轮加工机床还包括加工齿轮所需的倒角机、淬火机和滚动检查机等。

3. 滚齿机

滚齿机主要用于滚切直齿与斜齿圆柱齿轮和蜗轮，还可以加工花键轴的键。

1）滚齿原理

滚齿加工是根据展成法原理来加工齿轮轮齿的。用齿轮滚刀加工齿轮的过程，相当于一对交错轴斜齿轮副啮合滚动的过程，如图 2-31（a）所示。将其中的一个齿数减少到一个或几个，轮齿的螺旋倾角很大，就成了蜗杆，如图 2-31（b）所示。再将蜗杆开槽并铲背，就成了齿轮滚刀，如图 2-31（c）所示。因此，滚刀实质就是一个斜齿圆柱齿轮，当机床使滚刀和工件严格地按一对斜齿圆柱齿轮的速比关系做旋转运动时，滚刀即可在工件上连续不断地切出齿来。

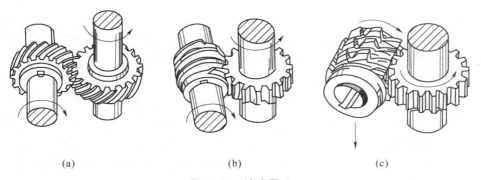

（a）　　　　　　　　　　　（b）　　　　　　　　　　　（c）

图 2-31　滚齿原理

（a），（b）螺旋齿轮传动；（c）齿轮加工

2）Y3150E 型滚齿机

Y3150E 型滚齿机主要用于滚切直齿和斜齿圆柱齿轮。此外，可采用手动径向进给法滚切蜗轮，也可加工花键轴和链轮。

图 2-32 所示为机床的外形图。机床由床身 1、立柱 2、刀架溜板 3、滚刀架 5、后立柱

8 和工作台 9 等组成。刀架溜板 3 带动滚刀刀架可沿立柱导轨做垂直进给运动和快速移动；安装滚刀的刀杆 4 装在滚刀架 5 的主轴上；刀架连同滚刀一起可沿刀具溜板的圆形导轨在 240°范围内调整安装角度。工件安装在工作台 9 的工件心轴 7 或直接安装在工作台上，随同工作台一起做旋转运动。工作台和小立柱装在同一溜板上，并沿床身的水平导轨做水平调整移动，以调整工件的径向位置或做手动径向进给运动。小立柱上的支架 6 可通过轴套或顶尖支承工件心轴的上端，以提高工件心轴的刚度，使滚切工作平稳。

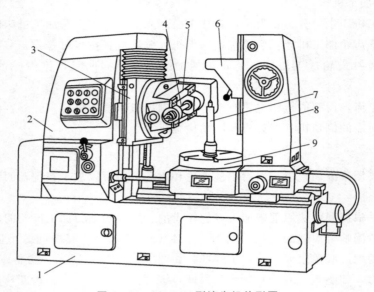

图 2 - 32   Y3150E 型滚齿机外形图

1—床身；2—立柱；3—刀架溜板；4—刀杆；5—滚刀架；6—支架；7—工件心轴；8—后立柱；9—工作台

4. 插齿机

常见的圆柱齿轮加工机床除滚齿机外，还有插齿机。插齿机主要用于加工直齿圆柱齿轮，尤其适合于加工在滚齿机上不能滚切的内齿轮和多联齿轮。

1）工作原理

插齿刀实质上是一个端面磨有前角，齿顶及齿侧均磨有后角的齿轮，如图 2 - 33（a）所示。插齿时，插齿刀沿工件轴向做直线往复运动以完成切削主运动，在刀具与工件轮坯做无间隙啮合运动的过程中，在轮坯上渐渐切出轮廓。加工过程中，刀具每往复一次，仅切出工件齿槽的一小部分，齿廓曲线是在插齿刀刀刃多次相继切削中，由刀刃各瞬时位置的包络线所形成的，如图 2-33（b）所示。

2）Y5132 型插齿机

Y5132 型插齿机外形如图 2-34 所示，它由床身 1、立柱 2、刀架 3、插齿刀主轴 4、工作台 5 和工作台溜板 7 等部件组成。

Y5132 型插齿机加工外齿轮最大分度圆直径为 ϕ320 mm，最大加工齿轮宽度为 80 mm；加工内齿轮最大直径为 ϕ500 mm，最大宽度为 50 mm。

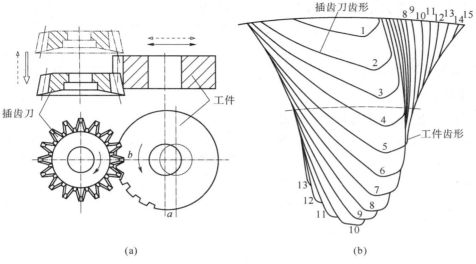

图 2-33　插齿加工原理

1—插齿刀；2—工件；3—工件齿形；4—插齿刀齿形

（a）插齿原理；（b）齿廓曲线

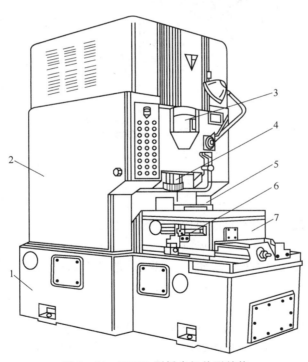

图 2-34　Y5132 型插齿机外形结构

1—床身；2—立柱；3—刀架；4—插齿刀主轴；5—工作台；6—挡块支架；7—工作台溜板

2.5.2　切齿刀具

齿轮是应用十分广泛的机械零件之一，其中以渐开线圆柱齿轮应用最多。加工渐开线圆柱齿轮的刀具，按形成齿轮齿形的原理可分为成形法齿轮刀具和展成法齿轮刀具两大类。成形法齿轮刀具的刃形是按照被切齿轮齿槽形状和尺寸设计而成的切齿刀具，如模数盘铣刀和指状铣刀等。

展成齿轮刀具是根据齿轮的啮合原理设计而成的切齿刀具，如滚齿刀、插齿刀和剃齿刀等。

1. 齿轮铣刀

成形齿轮铣刀的种类有模数盘状铣刀与指状齿轮铣刀。

模数盘状铣刀如图 2 - 35（a）所示，它是一把铲齿成形铣刀，可以在铣床上利用分度头加工直齿或斜齿齿轮。其生产率和加工精度较低，适合单件生产或修配工作中加工要求不高的圆柱齿轮。

指状齿轮铣刀如图 2 - 35（b）所示，它是一种铲齿成形立铣刀。铣削时刀具旋转，工件沿齿向做进给运动，每铣完一个齿均需要借助分度头分度。这种刀具适于加工大模数的直齿和人字形齿轮。

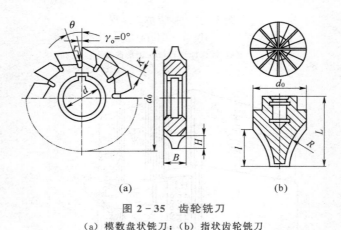

图 2 - 35 齿轮铣刀
（a）模数盘状铣刀；（b）指状齿轮铣刀

2. 插齿刀

插齿刀是加工渐开线直齿及斜齿圆柱齿轮的常用刀具，其在插齿时空刀距离小，适合加工带台阶的多联齿轮，也适合加工内齿轮。

插齿刀是一种按展成原理加工齿轮的刀具。它的外形像一个齿轮，只是具有一定的前、后角，如图 2 - 36 所示。

在插削直齿轮时，直齿插齿刀上下往复的切削运动为主运动，同时和被切齿轮做无间隙的啮合运动。因此工件的旋转运动一方面与插齿刀形成展成运动，同时也是圆周进给运动；另一方面，插齿刀还要沿工件的径向做径向进给运动，当切削到预定深度后径向进给自动停止，切削运动与展成运动继续进行，直至整个齿轮完成切齿即自动停止。为避免插齿刀回程时与工件发生干涉现象，必须采取让刀运动。

插削斜齿轮时，斜齿插齿刀和工件间的相互关系与轴线相平行的斜齿轮的啮合相同，在插齿刀直线往复运动的同时尚需做附加的转动，其他运动则与插直齿齿轮相同，如图 2 - 36 所示。

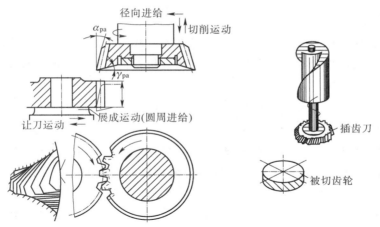

图 2-36　插齿刀及工作原理

图 2-37 所示为插齿刀的几何角度。插齿刀的每一个刀齿由一个顶刃和两个侧刃组成。顶刃的前、后角是在背（切深）平面（p_p）度量，侧刃一点 m 处的背（切深）前角和后角为 γ_{pa}、α_{pa}，正交平面的前角和后角分别为 γ_{om}、α_{om}。

为了形成顶刃后角和侧刃后角，实际插齿刀在各端剖面内所形成的齿形为同一基圆柱，但变位系数不同的齿形。因此，插齿刀就是一个具有变位系数连续变化的变位齿轮。正因如此，这样

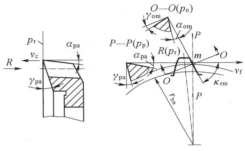

图 2-37　插齿刀的几何角度

的插齿刀可以和各种不同变位系数的齿轮正确啮合，因而不论新旧插齿刀，均可加工出与其模数相同的标准和修正齿轮。

3. 滚齿刀

齿轮滚刀是按交错轴斜齿轮啮合原理用展成法加工齿轮的刀具。齿轮滚刀相当于小齿轮，被切齿轮相当于大齿轮，它是加工外啮合直齿和斜齿圆柱齿轮最常用的一种刀具。

滚齿刀的形成

齿轮滚刀是一个螺旋角很大，而齿数很少（1～3 齿）、齿很长、能绕滚刀分度圆柱很多圈的交错轴斜齿轮，这样就很像一个螺旋升角很小的蜗杆。为了形成切削刃，在蜗杆上沿轴线开出容屑槽，以形成前刀面及前角，并经铲齿和铲磨以形成后刀面与后角。整体式滚齿刀的结构如图 2-38 所示。

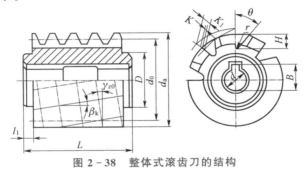

图 2-38　整体式滚齿刀的结构

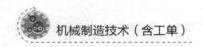
4. 涡轮飞刀

由于每一把蜗轮滚刀只能加工一定尺寸的蜗轮，故当小批量、单件生产时，制造蜗轮滚刀不经济，这时可采用飞刀。飞刀就是用装在滚齿机刀杆上的一个刀头来代替蜗轮滚刀，如图2-39所示。飞刀的工作原理与蜗轮滚刀相同，其差别仅是刀齿极少。用飞刀加工蜗轮时，最好采用切向进给，其所有运动与蜗轮滚刀切向进给加工蜗轮相同。

5. 剃齿刀

剃齿刀主要用于未淬硬圆柱齿轮的精加工，应用最多的剃齿刀是盘形剃齿刀，它的基本结构相当一个斜齿圆柱齿轮，齿面开有许多容屑槽以形成切削刃，如图2-40所示。剃齿时，利用交错轴斜齿轮啮合原理进行切削工作，剃齿刀与被剃齿轮轴线交叉，相当于一对无侧隙的交错轴斜齿轮啮合。啮合过程中两齿轮在接触点上的速度方向不一致，使剃齿刀与被剃齿轮的齿侧面产生相对滑动，这个相对滑动速度即剃齿切削速度。

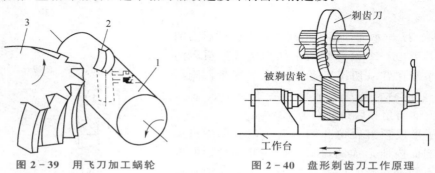

图2-39　用飞刀加工蜗轮　　　　　　图2-40　盘形剃齿刀工作原理
1—刀杆；2—飞刀刀头；3—蜗轮

剃齿刀通常采用闭槽形式。闭槽剃齿刀的结构如图2-41所示，它是在齿的两侧面用小插刀分别插出许多窄小的槽且不贯通，槽底制成渐开线，槽的两个侧面平行于剃齿刀的端面。剃齿时一侧刃锐角形成正前角，另一侧刃为钝角，形成负前角，因此两侧刃的工作条件不同。这种情况随着螺旋角的增大而越来越严重，但因容易制造，所以螺旋角不大的剃齿刀都用这种槽形。

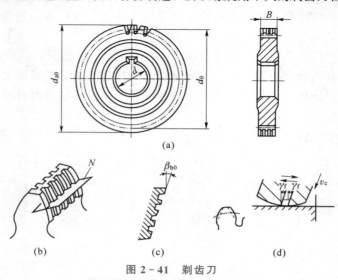

图2-41　剃齿刀
（a）切削部分；（b）刀齿形状；（c）剃削情况

2.6　钻削和镗削加工

钻床和镗床主要用于孔的加工，镗床通常用于加工尺寸较大且精度要求较高的孔，特别是对分布在不同表面上、孔距和位置精度（平行度、垂直度及同轴度）要求很严格的孔系加工。

2.6.1　钻削加工

钻床是孔加工用机床，主要用来加工外形较复杂、没有对称回转轴线的工件上的孔，如箱体、机架等零件上的各种孔。在钻床上加工时，工件不动，刀具做旋转主运动，同时沿轴向移动做进给运动。钻床可完成钻孔、扩孔、铰孔、刮平面以及攻螺纹等工作。钻床的加工方法及所需的运动如图 2 - 42 所示。钻床的主参数是最大钻孔直径。钻床可分为立式钻床、台式钻床、摇臂钻床以及深孔钻床等。

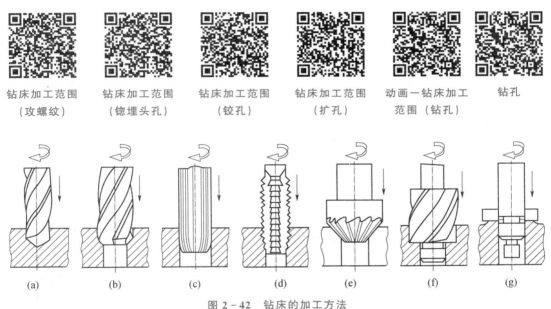

| 钻床加工范围（攻螺纹） | 钻床加工范围（锪埋头孔） | 钻床加工范围（铰孔） | 钻床加工范围（扩孔） | 动画一钻床加工范围（钻孔） | 钻孔 |

图 2 - 42　钻床的加工方法
(a) 钻孔；(b) 扩孔；(c) 铰孔；(d) 攻螺纹；(e)，(f) 锪埋头孔；(g) 锪端面

1. 钻床

1）立式钻床

立式钻床是钻床中应用较广的一种，其特点为主轴轴线垂直布置，而且其位置是固定的。加工时，为使刀具旋转中心与被加工孔的中心线重和，必须移动工件（相当于调整坐标位置），因此立式钻床只适于加工中小型工件上的孔。

立式钻床外形结构如图 2 - 43 所示。主轴箱 3 中装有主运动和进给运动变速传动机构、主轴部件以及操纵机构等。加工时，主轴箱固定不动，而由主轴随同主轴套筒在主轴箱中做直线移动来实现进给运动。利用装在主轴箱上的进给操纵机构 5，可以使主轴实现手动快速升降、手动进给和接通、断开机动进给。被加工工件直接或通过夹具安装在工作台 1 上。工作台和主轴箱都装在方形立柱 4 的垂直导轨上，并可上下调整位置，以适应加工不同高度的工件。

立式钻床的传动原理如图 2-44 所示。主运动一般采用单速电动机经齿轮分级变速机构传动，也有采用机械无机变速器传动的；主轴旋转方向的变换靠电动机正反转来实现。钻床的进给量用主轴每转一转时，主轴的轴向移动量来表示，另外攻丝时进给运动和主运动之间也需要保持一定关系，因此，进给运动由主轴传出，与主运动共用一个动源。进给运动传动链中的换置（变速）机构 u_f 通常为滑移齿轮变速机构。

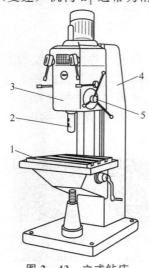

图 2-43　立式钻床

1—工作台；2—主轴；3—主轴箱；

4—立柱；5—进给操纵机构

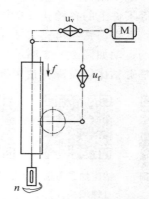

图 2-44　立式钻床传动原理图

2）摇臂钻床

由于大而重的工件移动费力，找正困难，加工时希望工件固定、主轴可调整坐标位置，因而产生了摇臂钻床，如图 2-45 所示。摇臂钻床的主轴箱 4 装在摇臂 3 上，可沿摇臂上导轨做水平移动，而摇臂 3 又可绕立柱 2 的轴线转动，因而可以方便地调整主轴的坐标位置，使主轴旋转轴线与被加工孔的中心线重和；摇臂还可以沿立柱升降，以适应对不同高度工件进行加工的需要。为使机床在加工时有足够的刚度，并使主轴调整好的位置保持不变，机床设有立柱、摇臂及主轴箱的夹紧机构，当主轴的位置调整妥当后，可以快速地将它们夹紧。摇臂钻床的传动原理与立式钻床相同。立柱式摇臂钻床的主要支承件承受着摇臂和主轴箱的全部重力以及加工时的切削力，并需保证摇臂能实现升降和旋转运动。其结构类型有多种，目前普遍采用圆形双柱式结构，这种立柱结构由圆柱形的内外两层立柱组成。

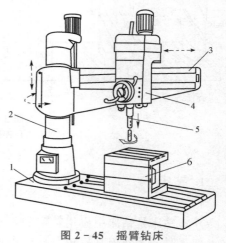

图 2-45　摇臂钻床

1—底座；2—立柱；3—摇臂；4—主轴箱；

5—主轴；6—工作台

摇臂钻床主轴部件的结构如图 2-46 所示。主轴 1 支承在主轴套筒 2 及下端的滚动轴承上，在套筒内做旋转主运动。套筒外圆的一侧铣有齿条，由齿轮传动，连同主轴一起做轴向进给运动。主轴的旋转运动在主轴箱箱体上，使主轴卸荷，这样既可减少主轴的弯曲变形，又可使主轴移动轻便。主轴的头部（下端）有莫氏锥孔，用于安装和紧固刀具，还有两个并列的横向腰形孔，用于传动扭矩和卸下刀具。

由于主轴部件是垂直的，故需要有平衡装置平衡其重力，使上、下移动时的操纵力基本相同，并得到平稳的轴向进给。压力弹簧 8 的上端是固定的，下端通过套筒 11 与链条的一端相连，链条的另一端绕过链轮与凸轮 9 相连。弹簧 8 的弹力经链条、凸轮和一对齿轮传至主轴套筒上，与主轴部件重力相平衡。当主轴部件上下移动时，由于其所处位置的变化，改变了弹簧的压缩量，致使弹力发生变化；另一方面，由于链条绕在凸轮上，凸轮随主轴上下移动而移动时，凸轮曲线使链条对凸轮的拉力作用线位置发生相应的变化，从而作用在凸轮上的平衡力矩始终保持恒定，即主轴部件处在任何位置上都呈平衡状态。

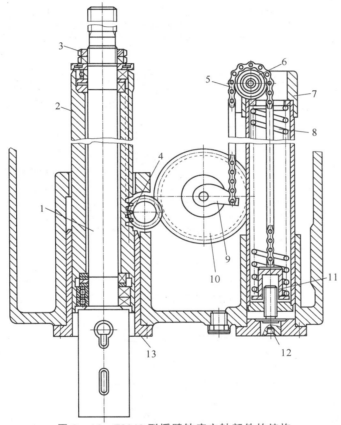

图 2－46　Z3040 型摇臂钻床主轴部件的结构

1—主轴；2—主轴套筒；3—螺母；4—小齿轮；5，6—链条；7—弹簧座；8—弹簧；9—凸轮；
10—齿轮；11—套；12—内六角螺钉；13—镶套

2. 钻削刀具

在金属切削加工中，钻削是最常见的一种孔加工方法，常在钻床、车床、镗床及铣床上进行加工。钻床加工精度一般都在 IT10 以下，表面粗糙度 Ra 值在 12.5 μm 以上，生产效率又低，因此钻削主要用于粗加工，如对需要镗削、拉削、插削、铰削及扩削的工件的预制孔加工等。对于一些精度和表面质量要求不高的孔，如螺钉孔、油孔等，也可完成终加工。对于要求攻螺纹的工件，可钻出底孔。

钻削使用的刀具很多，有麻花钻、扁钻、深孔钻和中心钻等，其中使用最普遍的是麻花钻。

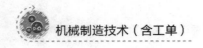

1）麻花钻的结构

麻花钻的结构如图 2-47 所示，其由工作部分、颈部和柄部所组成。

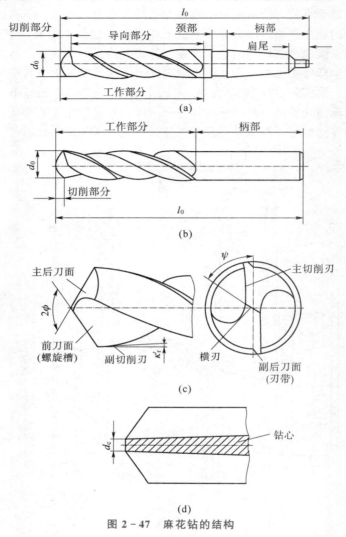

图 2-47 麻花钻的结构

（1）工作部分。

工作部分又可分为切削部分和导向部分。切削部分起切除金属的作用，其上有两个前刀面、两个后刀面和两个副后刀面（刃带）。两前刀面和两后刀面的交线为两主切削刃；两前刀面与刃带交线为两副切削刃；两后刀面在钻心处相交形成横刃。

导向部分在钻削时能保持钻头的正确方向和起修光作用。为了便于排屑，麻花钻上有两个螺旋容屑槽，因此，钻头前刀面是螺旋面，后刀面做成圆锥面或螺旋面的一部分。

麻花钻的两个刃瓣由钻心连接，钻心直径的大小直接影响钻头的强度、刚度和横刃的长度。钻心直径从钻尖向柄部逐渐增大，其数值为每 100 mm 长度上增大 1.4～2.0 mm。为了减少麻花钻与孔壁间的摩擦，导向部分上制作有两条窄的刃带（副后刀面），它的直径由钻尖向柄部逐渐减小，减小量为每 100 mm 长度上减小 0.03～0.12 mm。

（2）颈部。

连接工作部分和柄部的部分，也是钻头打标记处。

（3）柄部。

柄部是用来与机床连接和传递转矩的。钻头直径 $\phi12$ mm 以上者做成莫氏锥柄，$\phi12$ mm 以下者则做成圆柱柄。

2）钻削要素

钻削要素包括钻削用量和切削层要素。

（1）钻削用量要素。

钻削用量与车削一样，包括切削速度 v_c、进给量 f 和背吃刀量 a_p，如图 2-48 所示。

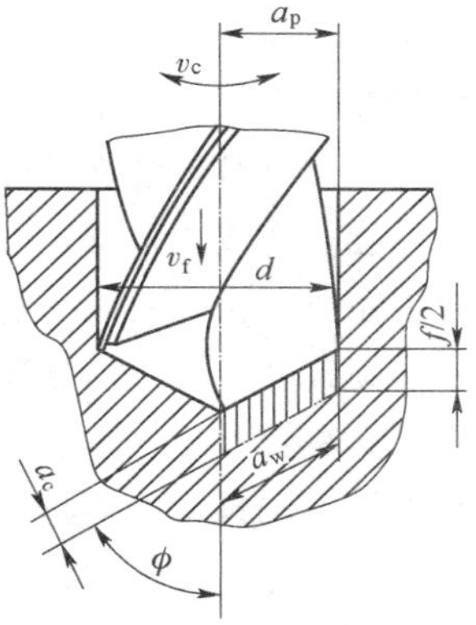

由于钻头有两个主切削刃，因此钻削用量要素的关系式如下：

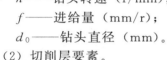

钻削速度

$$v_c = \frac{\pi d_0 n}{1\,000}$$

每齿进给量

$$f_z = \frac{1}{2}f$$

背吃刀量

$$a_p = \frac{1}{2}d_0$$

图 2-48　钻削要素

式中　n——钻头转速（r/min）；

　　　f——进给量（mm/r）；

　　　d_0——钻头直径（mm）。

（2）切削层要素。

切削层要素包括切削厚度 a_c、切削宽 a_w 和切削横截面积 A_D，这些参数均在钻头的基面中度量。

$$a_c = \frac{f_z}{2}\sin\kappa_r \approx \frac{f}{2}\sin\varphi \qquad a_w = \frac{d_0}{2\sin\kappa_r} \approx \frac{d_0}{2\sin\varphi} \qquad A_D = \frac{1}{4}d_0 f$$

总切削横截面积

$$A_{D\text{TOT}} = 2A_D = \frac{1}{2}d_0 f$$

2.6.2　镗削加工

卧式铣镗床
的运动

镗床通常用于加工尺寸较大且精度要求较高的孔，特别是对分布在不同表面上、孔距和位置精度（平行度、垂直度及同轴度）要求很严格的孔系加工，如各种箱体、汽车、拖拉机发动机缸体等零件上的孔系加工。

镗床主要是用镗刀镗削工件上铸出或已粗钻出的孔。机床加工时的运动与钻床类似，但进给运动则根据机床类型和加工条件的不同，或者由刀具完成，或者由工件完成。除镗孔外，大部分镗床还能进行铣削、钻孔、扩孔和铰孔等工作。

卧式铣镗床是镗床类机床中应用最为普遍的一种类型，其工艺范围非常广泛，除镗孔外，还可铣削平面、成形面和各种形状的沟槽，钻孔、扩孔和铰孔，车削端面和短的外圆柱面，车削内外环形槽和加工内外螺纹等。因此，用卧式铣镗床加工工件，在某些情况下，可在一次安装中完成大部分或全部加工工序。这对于大型和重型零件的加工来说，具有很重要的意义。卧式铣镗床的主参数是镗轴直径。

卧式铣镗床的外形如图 2-49 所示，由上滑座 12、下滑座 11 和工作台 3 组成的工作台部件装在床身 10 的导轨上。上滑座 12 可沿下滑座 11 的导轨做横向移动，下滑座又可沿床身导轨做纵向移动，从而组成 X、Y 两个坐标方向的进给和定位移动系统。工作台还可在上滑座的环形导轨上绕垂直轴线转位，使工件能在水平面内调整至一定角度，以便在一次安装中对互相平行或成一定角度的孔或平面进行加工。主轴轴线为水平布置，主轴箱 8 可沿前立柱 7 上的导轨在垂直方向上下移动，以实现垂直进给运动或使主轴轴线处于 Z 坐标方向上的不同位置。为了保证孔与孔以及孔与基准面间的距离精度，机床上具有坐标测量装置，以实现主轴箱和工作台的准确定位。主轴箱内装有主运动与进给运动的变速传动机构和操纵机构等。根据加工情况不同，刀具可以装在镗轴 4 前端的锥孔中，或装在平旋盘 5 的径向刀具溜板 6 上。加工时，镗轴 4 旋转完成主运动，并可沿其轴线做轴向进给运动（由装在主轴箱 8 后尾筒 9 内的轴向进给机构完成）。平旋盘 5 只能做旋转主运动。装在平旋盘导轨上的径向刀具溜板 6 除了随平旋盘一起旋转外，还可沿导轨移动做进给运动。装在后立柱 2 垂直导轨上、可上下移动的后支架 1，用以支承长刀杆（镗杆）的悬伸端，以增加其刚性。后立柱可沿床身导轨调整纵向位置，以适应支承不同长度的刀杆。综上所述，卧式铣镗床的运动有：主运动镗轴和平旋盘的旋转运动；进给运动镗轴的轴向运动、平旋盘刀具溜板的径向进给运动、主轴箱的垂直进给运动、工作台的纵向和横向进给运动；辅助运动工作台的转位、后立柱的纵向调位及后支架的垂直方向调位、主轴箱沿垂直方向和工作台沿纵横方向的快速调位运动。

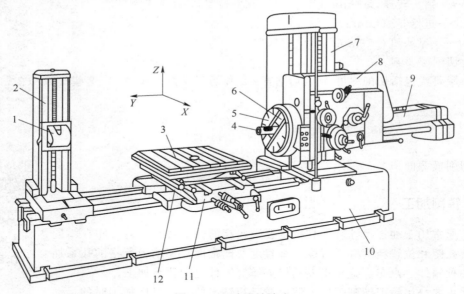

图 2-49　卧式铣镗床

1—后支承架；2—后立柱；3—工作台；4—镗轴；5—平旋盘；6—径向刀具溜板；
7—前立柱；8—主轴箱；9—后尾筒；10—床身；11—下滑座；12—上滑座

　　卧式铣镗床的进给量，通常是以镗轴或平旋盘转一转时镗轴或工作台等的移动量来表示的，即进给量的单位为 mm/r，因此，主运动和进给运动常由同一电动机传动，进给运动在传动上与镗轴或平旋盘保持一定联系。工作台等的快速调位移动则由快速电动机传动。

　　卧式铣镗床的几种典型加工方法如图 2-50 所示。图 2-50（a）所示为用装在镗轴上的悬伸刀杆镗孔，由镗轴移动完成纵向进给运动；图 2-50（b）所示为利用后支架支承的长刀杆镗削同一轴线上的两个孔，由工作台移动完成纵向进给运动；图2-50（c）所示为用装在平旋盘上的悬伸刀杆镗削大直径的孔，由工作台移动完成纵向进给运动；图2-50（d）所示为用装在镗轴上的端铣刀铣削平面，由主轴箱移动完成垂直进给运动；图2-50（e）和图2-50（f）所示为用装在平旋盘刀具溜板上的车刀车削内沟槽和端面，由刀具溜板移动完成径向进给运动。

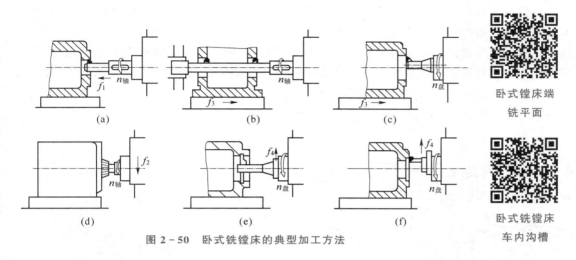

图2-50　卧式铣镗床的典型加工方法

2.7　其他切削加工

2.7.1　刨削加工

刨削加工是单程的切削加工，返回时不切削，并且要有让刀运动（刨刀抬起）来避免损伤已加工表面或减缓刀具磨损。加工时的行程称为工作行程，返回时的行程为空行程。刨削加工的生产率低，在大批大量生产中较少采用。但刨削有其独特的优点：如刀具结构简单、刃磨方便、生产准备工作省时省力，精刨时可以得到较高的精度和较小的表面粗糙度。特别是加工窄而长的平面时，采用宽刃刨刀，选用大进给量，生产率可以大大提高。

刨削时，刨床主运动是工件或刀具的直线往复运动，进给运动是工件或刀具的间歇运动，且进给方向与主运动方向垂直。

1. 刨床

刨床类机床主要用于加工各种平面（如水平面、垂直面及斜面等）、沟槽（如T形槽、燕尾槽、V形槽等）和直线成形面等。刨床类机床主要有牛头刨床、龙门刨床和插床三种类型。

1）牛头刨床

牛头刨床主要用于加工中、小型零件的平面、沟槽或成形平面。滑枕3可沿床身导轨在水平方向做往复直线运动，使刀具实现主运动。刀架座1可绕水平轴线调整至一定的角度；刀架可沿刀架座1导轨上下移动，以调整刨削深度。工件可直接安装在工作台6上，加工时工作台带动工件沿滑板导轨做间歇的横向进给运动。横梁5可沿床身4的竖直导轨上下移动，以调整工件与刨刀的相对位置。以上运动及各构件如图2-51所示。

2）龙门刨床

大型龙门刨床往往还附有铣头和磨头等部件，以使工件在一次装夹中完成刨、铣、磨平面等工序，这种机床又称龙门刨铣床或龙门刨磨床。这种机床的工作台既可做快速的主运动，又可做慢速的进给运动。当加工表面较大，或一次装夹好几个中、小型零件时，应采用龙门刨床加工。

龙门刨床如图 2-52 所示，工件装夹在工作台 9 上，工作台可沿床身的水平导轨做往复直线主运动，装在横梁 2 上的垂直刀架 5、6 可在横梁上间歇地移动，做横向进给运动，以刨削工件的水平面。刀架上的溜板可使刨刀上下移动，做切入运动或刨削竖直平面。溜板还能绕水平轴调整至一定的角度位置，以刨削倾斜平面。横梁 2 还可沿立柱 3、7 的导轨下降至一定位置，调整工件与刀具的相对位置。立柱 3、7 上分别装有左右侧刀架 1 和 8，可沿立柱的导轨做垂直方向的进给，也可做水平进给运动。

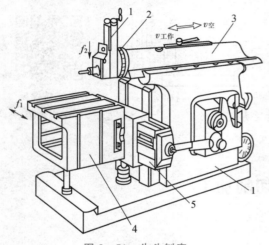

图 2-51　牛头刨座

1—刀架座；2—转盘；3—滑枕；4—床身；
5—横梁；6—工作台

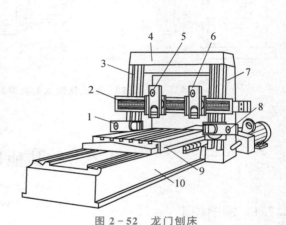

图 2-52　龙门刨床

1，8—左、右侧刀架；2—横梁；3，7—立柱；4—顶梁；
5，6—垂直刀架；9—工作台；10—床身

应用龙门刨床进行精细刨削，可得到较高的精度和较小的表面粗糙度（$Ra0.32\sim0.5\ \mu m$），大型机床的导轨通常是用龙门刨床精刨来完成的。

刨削加工的特点：刨削的进给运动是间歇运动，工件或刀具进行主运动时无进给运动，故刀具角度不会因切削运动而发生变化；刨削加工的切削过程是断续切削，刀具在回程中能得到自然冷却；切削加工的主运动是往复运动，因而限制了切削速度的提高；刨削过程中有冲击，冲击力的大小与切削用量、工件材料和切削速度有关。

3）插床

插床的外形如图 2-53 所示。滑枕 2 可沿立柱的导轨做上下方向的直线往复运动，使刀具实现主运动。工件安装在圆工作台 1 上，带动工件做回转运动，以实现间歇进给或分度。溜板 7 和床鞍 6 可分别带动工件做横

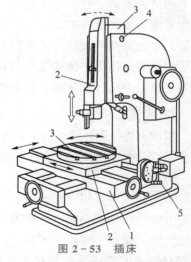

图 2-53　插床

1—圆工作台；2—滑枕；3—滑枕导轨座；
4—销轴；5—分度装置；6—床鞍；7—溜板

向和纵向进给。插床生产率低，通常应用于单件、小批生产中插削槽、平面及成形平面。插床的主参数是最大插削长度。

2. 刨刀

刨刀的种类很多，按加工形式和用途不同，可分为平面刨刀、偏刀、切刀、弯切刀、角度刀、样板刀等，如图 2 - 54 所示；按其形状和结构不同，可分为左刨刀和右刨刀、直头刨刀和弯头刨刀、整体刨刀和焊接刨刀、机夹式刨刀、机夹可转位刨刀等；此外，按加工工序或加工精度不同，又可分为粗刨刀和精刨刀。

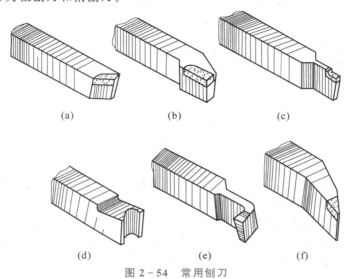

图 2 - 54　常用刨刀

（a）平面刨刀；（b）偏刀；（c）切刀；（d）样板刀；（e）弯切刀；（f）角度刀

1）左刨刀和右刨刀

这是按刨刀主切削刃在切削时所处的左右位置不同而区别的。当刨刀的主切削刃在左边时叫左刨刀，主切削刃在右边时叫右刨刀，如图 2 - 55 所示。生产中主要是根据进给运动方向来确定使用左刨刀还是右刨刀。

2）直头刨刀和弯头刨刀

一般刨削中，使用直头刨刀可使刀具的制造和刃磨都比较简单。但当切削力过大时，刀杆向后弯曲，刀尖啃入已加工表面，并引起振动，影响加工表面的表面粗糙度，甚至产生崩刃，如图 2 - 56（a）所示。若使用如图 2 - 56（b）所示的弯头刨刀，在受到大的切削力时，刀杆向后弯曲，刀尖不会啃入工件，可以避免啃伤工件或崩刃，并可提高抗振能力，因此弯头刨刀刀杆的伸出量可以较长。

3）刨刀的几何角度

刨刀的几何角度选取原则基本上与车刀相同。但由于切削过程有冲击，所以刨刀的前角比车刀要小（一般小 $5°\sim10°$），而且刨刀的刃倾角 λ_s 也应取较大的负值（$-10°\sim-20°$），以使刨刀切入工件时所产生的冲击力不是作用在刀尖上，而是作用在离刀尖稍远的刀刃上。主偏角 κ_r 一般在 $45°\sim75°$ 范围内选取。当采用较大的进给量时，主偏角 κ_r 可减小到 $20°\sim30°$。刨刀切削部分的材料采用高速钢或硬质合金。

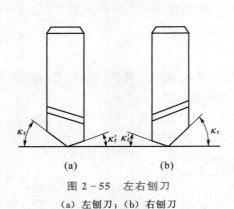

图 2－55　左右刨刀

（a）左刨刀；（b）右刨刀

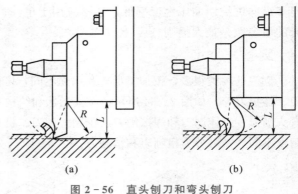

图 2－56　直头刨刀和弯头刨刀

2.7.2　拉削加工

1. 拉床

拉床是用拉刀进行加工的机床。拉床用于加工孔、平面及成形表面。图 2－57 所示为适用于拉削加工的一些典型表面的形状。

拉削时，拉刀使被加工表面在一次走刀中成形，所以拉床的运动比较简单，只有主运动，没有进给运动。切削时，拉刀做平稳的低速直线运动，拉刀承受的切削力也很大，所以拉床通常是由液压驱动，拉刀或固定拉刀的滑座通常是由液压缸的活塞带动的。

拉削工作时，粗、精加工可在拉刀通过工件加工表面的一次行程中完成，因此生产率较高、加工精度高以及表面粗糙度小（$Ra0.62\ \mu m$），但拉削的每一种表面都需要专门的拉刀，拉刀结构复杂，成本较高，因此仅适用于大批大量生产中。

拉床的主参数是额定拉力，常见为 50～400 kN。

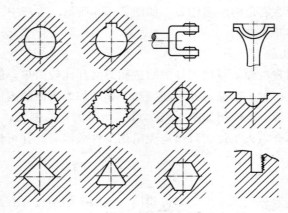

图 2－57　适用于拉削的典型表面形状

常用的拉床按加工表面可分为内表面和外表面拉床两类，按布局形式可分为立式和卧式，如图 2－58 所示。

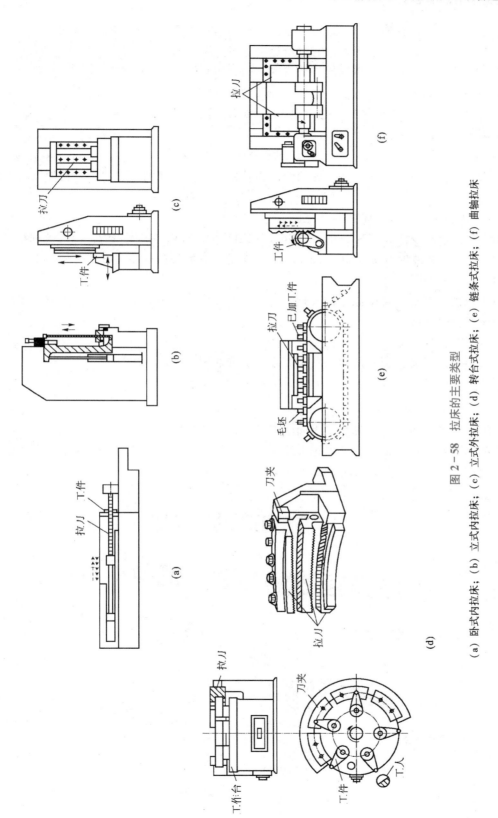

图 2-58 拉床的主要类型

(a) 卧式内拉床；(b) 立式内拉床；(c) 立式外拉床；(d) 转台式拉床；(e) 链条式拉床；(f) 曲轴拉床

拉削加工从切削性质上看，近似于刨削。拉刀是一种多齿刀具，拉削过程只有主运动，没有进给运动，它是借助拉刀的后一个（或一组）刀齿高出前一个（或一组）刀齿来实现切削加工的，如图2-59所示。被加工表面的形状和尺寸由拉刀的最后几个刀齿来保证。与其他切削加工方法相比较，拉削加工有以下特点：

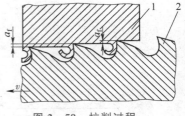

图2-59 拉削过程
1—工件；2—拉刀

1）生产率高

拉刀是多齿刀具，同时参加切削的切削刃长度长，一次拉削可完成粗、精加工，因此生产率很高。

2）加工精度与表面质量高

由于拉削速度较低（一般2～8 m/min），拉削平稳，且切削厚度很薄，因此拉削精度可达IT7～IT9，表面粗糙度可达$Ra0.8~\mu m$，若拉刀尾部装有活动挤压环，则可达$Ra0.40.2~\mu m$。

3）拉力耐用度高

由于拉削速度低、切削温度低，且每一刀齿在工作行程中只切削一次，刀具磨损慢，因此拉刀耐用度高。

4）应用范围广

拉刀可以加工各种形状的通孔及没有障碍的外表面。

2. 拉刀

1）拉刀的类型及应用

拉刀的种类很多，按工件加工表面的不同，可分为内拉刀和外拉刀。内拉刀用于拉削各种成形的通孔和孔中通槽，外拉刀用来拉削各种形状的外表面。图2-60所示为几种常用的内拉刀，图2-61所示为几种常用的外拉刀。

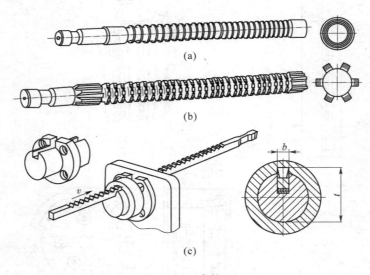

(a)

(b)

(c)

图2-60 内拉刀
(a) 圆孔拉刀；(b) 花键拉刀；(c) 键槽拉刀

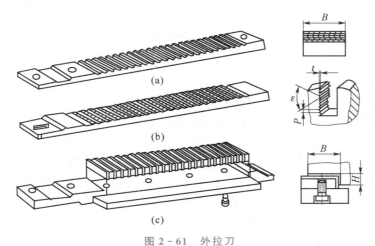

图 2-61　外拉刀

（a）平面拉刀；（b）齿槽拉刀；（c）直角拉刀

　　按拉刀结构不同，可分为整体式结构和装配式结构两种。整体式拉刀一般用高速钢制造。如图 2-60 所示内拉刀及图 2-61（a）所示的平面拉刀、图 2-61（b）所示的齿槽拉刀都是整体式拉刀，而图 2-61（c）所示的直角拉刀是一种装配式拉刀。装配式拉刀主要用于大尺寸拉刀和硬质合金拉刀。

　　按加工时拉刀受力性质的不同，又可分为拉刀和推刀。拉刀是在拉伸状态下工作的，推刀是在压缩状态下工作的。图 2-62 所示为拉刀和推刀的工作状态。推刀一般都比较短，齿数少，主要用于精修孔或校准热处理后变形的孔。

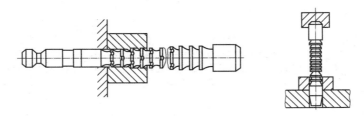

图 2-62　拉刀和推刀的工作状态

　　2）拉刀的结构

　　拉刀的种类虽然很多，但它们的结构基本上是相同的。下面以圆孔拉刀为例介绍拉刀的结构。圆孔拉刀由切削部分和非切削部分组成，如图 2-63 所示。切削部分由许多刀齿组成，根据刀齿的不同作用，可分为切削齿和校准齿。

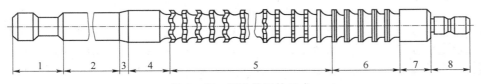

图 2-63　圆孔拉刀的组成

1—柄部；2—颈部；3—过渡锥；4—前导部；5—切削齿；6—校准齿

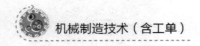

（1）切削齿。

由粗切齿、过渡齿和精切齿组成，各齿直径依次递增，承担全部余量的切除工作。

（2）校准齿。

拉刀最后几个刀齿，直径都相同，不承担切削工作，仅起修光和校准作用。当切削齿经过重磨直径减小时，它可依次递补为切削齿。非切削部分的组成：

① 前柄部：用来与拉床夹头连接，传递拉床拉力。

② 前导部：引导拉刀进入将要切削的准确位置，用以保持工件孔与拉刀的同轴度。

③ 过渡锥：圆锥形，用以引导拉刀的前导部能顺利进入工件的预制孔中。

④ 颈部：前柄部与过渡锥之间的连接部分，也是打标记的位置。

⑤ 后导部：在最后几个校准齿离开工件之前起导向作用，防止工件下垂而损坏已加工表面。

⑥ 后柄部：对尺寸大而重的拉刀，拉床的托架或夹头支撑在后柄部上，防止拉刀下垂。

2.7.3 其他切削加工装备

1. 柔性制造生产线系统

柔性制造生产线系统也称智能制造系统，英文简称为 FMS，是现代先进制造技术的统称。柔性制造技术集自动化技术、信息技术和制作加工技术于一体，把以往工厂企业中相互孤立的工程设计、制造、经营管理等过程，在计算机及其软件和数据库的支持下，构成一个覆盖整个企业的有机系统。

机械零件柔性制造常见系统如图 2-64 所示，该系统包含了计算机管理、加工状态监视、检测单元、零件搬运、加工识别、切割处理、零件存储、准备工位、车削加工、铣削加工、磨削加工和其他加工等。

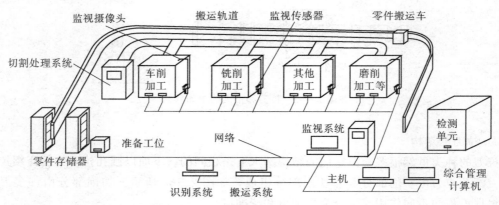

图 2-64　机械零件柔性制造系统

一个零件根据图纸和技术要求，通过管理系统计算机进行材料选择或者下料。根据零件形状，如果是回转体的轴类和套类零件，则管理中心编写数控车削、铣削等程序并安排数控车床进行加工，车削加工完成后根据图纸要求进行铣削加工（例如铣六方、铣键槽、铣凸轮轮廓等），有的还需要安排其他加工（例如花键加工、齿轮加工）。根据精度要求，有的零件需要经过热处理和磨削加工才能达到技术要求。在整个制造过程中，管理中心都可以通过摄像头和传感器监视加工过程，每一个工序都要经过检测，合格以后才能进入下一工序。零件在流动环节是通过管理中心调用搬运车和机器人（机械手），并且配合各类传感器完成的，最后加工合格的零件进行入库存储和统计，管理中心可以根据零件的订单、计划及入库和出库等通过互联网进行交易和管理。

柔性制造系统由硬件系统和软件系统组成，如图 2-65 所示。柔性制造系统的主要组成是工作站、物料传送系统、计算机控制系统、管理控制软件和其他重要单元。

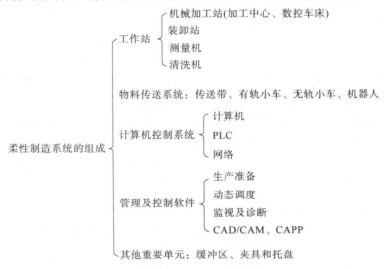

图 2-65 柔性制造系统的组成

1）硬件系统主要构成

制造设备：数控加工设备（如加工中心、数控车床）、测量机、清洗机等。

自动化储运系统：中央托盘库、物料装卸站、中央刀库、传送带、智能小车系统（如有轨自动小车、AGV 等）、搬运机器人、机械手立体仓库等。

除制造设备和储运设备外，还包括计算机控制系统及网络通信系统。

2）软件系统主要构成

系统支持软件：操作系统、网络操作系统、数据库管理系统等。

柔性制造运行控制系统：动态调度系统、实时故障诊断系统、生产准备系统、物料（工件和刀具）管理控制系统等。

典型的柔性制造系统包括数控加工设备、物料储运系统、信息控制系统、系统软件等。在此基础上，可以根据具体需求选择不同的辅助工具，如监控工作站、测量工作站等。为了实现制造系统的柔性，柔性制造系统包括下列组成部分，如图 2-66 所示。

柔性制造系统硬件组成主要包括数控车床、加工中心、立体仓库、机床上下料机器人、视觉检测分拣机器人、AGV 自动搬运小车和中控系统安装与调试等。

（1）自动化立体仓库的基本组成有货架和托盘等。货架用于存储货物的钢结构，主要有焊接式货架和组合式货架两种基本形式，托盘主要用于承载货物的器具，亦称工位器具。

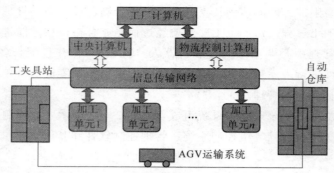

图 2 - 66　柔性制造系统 FMS 的基本组成

（2）巷道堆垛机主要用于自动存取货物的设备，按结构形式分为单立柱和双立柱两种基本形式，按服务方式分为直道、弯道和转移车三种基本形式。

（3）输送机系统，立体仓库的主要外围设备，负责将货物运送到堆垛机或从堆垛机将货物移走。输送机的种类很多，常见的有辊道输送机、链条输送机、升降台、分配车、提升机和皮带机等。

（4）AGV 系统即自动导向小车系统，它根据其导向方式分为感应式导向小车和激光导向小车。AGV 自动搬运小车一般配有同步跟踪和举升机构，如图 2 - 67 所示。

图 2 - 67　带同步带和举升机构的 AGV

AGV 系统重要技术指标如下：

① 控制方式：控制站集中调度、监控、管理 AGV 系统的运行状态；

② 控制方式具备功能：全自动/半自动/手动；

③ 通信方式：无线局域网；

④ 导航方式：磁导航；

⑤ 负载能力：2 000 kg（以最终设计为准）；

⑥ 同步跟踪精度：±10 mm；

⑦ 工作时间：24 h 连续（三班）；

⑧ 防碰装置：四周安装接触式保险杠，前后另安装激光防碰装置；

⑨ 举升装置：双举升机构，可以同步举升或单独举升。

装配型 AGV 使用磁导航，即在 AGV 下方装有磁传感器（专业公司为其专门设计的磁导航传感器）。该传感器结构紧凑、使用简单、导航范围宽、导航精度高、灵敏度高、抗干扰性好；AGV 地标传感器使用同一系列的横向产品，安装尺寸更小，可与导航传感器使用相同的信号磁条。

　　AGV 地面导航线一般有两种铺设方式，一种为地面铺设，该方式更改容易，常用于装配工艺路线安全确定的情况；另外一种为地下铺设，导航磁条由磁性橡胶组成，此种方法一般在装配工艺确定后实施，如图 2 - 68 所示。

图 2 - 68　埋于地下的导航剖面图

　　电气控制系统是物流系统中设备执行的控制核心，包含设备控制层和监控层。向上连接物流系统的调度计算机，接受物料的输送指令；向下连接输送设备，实现底层输送设备的驱动、输送物料的检测与识别，完成物料输送及过程控制信息的传递。此外还提供内容丰富、形象生动的人机界面，以及安全保护措施和多种操作模式，辅助工作人员进行设备操作和维护。

　　AGV 通过控制台负责与仓库管理计算机交换信息，根据所要输送的铝箔托盘的信息生成 AGV 的运行任务，同时解决运行中多 AGV 之间的避碰问题。

　　（5）自动控制系统如图 2 - 69 所示，即驱动自动化立体仓库系统各设备的自动控制系统，以采用现场总线方式的控制模式为主。

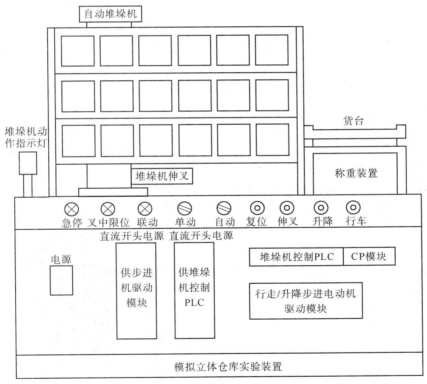

图 2 - 69　自动控制系统

　　控制系统采用现场控制总线直接通信的方式，真正做到计算机只监不控，所有的决策、作业调度和现场信息等均由堆垛机、出入库输送机等现场设备通过相互间的通信来协调完成。每个货位的托盘号分别记录在堆垛机和计算机的数据库里，管理员可利用对比功能来比较计算机的记录和堆垛机里的记录，并进行修改，修改可通过自动或手动完成。系统软、硬件功能齐全，用户界面清晰，便于操作维护。智能的控制系统避免了繁重的人工盘库工作，减轻了仓库管理人员的工作强度，同时保证了出库作业的出错率为零。

2. 机器人

机器人广泛应用于物流搬运、机床上下料、冲压自动化、装配、打磨和抛光等，其外形尺寸及安装尺寸如图 2-70 所示。

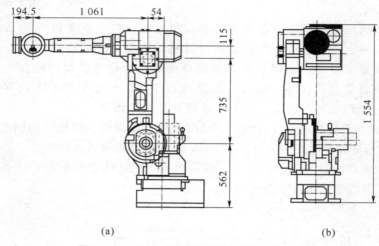

(a)   (b)

图 2-70　RB50 机器人外形尺寸及安装尺寸

机器人本体与中控系统的电器连接由机器人本体、控制柜、示教盒等部分通过线缆连接而成，如图 2-71 所示。

控制柜如图 2-72 所示，它的正面左侧装有主电源开关和门锁，右上角有电源指示灯、报警指示灯、急停开关，报警指示灯下方的挂钩用来悬挂示教盒。控制柜内部包含控制系统主机、机器人电动机驱动装置、抱闸释放装置、I/O 装置等部件，未经允许或不具备整改资格的人员严禁对控制柜内的电器元件、线路进行增添或变更等操作。

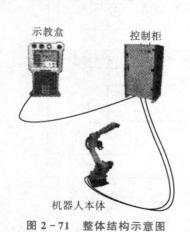

图 2-71　整体结构示意图

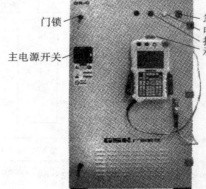

图 2-72　控制柜

控制系统的示教盒如图 2-73 所示，为系统的人机交互装置。系统主机在控制柜内，示教盒为用户提供了数据交换接口及友好可靠的人机接口界面，可以对机器人进行示教操作，对程序文件进行编辑、管理、示教检查及再现运行，监控坐标值、变量和输入输出，实现系统设置、参数设置和机器设置，及时显示报警信息及必要的操作提示等。

3. 并联机床

并联机床是一种全新概念的机床，它与传统的机床相比，在机床的机构和本质上有了巨大的改变，它的出现被认为是机床发展史上的一次重大变革，与传统机床相比有许多优异的性能。

在并联机床上，看不到传统机床的床身、导轨、立柱和横梁等构件，它的基本结构是一种空间并联连杆机构。人们将这种机构称为 Stewart 平台，如图 2-74 所示。

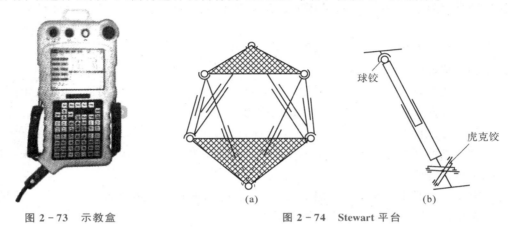

图 2-73　示教盒　　　　　　　　　图 2-74　Stewart 平台

并联机床的基本结构是一个动平台、一个定平台和 6 根长度可变的连杆，如图 2-75 所示。动平台上装有机床主轴和刀具，定平台（或者与定平台固连的工作台）上安装工件。6 根连杆实际是 6 个滚珠丝杠螺母副，它们将两个平台连在一起，同时将伺服电动机的旋转运动转换为直线运动，从而不断改变 6 根连杆的长度，带动动平台产生 6 个自由度的空间运动，使刀具在工件上加工出复杂的三维曲面，如图 2-76 所示。由于这种机床上没有导轨、转台等表征坐标轴方向的实体构件，故称为"虚轴机床"；由于其结构特点，故也被称为"并联运动机床"。

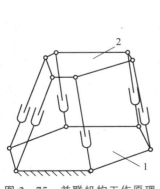

图 2-75　并联机构工作原理

1—固定平台；2—运动平台

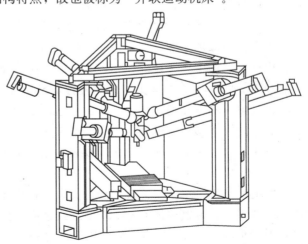

图 2-76　并联机构外形结构

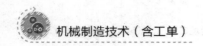

如前所述，并联机床实际是一个空间并联连杆机构，其6根杆即为6根并联连杆，它们是机床的驱动部件和主要承力部件，由于这6根杆均为二力杆，只承受拉压载荷，所以其应力、变形显著减小，刚性大大提高。由于不必采用大截面的构件，故运动部件的质量减小，从而可采用较高的运动速度和加速度。

此外，并联机床还被称为是"概念机床""用数学建造的机床"，它靠复杂的控制运算和相对简单的运动机构来产生6个自由度的空间运动，大大简化了机床的机械结构，是一种高技术附加值的产品。另外，并联机床的制造成本有可能低于同等功能的传统机床。原因如下：

（1）并联机床是用复杂的数学运算和相对简单的机械结构来实现复杂型面的加工的，降低了结构制造成本。

（2）并联机床具有轴对称的基本结构，其对称部件易于实现模块化设计和批量生产。

（3）决定并联机床精度的关键部件是机床的6根杆及铰链，易于采用滚珠丝杠、关节轴承等通用件、标准件。

（4）并联结构的各运动副均分担工作载荷，驱动功率远小于同等规格的传统机床，从而使伺服系统成本降低。

由此可见，并联机床在刚性、加工效率等方面有着明显的优势，而且机械结构比同等功能的传统机床简单，便于制造和降低制造成本。

任务实施

1. 机床选型及型号确定

车床是一种用途很广泛的机床。它的工艺范围较为广泛，适用于加工各种轴类、套筒类和盘类零件上的回转表面，如内圆柱面、圆锥面、环槽、成形回转表面、端面及各种常用螺纹；还可以进行钻孔、扩孔、铰孔和滚花等。

车床主要用于加工各种回转表面（内外圆柱面、圆锥面及成形回转表面）和回转体的端面，有些车床可以加工螺纹面。由于多数机器零件具有回转表面，车床的通用性有较广，因此，在机械制造厂中，车床的应用极为广泛，在金属切削机床中所占的比例最大，占机床总台数的20%～35%。在车床上可使用各种车刀，有些车床上还可以使用加工各种孔的钻头、扩孔钻、铰刀、丝锥和板牙等。车床的主运动是由工件的旋转运动实现的；车床的进给运动则是由刀具的直线移动完成的。车床种类繁多，按其用途和结构的不同，主要分为卧式车床及落地车床，立式车床，转塔车床，仪表车床，单轴自动和半自动车床，多轴自动和半自动车床，彷形车床及多刀车床，专门化车床等。

根据工艺分析、车床工艺范围和分类，通过机床选型，选择卧式车床较为合适，根据零件最大回转直径，可以选择CA6140型卧式车床，其机床型号的含义是："C"为类别代号，代表其为"车床"；"A"为结构特性代号，代表其在结构上区别于C6140型车床；"6"是组别代号；"1"为系别代号；"40"为主参数，其含义是床身上最大回转直径ϕ400 mm。车床型号查表2-3可知，其技术参数基本能满足加工要求。CA6140型卧式车床主要技术参数如表2-10所示。

表 2-10　CA6140 型卧式车床主要技术参数

项目名称	机床参数
床身上最大工件回转直径	ϕ400 mm
最大工件长度	750 mm；1 000 mm；1 500 mm；2 000 mm
刀架上最大工件回转直径	ϕ210 mm
主轴正转转速（24 级）	10～1 400 r/min
主轴反转转速（12 级）	14～1 580 r/min
纵向进给量（64 级）	0.028～6.33 mm/r
横向进给量（64 级）	0.014～3.16 mm/r
车削米制螺纹（44 种）	$P=1$～192 mm
英制螺纹（20 种）	$\alpha=2$～24 牙/in
车削模数螺纹（39 种）	$m=0.25$～48 mm
车削径向螺纹（37 种）	$D_P=1$～96 牙/in
主电动机功率	7.5 kW

2. 车床传动系统分析

机床传动系统由主运动传动链、车螺纹传动链、纵向进给运动传动链、横向进给运动传动链及快速运动传动链组成。

主运动传动链：两个末端分别是主电动机和主轴，它的功用是把动力源（电动机）的运动及动力传给主轴，使主轴带动工件旋转实现主运动，并满足卧式车床主轴变速和换向的要求。进给运动传动链：两个末端分别是主轴和刀架，其功用是使刀架实现纵向或横向移动及变速与换向。

主运动传动链的两末端件是主电动机与主轴，它的功用是把动力源（电动机）的运动及动力传给主轴，使主轴带动工件旋转实现主运动，并满足卧式车床主轴变速和换向的要求。主运动的动力源是电动机，执行件是主轴。运动由电动机经 V 带轮传动副 ϕ130/ϕ230 传至主轴箱中的轴Ⅰ。轴Ⅰ上装有双向多片摩擦离合器 M_1，离合器左半部接合时，主轴正转；右半部接合时，主轴反转；左右都不接合时，轴Ⅰ空转，主轴停止转动。轴Ⅰ运动经 M_1 → 轴Ⅱ→轴Ⅲ，然后分成两条路线传给主轴：当主轴Ⅵ上的滑移齿轮（$z=50$）移至左边位置时，运动从轴Ⅲ经齿轮副 63/50 直接传给主轴Ⅵ，使主轴得到高转速；当主轴Ⅵ上的滑移齿轮（$z=50$）向右移，使齿轮式离合器 M_2 接合时，则运动经轴Ⅲ→Ⅳ→Ⅴ传给主轴Ⅵ，使主轴获得中、低转速。主运动传动路线表达如下：

$$
机 - \frac{\phi130}{\phi230} - \begin{bmatrix} M_{1左(正)} - \begin{bmatrix} \frac{56}{38} \\ \frac{51}{43} \end{bmatrix} \\ M_{1右(反)} - \frac{50}{34} - \frac{34}{30} \end{bmatrix} - \begin{bmatrix} \frac{39}{41} \\ \frac{30}{50} \\ \frac{22}{58} \end{bmatrix} - \begin{bmatrix} M_{2合} \begin{bmatrix} \frac{20}{80} \\ \frac{50}{50} \end{bmatrix} - \begin{bmatrix} \frac{20}{80} \\ \frac{51}{50} \end{bmatrix} - \frac{26}{58} \\ M_2 - \frac{63}{50} \end{bmatrix}
$$

由传动系统图和传动路线表达式可以看出，主轴正转时，轴Ⅱ上的双联滑移齿轮可有两种啮合位置，分别经 56/38 或 51/43 使轴Ⅱ获得两种速度。其中每种转速经轴Ⅲ的三联滑移齿轮 39/41 或 30/50 或 22/58 的齿轮啮合，使轴Ⅲ获得三种转速，因此轴Ⅱ的两种转速可使轴Ⅲ获得 2×3＝6 种转速，经高速分支传动路线时，由齿轮副 63/50 使主轴Ⅵ获得 6 种高转速；经低速分支传动路线时，轴Ⅲ的 6 种转速经轴Ⅳ上的两对双联滑移齿轮，使主轴得到 6×2×2＝24 种低转速。实际上经低速传动路线时，主轴Ⅵ获得的实际只有 6×(4－1)＝18 级转速，其中有 6 种重复转速。所以，主轴总转速级数为：2×3＋2×3(2×2－1)＝24 级，这 24 级主轴转速可分解为 4 段 6 级，即 1 段高转速、3 段中低转速，每段 6 级。同理，主轴反转时，只能获得 3＋3×(2×2－1)＝12 级转速。主轴反转主要用于车螺纹，在不断开主轴和刀架间传动联系的情况下，可使刀架退回到起始位置。

3. 车床的操作

车床在操作前应先熟悉卧式车床的传动系统框图，如图 2-77 所示。电动机输出的动力，经变速箱通过带传动传给丰轴，更换变速箱和主轴箱外的手柄位置，得到不同的齿轮组啮合，从而得到不同的主轴转速。主轴通过卡盘带动工件做旋转运动。同时，主轴的旋转运动通过换向机构、交换齿轮、进给箱、光杠（或丝杠）传给溜板箱，使溜板箱带动刀架沿床身做直线进给运动。

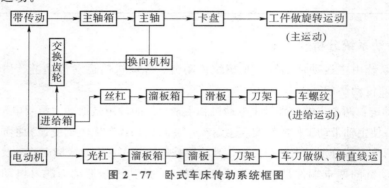

图 2-77　卧式车床传动系统框图

操作开机前应先检查各手柄位置是否处于正确的位置，无误后方可进行开车。车床操作步骤及要点如下：

（1）主轴箱变速的操作。

正确变换主轴转速。变动变速箱和主轴箱外面的变速手柄，可得到各种相对应的主轴转速。当手柄拨动不顺利时，用手稍转动卡盘即可。

（2）进给箱的操作。

正确变换进给量。按所选的进给量查看进给箱上的标牌，再按标牌上的指示变换进给手柄位置，即得到所选定的进给量。

（3）溜板箱的操作。

熟悉与掌握纵向和横向手动进给手柄的转动方向。左手握纵向进给手轮，右手握横向进给手轮，分别顺时针和逆时针旋转手轮，操纵刀架和溜板箱的移动方向。

熟悉和掌握纵向或横向机动进给的操作。光杠或丝杠接通手柄置于光杠接通位置上，将纵向机动进给手柄压下即可纵向进给，如将横向机动进给手柄向上提起，即可横向机动进给。机动进给手柄复位后则可停止纵、横向机动进给。

熟悉和掌握床鞍、中滑板、小滑板的刻度值。床鞍一小格为 0.5 mm，中滑板一小格为 0.02 mm，小滑板一小格为 0.05 mm。

（4）刀架的操作。

当刀架上同时安装多把刀具时，应熟练掌握其换刀方法，逆时针转动刀架手柄，刀架可旋转，顺时针转动则锁紧刀架。

（5）尾座的操作。

尾座在床身导轨面上移动，通过螺栓螺母固定。调整上下螺母位置，使尾座的锁紧力适当。转动尾座套筒手轮，可使套筒在尾架内移动，CA6140 型卧式车床尾座套筒手轮转动一周，套筒进给 5 mm。转动尾座锁紧手柄，则可将套筒固定在尾座内。

车削实心轴零件的具体操作步骤如下：

用三爪卡盘夹持工件，夹持长度约 35 mm，稳定可靠；

将 45°车刀安装在方刀架上，调整刀尖与车床主轴中心等高；

车床开启，主轴转速调到 400 r/min，车右端面；

粗车外圆 $\phi 71.50 \sim \phi 0.19$ mm 及 $\phi 41.50 \sim \phi 0.16$ mm；

停车，改变主轴转速调到 560 r/min，半精车外圆 $\phi 700 \sim \phi 0.074$ mm 及 $\phi 400 \sim \phi 0.062$ mm；

倒角 $2 \times 45°$；

换 4 mm 宽切槽刀，安装在方刀架上，调整刀尖与车床主轴中心等高；

车槽 4 mm×2 mm；

用游标卡尺测量尺寸；

用粗糙度对照样板检验粗糙度。

4. 工装选用

1）车刀的安装

（1）车刀在刀架上的安装。

采用正确的方法安装车刀，能保证刀具的耐用度，延长刀具的使用寿命，从而使切削更加顺利，提高生产效率。具体安装时的注意事项如下：

① 车刀伸出刀架的长度要适宜，不能伸出刀架太长。因为若车刀伸出过长，则刀杆刚性相对减弱，容易在切削中产生振动，影响工件的加工精度和表面粗糙度，刀尖磨损加速；若刀杆伸出过短，则在切削中不便于清理切屑，甚至由于切屑积塞而影响正常加工。一般车刀伸出的长度不超过刀杆高度的 1～1.5 倍。

② 车刀在刀架上固定好以后，刀尖应与车床主轴中心线等高（工件中心）。车刀安装得过高或过低都会引起车刀角度的变化而影响切削。如车刀装得太高，后角减小，后刀面与工件加剧摩擦；装得太低，前角减少，切削不顺利，会使刀尖崩碎。根据经验，粗车外圆时，可将车刀装得比工件中心稍高一些；精车外圆时，可将车刀装得比工件中心稍低一些。这要根据工件直径的大小来决定，无论装高或装低，一般不能超过工件直径的 1%。

③ 车刀安装时刀杆应与刀架外侧对齐，不应贴紧刀架内侧，以避免车削过程中刀架与卡盘相碰撞的事故发生。刀头位置左右倾斜会影响车刀角度，当刀头向左倾斜时，主偏角变小，副偏角增大；若刀头向右倾斜，则主偏角增大，副偏角变小。在安装车刀时，应根据情况进行调整。

④ 车刀下面用的垫片要平整、规范，长短应一致，并尽可能用厚垫片，以减少垫片数

量，一般用 2～3 片即可。如垫片数量太多或不平整，会使车刀产生振动，影响切削。在安装时，应注意垫片要与刀架前端面平齐。

⑤ 车刀装上后，要紧固刀架螺钉，至少要紧固两个螺钉。紧固时，用刀架扳手轮换逐个拧紧。

（2）对刀方法。

① 试切法：试切法一般在粗车时经常采用，首先凭经验通过目测使刀尖对正工件中心，然后紧固刀具，在端面上进行试切，不论刀尖位置高低都会在近工件中心处留有凸台；再调整刀尖的位置，使凸台平直的被切去，刀尖便对正了工件的中心。

② 尾座顶尖法：在尾座上安装好顶尖后，顶尖中心与主轴中心等高，因此常采用刀尖对正顶尖中心的方法安装车刀。

③ 测量法。

通过钢直尺等量具，测量好车床主轴中心至中滑板导轨面的高度，安装车刀时，用钢直尺测量刀尖高度，以保证车刀刀尖对正主轴中心。

④ 其他方法。

除上述几种方法外，还可采用划线法、胎具法、辅助工具对中心等方法进行车刀安装。

总之车刀对中心的方法很多，在安装时应根据具体情况，灵活运用。

2）夹具的安装

三爪自定心卡盘与主轴的连接方式通常有两种，一种是螺纹连接，另一种是法兰连接。拆装时，应看清后再进行拆卸。

（1）拆装时，应在床身导轨上垫木板，在主轴和卡盘中放置一根铁棒，防止拆卸时卡盘不慎掉下，砸伤机床表面。

（2）卸卡盘时，在卡爪与导轨面之间放置一定高度的硬木板或软金属，然后将卡爪移至水平位置，慢速倒车冲撞，当卡盘松开后，应立即停车。

（3）卡盘卸下后，松开卡盘外壳上的三个定位螺钉，取出三个小锥齿轮。

（4）松开三个紧固螺钉，取出防尘盖板和带有平面螺纹的大锥齿轮。

5. 故障诊断与排除

1）切削负荷大时，主轴转速自动降低或自动停车

（1）故障原因分析。

① 摩擦离合器调整过松或磨损。摩擦离合器的内、外摩擦片在松开时的间隙应适当，间隙太大时压不紧，摩擦片之间会出现打滑现象，影响机床功率的正常传递，切削过程中会产生"闷车"现象，摩擦片易磨损；间隙太小，机床启动时费力，松开时摩擦片不易脱开，使用过程中会因过热而导致摩擦片烧坏。

② 电动机传动带（V 带）过松。传动带太松或松紧不一致，使传动带与带轮槽之间摩擦力明显减小，因此，当主轴受到较大切削力作用时，容易造成传动带与带轮槽之间互相打滑，使主轴转速降低或停止转动。

③ 主轴箱变速手柄定位弹簧过松。由于变速手柄定位弹簧过松，使定位不可靠，故当主轴受到切削力作用时，啮合齿轮发生轴向位移，脱离正常啮合位置，使主轴停止转动。

（2）故障排除方法。

① 调整摩擦离合器的间隙，增大摩擦力，若摩擦片磨损严重，则应更换。摩擦离合器

的调整方法如图 2-78 所示，先将定位销 1 按入紧固螺母 2 和 3 的缺口中，如正转（顺车）时摩擦片过松，则向左拧紧紧固螺母 3 进行调整，过紧则向右拧松紧固螺母 3 进行调整；如反转（倒车）时摩擦片过松，则向右拧紧紧固螺母 2 进行调整，过紧时则向左拧松紧固螺母 2 进行调整。调整完毕后，应使定位销 1 弹回到紧固螺母 2 和 3 的缺口中。

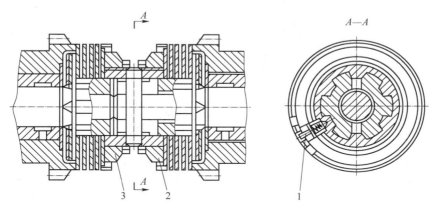

图 2-78　多片式摩擦离合器的调整
1—定位销；2，3—紧固螺母

② 调整两带轮之间的轴线距离，使 4 根传动带受力基本均匀，运转时有足够的摩擦力。但不能把传动带调整得太紧，否则会引起电动机发热。若 V 带日久伸长，则需全部更换。

③ 调整变速手柄定位弹簧压力，使手柄定位可靠，不易脱开。

2）停机后，主轴仍然自转

（1）故障产生原因。

① 摩擦离合器调整过紧，停车后摩擦片未完全脱开。当开、停车操纵手柄处于停机位置时，如果摩擦离合器调整过紧，摩擦片之间的间隙过小，内、外摩擦片之间就不能立即脱开，或者无法完全脱开。这时摩擦离合器传递运动转矩的效能并没有随之消失，主轴依然继续旋转，因此出现停机后主轴仍自转的现象，这样就失去了保险作用，并且操纵费力。

② 制动器过松，制动带包不紧制动盘，刹不住车。制动器是与开、停车手柄同时配合制动的制动机构。制动器太松，停车时主轴（工件）不能立即停止回转，不能起到制动作用，影响生产效率；太紧则因摩擦严重，会烧坏制动钢带。

③ 齿条轴与制动器杠杆的接触位置不对。如图 2-79 所示，主轴箱内齿条 13 所处的位置正确与否，将直接影响卧式车床的正常运转与制动。当开、停车手柄 6 处于停机位置时，制动器杠杆 12 应处于齿条轴凸起部分中间；正转或反转时，杠杆 12 应处于凸起部分左、右的凹圆弧处。如果此时两者位置不对，则会造成在制动状态下主轴继续运转。

（2）故障解决方案。

① 调整内、外摩擦片使其间隙适当，既能保证传递正常转矩，又不至于发生过热现象。

② 制动器的调整。调整方法如图 2-80 所示，拧紧并紧螺母 5，调整调节螺母 4，使调节螺钉 6 向外侧移动，制动带张紧；反之，调节螺钉 6 向内侧移动，制动带放松。当制动带松紧达到要求（当主轴在摩擦离合器松开时，能迅速停止转动）时，紧固并紧螺母 5。

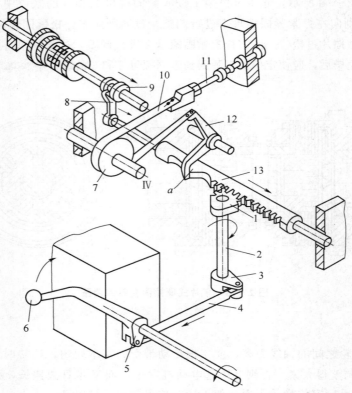

图 2-79　摩擦离合器、制动器的操纵机构

1—扇形齿；2—轴；3—杠杆；4—连杆；5—操纵杆；6—开、停车手柄；7—制动轮；8—拨叉；

9—拨叉滑动环；10—钢带；11—螺钉；12—制动器杠杆；13—齿条

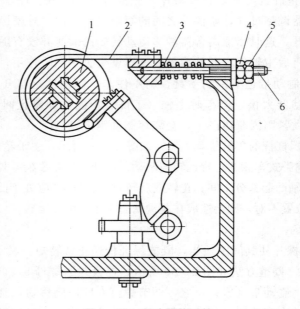

图 2-80　制动器的调整

1—制动盘；2—制动带；3—弹簧；4—调节螺母；5—并紧螺母；6—调节螺钉

③ 调整齿条 13 与扇形齿 1 的啮合位置，如图 2-79 所示，使齿条处在正确的轴向位置。

3）主轴过热和主轴滚动轴承的噪声

（1）故障产生原因。

① 主轴轴承间隙过小，装配不精确，使摩擦力、摩擦热增加。

② 润滑不良，主轴轴承缺润滑油造成干摩擦，发出噪声并使主轴发热。

③ 主轴在长期全负荷车削中刚度降低、发生弯曲及传动不平稳而使接触部位产生摩擦而发热。

（2）故障解决方案。

① 提高装配质量，主轴轴承间隙调整适中；主轴前、后轴颈与主轴箱轴承孔保证同轴；轴承磨损或精度偏低，应更换轴承。装配调整后用手扳动主轴转动，应灵活自如。CA6140 型卧式车床主轴前支承间隙的调整方法是：松开支承右端的螺母，拧紧支承左端的调整螺母，使轴承内环相对主轴锥面向右移动。调整后拧紧右端螺母，然后略微松动调整螺母，调整推力球轴承的间隙，以免轴向间隙过紧。调整好后，拧紧调整螺母上的锁紧螺钉。调整后的主轴径向跳动与轴向窜动允差均为 0.01 mm，并应进行 1 h 的高速回转试验，轴承温度不得超过 60 ℃。

② 合理选用润滑油，疏通油路，控制润滑油的注入量，缺油时应及时加油补充。但不能供油过多，供油过多会造成主轴箱内搅拌现象严重，反而使轴承和主轴发热。

③ 应尽量避免长期全负荷车削。

6. 机床的维护保养

1）车床的日常保养

对于车工来说，不仅仅是操作机床设备，更应爱护它、保养它。车床的保养程度直接会影响车床的加工精度、使用寿命和生产效率，因此操作者必须加强对车床的保养和维护。

车床的日常保养工作主要包含以下内容：

（1）工作前，应按机床润滑示意图对各个部位注油润滑，检查各部位是否正常。

（2）工作中，应采用合理的方式操作机床设备，严格禁止非常规操作。

（3）工作后，应切断电源，清空铁屑盘，对机床表面、导轨面、丝杠、光杠、操纵杠和各操纵手柄进行擦洗，做到无油污、黑渍，车床外表面干净、整洁，并注油润滑。

（4）当车床运转 500 h 以后，需进行一级保养。保养工作以操作工人为主，维修工人配合进行。保养时，必须先切断电源，然后对机床设备进行清洗、润滑及维护。

2）车床的润滑

为使车床的床身及各部件保持正常运转和减少磨损，必须按机床润滑示意图所示经常对车床的所有摩擦部分进行润滑。车床上常用的润滑方式有以下几种，如表 2-11 所示。

表 2-11　车床上常用的润滑方式

序号	润滑方式	润滑部位及方法	润滑时间
1	浇油润滑	车床的床身导轨面，中、小滑板导轨面等外露的滑动表面，擦干净后用油壶浇油润滑	每班一次
2	溅油润滑	车床主轴箱内的零件一般是利用齿轮的转动把润滑油飞溅到各处进行润滑的	三个月更换一次

续表

序号	润滑方式	润滑部位及方法	润滑时间
3	油绳润滑	将毛线浸在油槽内，利用毛细管的作用把油引到所需要润滑的部位，如车床进给箱内的润滑就采用这种方式	每班一次
4	弹子油杯润滑	车床尾座和中、小滑板手柄转动轴承处，一般采用这种方式，润滑时，用壶嘴把弹子掀下，滴入润滑油	每班一次
5	润滑脂（油脂杯）润滑	交换齿轮箱的中间齿轮，一般用黄油杯润滑。润滑时，先在黄油杯中装满工业润滑脂，当拧紧油杯盖时，润滑油就挤入轴承套内	每天一次
6	油泵循环润滑	这种润滑方式是依靠车床内的油泵供应充足的油量来进行润滑的	

3）安全文明生产

车床操作应遵守规则，坚持安全、文明生产是保障操作人员和设备的安全，防止工伤和设备事故的根本保证，同时也是实训车间科学管理的一项十分重要的手段。它直接影响到人身安全、产品质量和生产效率的提高，影响设备和工、夹、量具的使用寿命及操作人员技术水平的正常发挥。

（1）工作时要穿好工作服，女同学要戴好工作帽，防止衣角、袖口或头发被车床转动部分卷入。

（2）用顶尖装夹工件时，要注意顶尖中心与主轴中心孔完全一致，不能使用破损或歪斜的顶尖，使用前应将顶尖、中心孔擦干净，尾座顶尖要顶牢。

（3）装夹工件和车刀要停机进行。工件和车刀必须装夹牢固，防止其飞出伤人。装刀时刀头伸出部分不要超出刀体高度的1.5倍，刀具下垫片的形状尺寸应与刀体基本一致，垫片应尽可能少而平。工件装夹好后，卡盘扳手必须立即取下。

（4）车床开动后，务必做到"四不准"：

① 不准在运转中改变主轴转速和进给量；

② 初学者纵、横向自动走刀时，手不准离开自动手柄；

③ 纵向自动走刀时，刀架不准过于靠近卡盘，也不准过于靠近尾架；

④ 开车后，人不准离开机床。

（5）开车前，必须重新检查各手柄是否在正常位置、卡盘扳手是否取下。

（6）运动中严禁变速，必须停车且待惯性消失后再扳动换挡手柄变速。

（7）操作时，手和身体不能靠近卡盘和拨盘，应注意保持一定的距离。

（8）切削时产生的切屑应使用钩子及时清除，严禁用手拉。

（9）测量工件时要停机并将刀架移动到安全位置。

任务考核

任务考核评分标准见表2-12。

表 2 - 12　评分标准

序号	考核评价项目		考核内容	学生自检	小组互检	教师终检	配分	成绩
			学习情境二　实心轴加工设备选择					
1	过程考核	素养目标	热爱劳动，爱岗敬业，团队协作，开拓创新，刻苦钻研，遵循标准与规程				15	
2		知识目标	自主学习，信息获取与正确处理，分析解决问题，归纳总结				35	
3		能力目标	语言表达与沟通协调能力，安全文明生产能力，质量意识				35	
4	常规考核		作业				5	
5			回答问题				5	
6			其他				5	

铣削加工专用夹具设计

 情景描述

完成套类零件铣削键槽工序夹具设计。

 学习目标

1. 素养目标

（1）培养学生的大国工匠精神。

（2）培养学生精益求精的精神。

（3）培养学生团队协作的精神。

（4）培养学生的质量意识。

2. 知识目标

（1）了解机床夹具的作用、组成及分类。

（2）理解工件的基本定位原理，能对工件加工要求进行自由度理性分析。

（3）掌握常用定位元件的定位方式、结构特点及所能限制的自由度。

（4）了解定位误差分析计算的一般方法，并能进行简单的定位误差分析计算。

（5）了解常见夹紧机构、典型机床夹具和现代机床夹具。

3. 技能目标

（1）具备零件的工艺分析能力。

（2）具备专用夹具定位装置的设计能力。

（3）具备专用夹具夹紧装置的设计能力。

（4）具备专用夹具图的绘制能力。

任 务 书

夹具设计任务书如表 3-1 所示，一般由工艺设计人员给出。本道工序所要加工工件的零件图如图 3-1 所示，工艺过程卡片如表 3-2 所示，工序卡片如表 3-3 所示。

表 3-1　夹具设计任务书

设计任务书

项目编号或通知书		XJZB-GZ-2010-016		XJSB-TKX-012		共 1 页　第 1 页	生产纲领	任务书编号		中批生产		GZXJ-GYB-2010-025		新产品
产品名称	机架	工装名称	代号		零件数量	零件图号	工序号	工序名称	设备名称	类别	设备型号	使用单位		
			设计人	制进数量	需求日期	计划完成日期	零件名称							
序号	工装编号													
1	GZI016	铣床专用夹具	×××	4	2010/9/10	2010/7/16	套	02061-466795	15	铣	普通铣床	X6130	4 车间
2														
3														
4														
5														
6														
7														

备注：1. 工装制造任务书的任务书编辑由 GZ+部门代号+十年份（四位）+十工装制造任务，表示工装—西安机床工艺部—2010 年—编制的第 1 份工装制造任务书。例如：任务书编号为：GZXJXYB-2010-001，生产设备部接收人签字接收后，负责向编制人对应的单位
　　　2. 工装制造任务书与设计的图纸或工装图纸—同提交，工装制造任务书—式两份，生产装备部接收人签字接收后，负责向编制人对应的单位返回一份。
　　　3. 工装制造任务书的内容要求填写正确、完整，并与设计的工装图纸或工装任务相一致。
　　　4. 在类别栏填写"技改""新产品""复制"字样。

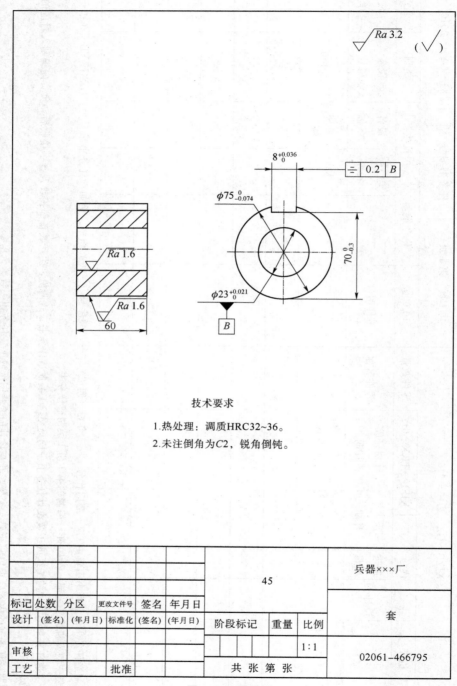

技术要求

1.热处理：调质HRC32~36。

2.未注倒角为C2，锐角倒钝。

标记	处数	分区	更改文件号	签名	年月日				兵器×××厂
设计	（签名）	（年月日）	标准化	（签名）	（年月日）	阶段标记	重量	比例	套
审核								1:1	02061–466795
工艺			批准			共 张 第 张			

45

图 3–1 零件图

表3-2　机械加工工艺过程卡片

机械加工工艺过程卡片		产品型号		零件图号	0261-466795		共1页	第　页
		产品名称		零件名称	轴			

材料牌号	45	毛坯种类	棒料	毛坯外形尺寸	φ80 mm×650 mm	每毛坯件数		每台件数	10	共1页	第　页

工序号	工序名称	工序内容	车间	工段	设备	工艺装备	工时(准终)	工时(单件)	备注
01	备料	棒料 φ80 mm×650 mm							
05	车	车右端面，车外圆保证 $\phi75_{-0.074}^{0}$ mm，钻 $\phi165$ mm孔，扩 $\phi20$ mm孔，切断，保证长度 62 mm			CA6140				
10	车	掉头车左端面，保证长度 60 mm，镗孔至 $\phi23_{0}^{+0.021}$ mm			CA6140				
15	铣	铣键槽，保证 $\phi8_{0}^{+0.036}$ mm，$\phi70_{-0.3}^{0}$ mm，对称度 0.2 mm			X630				
20	检	$\phi75_{-0.074}^{0}$ mm，60 mm，$\phi20_{0}^{+0.021}$ mm，$\phi8_{0}^{+0.036}$ mm，$\phi70_{-0.3}^{0}$ mm，对称度 0.2 mm							
25	热处理	调质 HRC32～36							

				设计(日期)	校对(日期)	审核(日期)	标准化(日期)	会签(日期)
标记	处数	更改文件号	签字	日期				
标记	处数	更改文件号	签字	日期				

表 3 - 3　机械加工工序卡片

机械加工工艺过程卡片		产品型号	0261－466795	零件图号			共　页	第　页
		产品名称	轴	零件名称		材料牌号	45	

$\sqrt{Ra\,3.2}$

$70_{-0.3}^{\ 0}$　$8_{\ 0}^{+0.036}$　$\phi75_{-0.074}^{\ 0}$　$\phi23_{\ 0}^{+0.021}$　B　$\boxed{= | 0.2 | B}$

车间		工序号	15	工序名称	铣	设备名称	X6130	同时加工件数	1
毛坯种类	棒料	毛坯外形尺寸	$\phi80\ mm \times 650\ mm$	每毛坯可制件数	10	设备编号		切削液	
设备名称		设备型号		设备编号					

夹具编号	GZI016	夹具名称	专用夹具		工序工时（分）
工位器具编号		工位器具名称		准终	单件

工步号	工步内容	工艺装备	主轴转速 r/min	切削速度 m/min	进给量 mm/r	切削深度 mm	进给次数	工步工时 机动	辅助
1	铣槽	铣刀 8（W18Gr4V） 专用夹具（GZI016） 宽度塞规（8） 游标卡尺（0～100：0.02）	375	21.195	手动进给		1		
2	去毛刺								

设计（日期）	校对（日期）	审核（日期）	标准化（日期）	会签（日期）
标记	处数	更改文件号	签字	日期	标记	处数	更改文件名	签字	日期

问题引导

1. 装夹的目的是什么？

_____

_____

2. 装夹工件的找正方法有哪些？

_____

_____

3. 机床夹具由哪几部分组成？

_____

_____

4. 专用夹具有什么特点？

_____

_____

5. 什么叫定位？怎么理解"确定""正确"的加工位置？

_____

_____

6. 什么叫夹紧？定位和夹紧有何区别与联系？

_____

_____

7. 什么是自由度？自由物体在空间一共有哪几个自由度？用什么符号表示？

_____

_____

8. 什么是六点定位原理？

_____

_____

9. 什么是基准不重合误差？写出本夹具基准不重合误差计算的方法和步骤。

_____

_____

10. 什么是基准位移误差？写出基准不重合误差计算的方法和步骤。

11. 什么是定位误差？怎样通过基准不重合误差和基准位移误差合成定位误差？写出基准不重合误差计算的方法和步骤。

12. 夹紧装置由哪几部分组成？每部分的作用是什么？

13. 夹紧装置设计的基本要求是什么？

14. 与夹紧力有关的三条原则是什么？

15. 夹紧力的大小、方向、作用点

(1) 与夹紧力的作用点有关的三条原则是什么？

_____

_____

(2) 与夹紧力的大小有关的原则是什么？

_____

_____

(3) 与夹紧力的方向有关的原则是什么？

_____

_____

_____

 相关知识

3.1　机床夹具概述

3.1.1　工件的装夹方式

装夹是指工件加工前，在机床或夹具中占据某一正确加工位置，然后再予以压紧工件的过程。

1. 找正法装夹工件

(1) 以工件已有表面找正装夹工件，如图 3-2 所示，在四爪卡盘上用划针找正装夹工件。

(2) 以工件上事先划好的线痕迹找正装夹工件，如图 3-3 所示，在虎钳上用划针找正装夹工件。

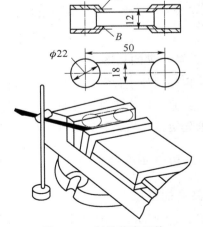

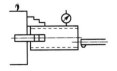

图 3-2　四爪装夹工件　　　　　　图 3-3　划线装夹工件

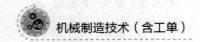
找正法装夹工件的主要过程：预夹紧→找正、敲击→完全夹紧。

可见：找正法装夹工件，工件正确位置的获得是通过找正达到的，夹具只起到夹紧工件的作用；方便、简单，生产率低、劳动强度大，适用于单件、小批生产。

2. 专用夹具装夹工件

如图 3-4 所示，在铣床夹具上加工套类零件上的通槽，工件以内孔及端面与夹具上心轴 1 及端面接触定位，通过螺母 4、开口垫圈 5 压紧工件。在铣床上夹具通过底面和定位键 2 与铣床工作台面和 T 形槽面接触，确定夹具在铣床工作台上的位置，通过螺栓压板压紧夹具，然后移动工作台，让对刀块 3 工作面与塞尺、刀具切削表面接触确定其相对位置加工工件，因对刀块工作面到定位销轴线的位置尺寸是根据工件加工要求确定的，所以在加工一批工件的过程中只需一次对刀，大大缩短了辅助时间。

可见，用专用夹具装夹工件有以下特点：

（1）工件在夹具中定位迅速；

（2）工件通过预先在机床上调整好位置的夹具，相对机床占有正确位置；

（3）工件通过对刀、导引装置，相对刀具占有正确位置；

（4）对加工成批工件效率尤为显著。

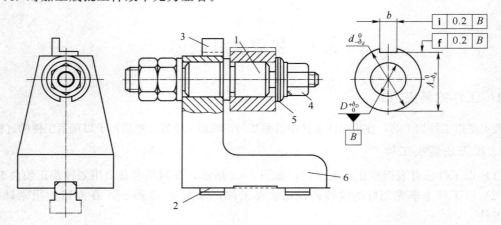

图 3-4　铣床夹具

1—心轴；2—定位键；3—对刀块；4—螺母；5—开口垫圈；6—夹具体

3. 工件装夹的目的

（1）定位：使工件获得正确的加工位置。

（2）夹紧：固定工件的正确加工位置。

一般先定位、后夹紧，特殊情况下定位、夹紧同时实现，如三爪自动卡盘装夹工件。

3.1.2　夹具的组成与作用

1. 夹具的组成

如图 3-4 所示，机床夹具主要由以下几部分组成：

（1）定位元件：用于确定工件在夹具中的准确位置。

（2）夹紧装置：用于夹紧工件。

（3）对刀、导引元件：确定刀具相对夹具定位元件的位置。

（4）其他装置：如分度元件等。

（5）连接元件和连接表面：用于确定夹具本身在机床主轴或工作台上的位置。

（6）夹具体：用于将夹具上的各种元件和装置连接成一个有机整体。

2. 夹具的作用

1）保证加工精度

用机床夹具装夹工件，能准确确定工件与刀具、机床之间的相对位置关系，可以保证加工精度。

2）提高生产效率、降低成本

机床夹具能快速地将工件定位和夹紧，可以减少辅助时间，提高生产效率，降低成本。

3）减轻工人劳动强度

机床夹具采用机械、气动、液动夹紧装置，可以大大减轻工人的劳动强度。

4）扩大机床的使用范围

利用机床夹具能扩大机床的加工范围，例如，在车床或钻床上使用镗模可以代替镗床镗孔，使车床、钻床具有镗床的功能。

3.1.3　夹具的分类

1. 按夹具的应用范围分类

（1）通用夹具：指结构、尺寸已标准化，且有较大适用范围的夹具。如车床用的三爪自动定心卡盘、四爪单动卡盘，铣床用的平口钳及分度头等。

（2）专用夹具：针对某一工件某一工序的加工要求专门设计和制造的夹具。专用机床夹具适于在产品相对稳定、产量较大的场合应用。

（3）可调夹具：不对应特定的加工对象，适用范围宽，通过适当的调整或更换夹具上的个别元件，即可用于加工形状、尺寸和加工工艺相似的多种工件，是针对通用夹具和专用夹具的缺陷而发展起来的一类新型夹具。

（4）组合夹具：是由一套预先制定好的各种不同形状、不同尺寸规格、具有互换性的标准元件或组件，按照一定的装配约束关系组合而成的，常用在单件，中、小批多品种生产和数控加工中，是一种较经济的夹具。

（5）随行夹具：给自动化生产线专门设计的夹具。

2. 按使用机床分类

车床、铣床、刨床、钻床、镗床、磨床夹具等。

3. 按夹紧动力源分类

手动、气动、液动、电动等。

3.2　工件在夹具中的定位

在机械加工过程中，为保证工件某工序的加工要求，必须使工件在机床上相对刀具的切削成形运动处于准确的相对位置。当用夹具装夹加工一批工件时，是通过夹具来实现这一要求的。而要实现此要求，又必须保证三个条件：一批工件在夹具中占有准确的加工位置；夹具安装在机床上的准确位置；刀具相对夹具的准确位置。解决一批工件在夹具中占有准确的加工位置，就是本部分所要讨论的定位问题。

工件在夹具中的定位对保证本工序的加工要求有着重要影响。夹具通常以定位元件的工作面与工件的定位面接触或配合，使工件在夹具中占有准确的加工位置。所谓准确的加工位置就是指工件处于能保证加工要求的几何位置，为此首先要使一个工件在夹具中占有准确的几何位置，这就是定位原理要解决的主要任务。

3.2.1　工件定位的基本原理

1. 自由度的概念

一个处于空间自由状态的物体，在直角坐标系中具有六个自由度。如图 3-5（a）所示的长方体工件，它在空间的位置是任意的，即能沿 x、y、z 三个坐标轴移动，如图 3-5（b）所示，称为移动自由度，分别表示为 $\vec{X}$、$\vec{Y}$、$\vec{Z}$；还能绕着 x、y、z 三个坐标轴转动，如图 3-5（c）所示，称为转动自由度，分别表示为 $\widehat{X}$、$\widehat{Y}$、$\widehat{Z}$。

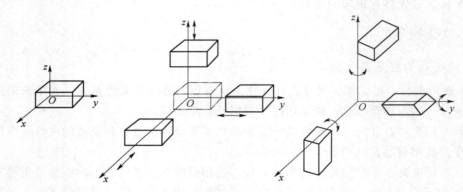

图 3-5　工件的六个自由度
（a）任意位置；（b）移动自由度；（c）转动自由度

2. 六点定位原理

定位就是限制自由度。工件的六个自由度如果都加以限制，则工件在空间的位置就完全确定下来了。

分析工件定位时，通常是用一个支承点限制工件的一个自由度；用合理设置的六个支承点限制工件的六个自由度，使工件在夹具中的位置完全确定，这就是所说的"六点定位原理"。

六点定位原理

如图 3-6（a）所示，在长方体工件底面上布置的三个支承点 1、2、3（不能在一直线上）限制了工件 $\vec{X}$、$\vec{Y}$、$\vec{Z}$ 三个自由度，则底面为工件的主要定位基准。三个支承点连接起来所形成的三角形越大，工件就放得越稳。因此，往往选择工件上最大的定位基准面作为主要定位基准面。

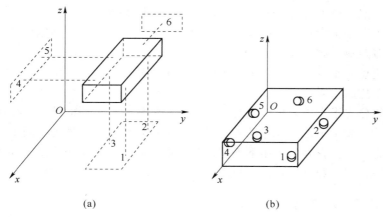

图 3-6　长方体工件定位时支承点的分布示例

（a）长方体工件的定位原理；（b）定位元件结构

　　在工件侧面上布置的两个支承点 4、5（此两点的连线不能与底面垂直）限制了工件的 $\vec{Y}$、$\vec{Z}$ 两个自由度，该侧面为工件的导向定位基准。通常应尽量选择工件上的窄长表面作为导向定位基准面。

　　在工件端面上的一个支承点 6 限制了工件的 $\vec{X}$ 自由度，此端面为止推定位基准。

　　上述六个支承点限制了工件的六个自由度，实现了完全定位。在具体的夹具中，支承点是由定位元件来体现的。如图 3-6（b）所示，设置了六个支承钉，每个支承钉与工件的接触面很小，可视为支承点。

　　再如图 3-7 所示的盘套类工件，也可以采用类似的方法定位。图 3-7（a）所示为在工件上钻孔的工序图。图 3-7（b）所示为设置六个支承点，工件端面紧贴在支承点 1、2、3 上，限制 $\vec{Y}$、$\vec{X}$、$\vec{Z}$ 三个自由度；工件内孔紧靠支承点 4、5，限制 $\vec{X}$、$\vec{Z}$ 两个自由度；键槽侧面靠在支承点 6 上，限制 $\vec{Y}$ 自由度。图 3-7（c）所示为图 3-7（b）中六个支承点所采用定位元件的具体结构，以台阶面 A 代替 1、2、3 三个支承点；短销 B 代替 4、5 两个支承点；键槽中的防转销 C 代替支承点 6。

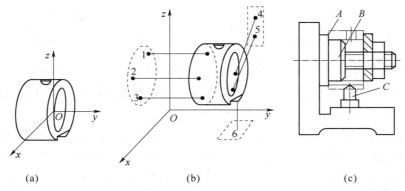

（a）　　　　　　　　　　（b）　　　　　　　　　　（c）

图 3-7　盘套类工件定位时支承点的分布示例

（a）钻孔工序；（b）环形工件定位原理（c）定位元件结构

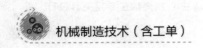

在应用"六点定位原理"分析工件的定位时，应注意以下几点：

（1）支承点限制工件自由度的作用，应理解为定位支承点与工件定位基准面始终保持紧贴接触。若二者脱离，则意味着失去定位作用。

（2）一个定位支承点仅限制一个自由度，一个工件仅有六个自由度，所设置的定位支承点数目原则上不应超过六个。

（3）分析定位支承点的定位作用时，不考虑力的影响。工件的某一自由度被限制，并非指工件在受到使其脱离定位支承点的外力时不能运动，欲使其在外力作用下不能运动，是夹紧的任务；反之，工件在外力作用下不能运动，即被夹紧，也并非是说工件的所有自由度都被限制了。所以，定位和夹紧是两个概念，绝不能混淆。

3.2.2 工件定位的几种情况

1. 完全定位

完全定位是指工件的六个自由度全部被限制的定位。当工件在 x、y、z 三个方向上均有尺寸要求或位置精度要求时，一般采用这种定位方式，如图 3-6 所示。

2. 不完全定位

根据工件的加工要求，并不需要限制工件的全部自由度，但应该限制的自由度都被限制，即不完全定位。如图 3-8 所示，在车床上加工通孔，根据加工要求，不需要限制 $\vec{Y}$ 和 $\vec{X}$ 两个自由度，故用三爪自定心卡盘限制其余四个自由度，即可实现四点定位。

3. 欠定位

欠定位是指工件定位时，应该限制的自由度没有被全部限制的定位，在实际定位时是不允许发生的。如图 3-7（c）所示，若无防转销 C，则工件绕 y 轴转动方向上的位置将不确定，钻出的孔与下面的槽不一定能达到对称要求。

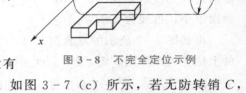

图 3-8 不完全定位示例

4. 过定位（重复定位）

过定位是指工件定位时，几个定位元件重复限制工件同一自由度的定位，在通常情况下不允许出现这种定位方式。

图 3-9（a）所示为孔与端面联合定位的情况，由于大端面限制 $\vec{Y}$、$\widehat{X}$、$\widehat{Z}$ 三个自由度，长销限制 $\vec{Z}$、$\widehat{Z}$、$\vec{X}$、$\widehat{X}$ 四个自由度，可见 $\widehat{X}$ 和 $\widehat{Z}$ 自由度被两个定位元件重复限制，出现过定位。图 3-9（b）所示为平面与两个短圆柱销组合定位的情况，平面限制 $\widehat{X}$、$\widehat{Y}$、$\vec{Z}$ 三个自由度，两个短圆柱销分别限制 $\vec{X}$、$\vec{Y}$ 和 $\vec{Y}$、$\widehat{Z}$，则 $\vec{Y}$ 自由度被重复限制，出现过定位。过定位可能导致工件无法安装和变形，或者引起定位元件变形。

由于过定位往往会带来不良后果，所以应尽量避免。消除或减小过定位所引起的干涉，一般有两种方法：一种方法是改变定位元件的结构，使定位元件重复限制自由度的部分不起定位作用，如削边销的采用；另一种方法是提高工件定位基准之间以及定位元件工作表面之间的位置精度，这样也可消除因过定位而引起的不良后果，以保证工件的加工精度，而且有时还可以使夹具制造简单，使工件定位稳定、刚性增强。

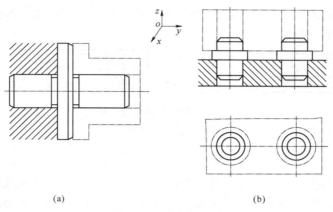

(a)　　　　　　　　　(b)

图 3 - 9　过定位示例

（a）长销与大端面联合定位；（b）平面与两个短圆柱销联合定位

3.3　定位方式与定位元件

工件的定位表面形状各异，如平面、外圆、内孔等，对于这些表面，总是采用一定结构的定位元件，以保证定位元件的定位面和工件定位基准面相接触或配合，实现对工件的定位。下面分析各种典型表面的定位方式和定位元件。

3.3.1　工件以平面定位及常用定位元件

在机械加工中，利用工件上的一个或几个平面作为定位基准来定位工件的方式，称为平面定位。如箱体、支架类零件等，常以平面为定位基准。常用的定位元件有固定支承、可调支承和自位支承。

1. 固定支承

固定支承是指高度尺寸固定，不能调整的支承，包括固定支承钉和固定支承板两类。常用支承钉的结构形式如图 3 - 10 所示。当工件以粗糙不平的毛坯面定位时，采用球头支承钉（B 型），使其与毛坯良好接触；齿纹头支承钉（C 型）用在工件的侧面，能增大摩擦系数，防止工件滑动。当工件以加工过的平面定位时，可采用平头支承钉（A 型）。

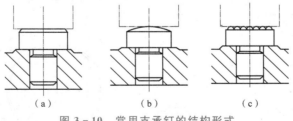

(a)　　　　　　　(b)　　　　　　　(c)

图 3 - 10　常用支承钉的结构形式

（a）A 型；（b）B 型；（c）C 型

工件以精基准面定位时，除采用支承钉外，还常用如图 3 - 11 所示的支承板作定位元件。A 型支承板结构简单，便于制造，但不利于清除切屑，故适用于顶面和侧面定位；B 型支承板则易保证工作表面清洁，故适用于底面定位。

夹具装配时，为使几个支承钉或支承板严格共面，装配后需将其工作表面一次磨平，从而保证各定位表面的等高性。

图 3 - 11　常用支承板的结构形式

(a) A 型；(b) B 型

2. 可调支承

可调支承是指顶端位置可在一定高度范围内调整的支承，常用的可调支承结构如图 3 - 12 所示。可调支承多用于支承工件的粗基准面，支承高度可根据需要进行调整，调整到位后用螺母锁紧。一个可调支承限制一个自由度。

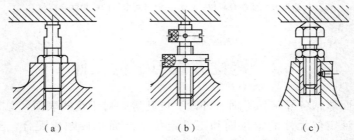

图 3 - 12　常用可调支承板的结构形式

(a) 带中间孔的调节支承；(b) 滚花螺母调节支承；(c) 六角头螺母调节支承

3. 自位支承

自位支承是指支承本身的位置在定位过程中，能自动适应工件定位基准面位置变化的一类支承。自位支承能增加与工作定位面的接触点数目，使单位面积压力减小，故多用于刚度不足的毛坯表面或不连续的平面的定位。图 3 - 13 所示为几种自位支承的结构形式，无论是图 3 - 13 (a)、图 3 - 13 (b) 所示的形式，还是图 3 - 13 (c) 所示的形式，都只相当于一个定位支承点，仅限制工件的一个自由度。

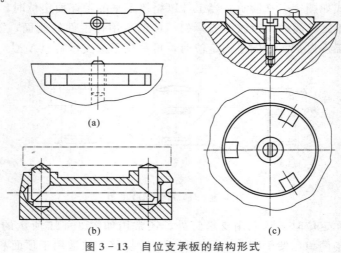

图 3 - 13　自位支承板的结构形式

(a) 两点式；(b) 两点式；(c) 三点式

此外，在生产中有时为了提高工件的刚度和定位稳定性，常采用辅助支承。如图 3 - 14 所示，在靠近铣刀处增设辅助支承 2，可避免铣削时的振动，提高定位及加工的稳定性。值得注意的是：无论采用哪种形式的辅助支承，它都不起定位作用，因此不限制工件的自由度。

3.3.2　工件以圆孔定位及常用定位元件

有些工件，如套筒、法兰盘等类零件常以孔作为定位基准，此时采用的定位元件有定位销和定位心轴等。

1. 定位销

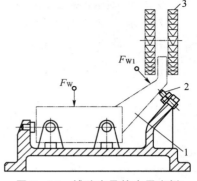

图 3 - 14　辅助支承的应用实例
1—工件；2—辅助支承；3—铣刀

图 3 - 15 所示为几种常用的圆柱定位销，其工作部分直径 d 通常根据加工要求及考虑便于装夹，按 g5、g6、f6 或 f7 制造。如图 3 - 15 （a）～图 3 - 15 （c）所示定位销与夹具体的连接采用过盈配合；图 3 - 15 （d）所示为带衬套的可换式圆柱销结构，这种定位销与衬套的配合采用间隙配合，故其位置精度较固定式定位销低，一般用于大批大量生产中。

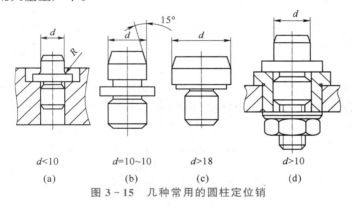

$d<10$	$d=10\sim10$	$d>18$	$d>10$
(a)	(b)	(c)	(d)

图 3 - 15　几种常用的圆柱定位销

为便于工件顺利装入，定位销的头部应有 15°倒角。

短圆柱销是指它与工件的配合长度小于等于工件长度的 1/3，它限制工件的两个自由度；长圆柱销是指它与工件的配合长度大于工件长度的 2/3，它限制工件的四个自由度。

2. 圆锥销

在加工套筒、空心轴等类工件时，也经常用到圆锥销，如图 3 - 16 所示。图 3 - 16 （a）用于粗基准，图 3 - 16 （b）用于精基准，它限制了工件 $\vec{X}$、$\vec{Y}$、$\vec{Z}$ 三个移动自由度。

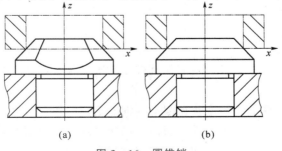

(a)　　　　　　　　　　(b)

图 3 - 16　圆锥销

　　工件在单个圆锥销上定位容易倾斜，所以圆锥销一般与其他定位元件组合定位。如图 3-17 所示，工件以底面作为主要定位基准面，采用活动圆锥销，只限制 $\vec{X}$、$\vec{Y}$ 两个转动自由度，即使工件的孔径变化较大，也能准确定位。

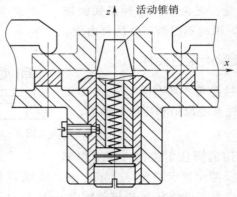

图 3-17　圆锥销组合定位

3. 定位心轴

　　定位心轴主要用于套筒类和空心盘类工件的车、铣、磨及齿轮加工中，常见的有圆柱心轴和圆锥心轴等。

　　1）圆柱心轴

　　图 3-18（a）所示为间隙配合圆柱心轴，其定位精度不高，但装卸工件较方便；图 3-18（b）所示为过盈配合圆柱心轴，常用于对定心精度要求高的场合；图 3-18（c）所示为花键心轴，用于以花键孔为定位基准的场合。当工件孔的长径比 $L/D>1$ 时，工作部分可略带锥度。

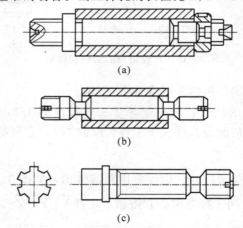

(a)

(b)

(c)

图 3-18　几种常见的圆柱心轴

　　短圆柱心轴限制工件的两个自由度，长圆柱心轴限制工件的四个自由度。

　　2）圆锥心轴

　　图 3-19 所示为以工件上的圆锥孔在圆锥心轴上定位的情形。这类定位方式是圆锥面与圆锥面接触，要求锥孔和圆锥心轴的锥度相同，接触良好，因此定心精度与角向定位精度均较高，而轴向定位精度取决于工件孔和心轴的尺寸精度。圆锥心轴限制工件的五个自由度，

即除绕轴线转动的自由度没被限制外均已被限制。

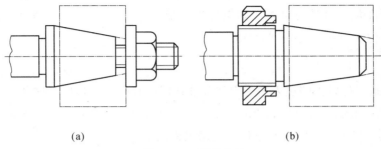

图 3 - 19　圆锥心轴

3.3.3　工件以外圆定位及常用定位元件

当工件以外圆柱面作定位基准时，根据外圆柱面的完整程度、加工要求和安装方式，可以在 V 形块、定位套、半圆套及圆锥套中定位，其中最常用的是在 V 形块上定位。

1. V 形块

V 形块有固定式和活动式之分。图 3 - 20 所示为常用固定式 V 形块，图 3 - 20 (a) 用于较短的精基准定位；图 3 - 20 (b) 用于较长的粗基准（或阶梯轴）定位；图 3 - 20 (c) 用于两段精基准面相距较远的场合；图 3 - 20 (d) 中的 V 形块是在铸铁底座上镶淬火钢垫而成，用于定位基准直径与长度较大的场合。

V 型槽夹具

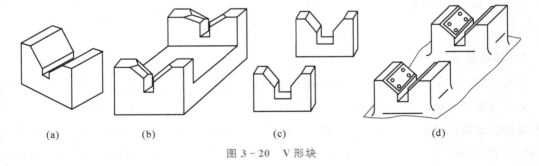

| (a) | (b) | (c) | (d) |

图 3 - 20　V 形块

图 3 - 21 中的活动式 V 形块限制工件在 y 方向上的移动自由度。它除定位外，还兼有夹紧作用。

根据工件与 V 形块的接触母线长度，固定式 V 形块可以分为短 V 形块和长 V 形块，前者限制工件的两个自由度，后者限制工件的四个自由度。

V 形块定位的优点是：对中性好，即能使工件的定位基准轴线对中在 V 形块两斜面的对称平面上，在左、右方向上不会发生偏移，且安装方便；应用范围较广。不论定位基准是否经过加工，不论是完整的圆柱面还是局部圆弧面，均可采用 V 形块定位。

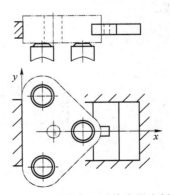

图 3 - 21　活动 V 形块应用实例

V 形块上两斜面间的夹角一般选用 60°、90° 和 120°，其中以 90° 应用最多。其典型结构和尺寸均已标准化，设计时可查阅国家标准手册。V 形块的材料一般用 20 钢，渗碳深 0.8～1.2 mm，淬火硬度为 60～64 HRC。

2. 定位套

定位套定位是工件以外圆柱表面为定位基准在定位套内孔中定位，这种定位方法一般适用于精基准定位，如图 3-22 所示。图 3-22（a）所示为短定位套定位，限制工件两个自由度；图 3-22（b）所示为长定位套定位，限制工件四个自由度。

3. 半圆套

图 3-23 所示为半圆套结构简图，下半圆起定位作用，上半圆起夹紧作用。图 3-23（a）所示为可卸式，图 3-23（b）所示为铰链式，后者装卸工件方便些。短半圆套限制工件的两个自由度，长半圆套限制工件的四个自由度。

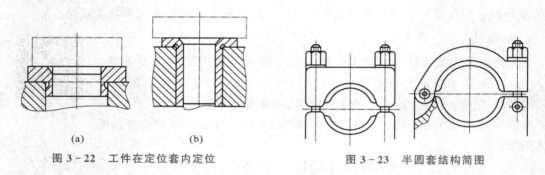

（a）　　　　　　　　（b）

图 3-22　工件在定位套内定位　　　　　图 3-23　半圆套结构简图

4. 圆锥套

工件以圆柱面为定位基准面在圆锥孔中定位时，常与后顶尖配合使用。如图 3-24 所示，夹具体锥柄 1 插入机床主轴孔中，通过传动螺钉 2 对定位圆锥套 3 传递扭矩，工件 4 圆柱左端部在定位圆锥套 3 中通过齿纹锥面进行定位，限制工件的三个移动自由度；工件圆柱右端锥孔在后顶尖 5（当外径小于 6 mm 时，用反顶尖）上定位，限制工件两个转动自由度。

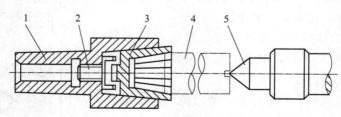

图 3-24　工件在圆锥套中定位

1—夹具体锥柄；2—传动螺钉；3—定位圆锥套；4—工件；5—后顶尖

3.3.4 工件以组合表面定位

在实际加工过程中，工件往往不是采用单一表面来定位，而是以组合表面定位。常见的有平面与平面组合、平面与孔组合、平面与外圆柱面组合、平面与其他表面组合、锥面与锥面组合等。

例如，在加工箱体零件时，往往采用一面两孔组合定位，即一个平面及与该平面垂直的两孔为定位基准，如图 3-25 所示。正如前面所讲，当采用一平面、两短圆柱销为定位元件时，平面限制 $\vec{Z}$、$\hat{X}$、$\hat{Y}$ 三个自由度，第一个定位销限制 $\vec{X}$、$\vec{Y}$ 两个移动自由度，第二个定位销限制 $\vec{X}$ 和 $\vec{Z}$ 两个自由度，因此 $\vec{X}$ 过定位，在这种情况下，一般将第二个销子采用削边销结构，即采取在过定位方向上，将第二个圆柱销削边，如图 3-25（a）所示，短的削边销（菱形销）仅限制 $\vec{Z}$ 一个自由度，以解决 $\vec{X}$ 过定位的问题。如图 3-25（b）所示削边销的截面形状为菱形，又称菱形销，用于直径小于 $\phi50$ mm 的孔；如图 3-25（c）所示削边销的截面形状常用于直径大于 $\phi50$ mm 的孔。

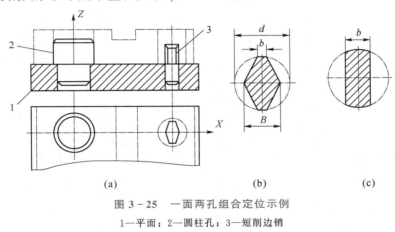

图 3-25 一面两孔组合定位示例

1—平面；2—圆柱孔；3—短削边销

表 3-4 列举了常用定位元件的定位方式及所限制的工件自由度。

表 3-4 常用定位元件能限制的工件自由度

工件定位基准面	定位元件	定位元件简图	定位元件的特点	限制的自由度
平面	支承钉			1、2、3：$\vec{Z}$、$\hat{X}$、$\hat{Z}$ 4、5：$\hat{X}$、$\hat{Z}$
	支承板		每个支承板可设计成两个或两个以上的小支承板	1、2：$\vec{Z}$、$\hat{X}$、$\hat{Y}$； 3：$\hat{X}$、$\hat{Z}$

工件定位基准面	定位元件	定位元件简图	定位元件的特点	限制的自由度
圆孔	定位销/心轴		短销（短心轴）	$\vec{X}$、$\vec{Y}$
			长销（长心轴）	$\vec{X}$、$\vec{Y}$、$\hat{X}$、$\hat{Y}$
	锥销		单锥销	$\vec{X}$、$\vec{Y}$、$\vec{Z}$
			1—固定销；2—活动销	$\vec{X}$、$\vec{Y}$、$\vec{Z}$、$\hat{X}$、$\hat{Y}$
外圆柱面	支承板或支承钉		短支承板或支承钉	$\vec{Z}$
			长支承板或两个支承钉	$\vec{Z}$、$\hat{X}$
	V形块		长V形块或两个短V形块	$\vec{X}$、$\vec{Z}$、$\hat{X}$、$\hat{Z}$
			短V形块	$\vec{X}$、$\vec{Z}$
	定位套		短套	$\vec{X}$、$\vec{Z}$
			长套	$\vec{X}$、$\vec{Z}$、$\hat{X}$、$\hat{Z}$
	锥套		单锥套	$\vec{X}$、$\vec{Y}$、$\vec{Z}$、$\hat{X}$、$\hat{Z}$
			1—固定锥套；2—活动锥套	$\vec{X}$、$\vec{Y}$、$\vec{Z}$、$\hat{Y}$、$\hat{Z}$

3.4　定位误差分析

为保证工件的加工精度，工件加工前必须正确定位。所谓正确定位，除应限制必要的自由度、正确地选择定位基准和定位元件之外，还应使选择的定位方式所产生的误差在工件允许的误差范围以内。本部分即是定量地分析计算定位方式所产生的定位误差，以确定所选择的定位方式是否合理。

3.4.1　定位误差产生的原因和计算

造成定位误差的原因有两个：一是定位基准与设计基准不重合而引起的误差，称为基准不重合误差（基准不符误差）；二是定位副制造误差而引起定位基准的位移误差，称为基准位移误差。

1. 基准不重合误差和计算

由于定位基准与设计基准不重合而造成的定位误差称为基准不重合误差，以 Δ_{jb} 表示。

如图 3-26（a）所示的零件简图，在工件上铣缺口，加工尺寸为 A、B，图 3-26（b）所示为加工示意图。工件以底面和 E 面定位，C 为确定刀具与夹具相互位置的对刀尺寸，在一批工件的加工过程中，C 的尺寸是不变的。加工尺寸 A 的设计基准是 F，定位基准是 E，两者不重合。当一批工件逐个在夹具上定位时，受尺寸 $S\pm\dfrac{\delta_S}{2}$ 的影响，设计基准 F 的位置是变动的，F 的变动会影响 A 的大小，给 A 造成误差，这个误差就是基准不重合误差。显然基准不重合误差的大小应等于定位基准与设计基准不重合而造成的加工尺寸的变动范围。由图 3-26（b）可知，S 是定位基准 E 与设计基准 F 间的距离尺寸。当设计基准的变动方向与加工尺寸的方向相同时，基准不重合误差就等于定位基准与设计基准间尺寸的公差，如图 3-26 所示，S 的公差为 δ_S，即

$$\Delta_{jb}=\delta_S$$

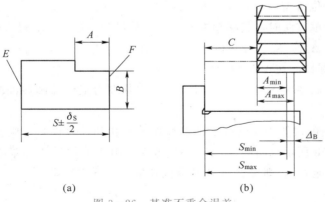

（a）　　　　　　　　　　　（b）

图 3-26　基准不重合误差

当设计基准的变动方向与加工方向有一夹角（其夹角为 β）时，基准不重合误差就等于定位基准与设计基准间距离尺寸公差在加工尺寸方向上的投影，即

$$\Delta_{jb}=\delta_S\cos\beta$$

2. 基准位移误差和计算

由于定位副的制造误差而造成定位基准位移的变动，从而对工件加工尺寸产生的误差，称为基准位移误差，用 Δ_{db} 来表示。显然不同的定位方式和不同的定位副结构，其定位基准移动量的计算方法是不同的。下面分析几种常见定位方式产生的基准位移误差的计算方法。

1）工件以平面定位

工件以平面定位时的基准位移误差计算较方便。如图 3-26 所示的工件以平面定位时，定位基准面的位置可以看成是不变动的，因此基准位移误差为零，即工件以平面定位时，$\Delta_{db} = 0$。

2）工件以圆孔在圆柱销、圆柱心轴上定位

工件以圆孔在圆柱销、圆柱心轴上定位，其定位基准为孔的中心线，定位基准面为内孔表面。

如图 3-27 所示，由于定位副配合间隙的影响，会使工件上圆孔中心线（定位基准）的位置发生偏移，其中心偏移量在加工尺寸方向上的投影即为基准位移误差 Δ_Y。定位基准偏移的方向有两种可能：一是可以在任意方向上偏移；二是只能在某一方向上偏移。

当定位基准在任意方向偏移时，其最大偏移量即为定位副直径方向的最大间隙，即

$$\Delta_{db} = X_{max} = D_{max} - d_{0min} = \delta_D + \delta_{d0} + X_{min}$$

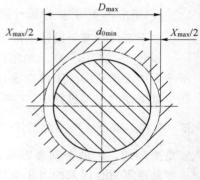

图 3-27 X_{max} 对工件位置公差的影响

式中 X_{max}——定位副最大配合间隙，mm；

D_{max}——工件定位孔最大直径，mm；

d_{0min}——定位销的最小直径，mm；

δ_D——工件定位孔的直径公差，mm；

δ_{d0}——圆柱销或圆柱心轴直径公差，mm；

X_{min}——定位所需最小间隙（设计时确定），mm。

当基准偏移为单方向时，其移动方向最大偏移量为半径方向的最大间隙，即

$$\Delta_{db} = X_{max}/2 = (D_{max} - d_{0min})/2 = (\delta_D + \delta_{d0} + X_{min})/2$$

3）工件以外圆柱面在 V 形块上定位

工件以外圆柱面在 V 形块上定位时，其定位基准为工件外圆柱面的轴心线，定位基准面为外圆柱面。

若不计 V 形块的误差，而仅有工件基准面的形状和尺寸误差，则工件的定位基准会产生偏移，如图 3-28 所示。由图 3-28（b）可知，由于工件尺寸公差的 δ_d 影响，使工件中心沿 Z 向从 O_1 移至 O_2，即在 Z 向的基准位移量可由下式计算：

$$\Delta_{db} = O_1 O_2 = \frac{\delta_d}{2\sin\dfrac{\alpha}{2}}$$

式中 δ_d——工件定位基面的直径公差，mm；

$\dfrac{\alpha}{2}$——V 形块的半角，α 可取为 60°、90°、120°。

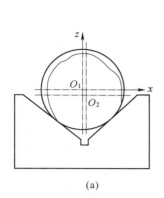
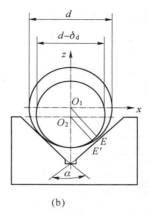

$$(a) \qquad\qquad (b)$$

图 3 - 28　V 形块定心定位的位移误差

基准位移量的大小与外圆柱的直径公差有关，因此对于较精密零件的定位，需适当提高外圆的精度。

3. 定位误差的计算

由于定位误差 Δ_{dw} 是由基准不重合误差和基准位移误差组合而成的，因此在计算定位误差时，需先分别算出 Δ_{jb} 和 Δ_{db}，然后再将两者组合。组合时可有以下情况：

（1）当 $\Delta_{jb}=0$，$\Delta_{db}\neq0$ 时，得 $\Delta_{dw}=\Delta_{db}$。

（2）当 $\Delta_{jb}\neq0$，$\Delta_{db}=0$ 时，得 $\Delta_{dw}=\Delta_{jb}$。

（3）$\Delta_{jb}\neq0$，$\Delta_{db}\neq0$ 时，有两种情况：

① 如果设计基准不在定位基准面上，那么 $\Delta_{dw}=\Delta_{jb}+\Delta_{db}$。

② 如果设计基准在定位基准面上，那么 $\Delta_{dw}=\Delta_{jb}\pm\Delta_{db}$，"＋"和"－"的判别方法为：当设计基准变动方向（由大变小或由小变大）与定位基准的变动方向（由大变小或由小变大）相同时即为"＋"，二者变动方向相反时即为"－"。

3.4.2　定位误差计算实例

例 3 - 1　钻、铰如图 3 - 29 所示零件上的 $\phi10H7$ 孔，工件以孔 $\phi20H7$（$^{+0.021}_{0}$）定位，定位销直径为 $\phi20$（$^{-0.007}_{-0.016}$）mm，求工序尺寸 $\phi(50\pm0.07)$ 的定位误差。

解：（1）工序尺寸 $\phi(50\pm0.07)$ 的定位基准与设计基准重合，因此 $\Delta_{jb}=0$。

$$\Delta_{db}=\delta_D+\delta_{d0}+X_{min}=0.021+0.009+0.007=0.037\text{（mm）}$$

得定位误差 $\Delta_{dw}=\Delta_{db}=0.037$ mm

例 3 - 2　如图 3 - 30 所示，工件以外圆柱面在 V 形块上定位加工键槽，保证键槽深度 $34.8^{0}_{-0.17}$ mm，试计算其定位误差。

解：
$$\Delta_{jb}=\delta_d/2=0.025/2=0.0125\text{（mm）}$$

$$\Delta_{db}=\frac{\delta_d}{2\sin\dfrac{\alpha}{2}}=0.707\delta_d=0.707\times0.025=0.017\ 7\text{（mm）（假设使用 90°V 形块，即 }\alpha\text{ 取 90°）}$$

因为设计基准在定位基面上，所以 $\Delta_{dw}=\Delta_{jb}\pm\Delta_{db}$，经分析，此例中的设计基准变动方

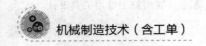

向与定位基准的变动方向相反，取"一"，则

$$\Delta_{dw} = \Delta_{db} - \Delta_{jb} = 0.017\ 7 - 0.012\ 5 = 0.005\ 2\ （mm）$$

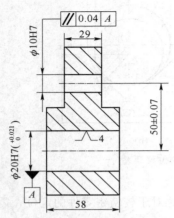

图 3 - 29　定位误差计算示例一

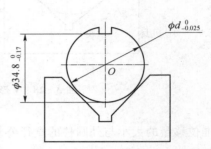

图 3 - 30　定位误差计算示例二

3.4.3　保证加工精度的条件

在机械加工过程中，产生加工误差的因素很多。若规定工件的加工允差为$\delta_{工件}$，并以$\Delta_{夹具}$表示与采用夹具有关的误差，以$\Delta_{加工}$表示除夹具外与工艺系统其他一切因素（诸如机床误差、刀具误差、受力变形、热变形等）有关的加工误差，则为保证工件的加工精度要求，必须满足：

$$\delta_{工件} \geqslant \Delta_{夹具} + \Delta_{加工}$$

此不等式即为保证加工精度的条件，称为采用夹具加工时的误差计算不等式。

上式中的$\Delta_{夹具}$包括了有关夹具设计与制造的各种误差，如工件在夹具中定位、夹紧时的定位夹紧误差，夹具在机床上安装时的安装误差，确定刀具位置的元件和引导刀具的元件与定位元件之间的位置误差等。因此，在夹具的设计与制造中，要尽可能设法减少这些与夹具有关的误差。这部分误差所占比例越大，留给补偿其他加工误差的比例就越小，其结果不是降低了零件的加工精度，就是增加了加工难度，导致加工成本增加。

所以，减少与夹具有关的各项误差是设计夹具时必须认真考虑的问题之一。制定夹具公差时，应保证夹具的定位、制造和调整误差的总和不超过零件公差的1/3。

3.5　工件在夹具中的夹紧

工件在定位元件上定位后，必须采用一定的装置将工件压紧夹牢，使其在加工过程中不会因受切削力、惯性力或离心力等作用力而发生振动或位移，从而保证加工质量和生产安全，这种装置称为夹紧装置。机械加工中所使用的夹具一般都必须有夹紧装置，在大型工件上钻小孔时，可不单独设计夹紧装置。

3.5.1　夹紧装置的组成及基本要求

图 3-31 所示为夹紧装置组成示意图，它主要由以下 3 部分组成。

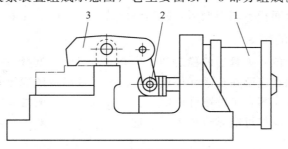

夹紧装置

图 3-31　夹紧装置组装示意图
1—气缸；2—杠杆；3—压板

1. 力源装置

力源装置是产生夹紧作用力的装置，所产生的力称为原始力，其动力包括气动、液动、电动等。图 3-31 中的力源装置是气缸 1。对于手动夹紧来说，其力源来自人力。

2. 中间传力机构

中间传力机构是介于力源和夹紧元件之间传递力的机构，如图 3-31 中的杠杆 2。在传递力的过程中，它能起到以下作用：

（1）改变作用力的方向；

（2）改变作用力的大小，通常起增力作用；

（3）使夹紧实现自锁，保证力源提供的原始力消失后，仍能可靠地夹紧工件，这对手动夹紧尤为重要。

3. 夹紧元件

夹紧元件是最终执行元件，与工件直接接触完成夹紧作用，如图 3-31 中的压板 3。夹紧装置的具体组成并非一成不变，须根据工件的加工要求、安装方法和生产规模等条件来确定。但无论其具体组成如何，都必须满足以下基本要求：

（1）夹紧时不能破坏工件定位后获得的正确位置；

（2）夹紧力大小要合适，既要保证工件在加工过程中不移动、不转动、不振动，又不能使工件产生变形或损伤工件表面；

（3）夹紧动作要迅速、可靠，且操作要方便、省力、安全；

（4）结构紧凑，易于制造与维修，其自动化程度及复杂程度应与工件的生产纲领相适应。

3.5.2　夹紧力的确定

设计夹紧机构，必须首先合理确定夹紧力的三要素：大小、方向和作用点。

1. 夹紧力方向的确定

确定夹紧力作用方向时，应与工件定位基准的配置及所受外力的作用方向等结合起来考虑，其确定原则如下：

（1）夹紧力的作用方向应垂直于主要定位基准面。

（2）夹紧力作用方向应使所需夹紧力最小。这样可使机构轻便、紧凑，工件变形小，对于手动夹紧可减轻工人劳动强度。

（3）夹紧力作用方向应使工件变形尽可能小。由于工件不同方向上的刚度不一致，不同的受力面也会因其受力面积不同而变形，故当夹紧薄壁工件时，尤其应注意这种情况。

2. 夹紧力作用点的确定

它对工件的可靠定位、夹紧后的稳定和变形有显著影响，选择时应依据以下原则：

（1）夹紧力的作用点应落在支承元件或几个支承元件形成的稳定受力区域内。

（2）夹紧力作用点应落在工件刚性好的部位。此项原则对刚性差的工件尤为重要。

（3）夹紧力作用点应尽可能靠近加工面。这可减小切削力对夹紧点的力矩，从而减轻工件振动。

3. 夹紧力的大小

夹紧力的大小可根据切削力、工件重力的大小、方向和相互位置关系具体计算。为安全起见，计算出的夹紧力应乘以安全系数 K，故实际夹紧力一般比理论计算值大 2～3 倍。

在进行夹紧力计算时，通常将夹具和工件看作一刚性系统，以简化计算。根据工件在切削力、夹紧力（重型工件要考虑重力，高速时要考虑惯性力）的作用下处于静力平衡，列出静力平衡方程式，即可算出理论夹紧力。

一般来说，手动夹紧时不必算出夹紧力的确切值，只有机动夹紧时才进行夹紧力计算，以便决定动力部件（如气缸、液压缸直径等）的尺寸。

3.5.3 典型夹紧机构

典型夹紧机构

夹紧机构的种类很多，基本结构为斜楔夹紧机构、螺旋夹紧机构和偏心夹紧机构，这三种夹紧机构称为基本夹紧机构。

1. 斜楔夹紧机构

采用斜楔作为传力元件或夹紧元件的夹紧机构，称为斜楔夹紧机构。图 3 - 32（a）所示为斜楔夹紧机构的应用示例，敲斜楔 1 的大头，使滑柱 2 下降，装在滑柱上的浮动板 3 可同时夹紧两个工件 4。加工完后，敲斜楔 1 的小头，即可松开工件。采用斜楔直接夹紧工件的夹紧力较小，操作不方便，因此实际生产中一般与其他机构联合使用。图 3 - 32（b）所示为斜楔与螺旋夹紧机构的组合形式，当拧紧螺钉时，楔块向左移动，使杠杆压板转动夹紧工件；当反向转动螺钉时，楔块向右移动，杠杆压板在弹簧力的作用下松开工件。

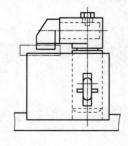
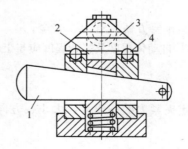

(a) (b)

图 3 - 32 斜楔夹紧机构

1—斜楔；2—滑柱；3—浮动压板；4—工件

2. 螺旋夹紧机构

采用螺旋直接夹紧或采用螺旋与其他元件组合实现夹紧的机构，称为螺旋夹紧机构。此种机构具有结构简单、夹紧力大、自锁性好和制造方便等优点，很适用于手动夹紧，因而在机床夹具中得到广泛的应用；缺点是夹紧动作较慢，因此在机动夹紧机构中应用较少。螺旋夹紧机构分为简单螺旋夹紧机构和螺旋压板夹紧机构。

螺旋夹紧机构

图 3-33 所示为简单螺旋夹紧机构。图 3-33（a）中螺栓头部直接对工件表面施加夹紧力，当螺栓转动时，容易损伤工件表面或使工件转动。解决这一问题的方法是在螺栓头部套上一个摆动压块，如图 3-33（b）所示，这样既能保证与工件表面有良好的接触，防止夹紧时螺栓带动工件转动，又可避免螺栓头部直接与工件接触而造成压痕。摆动压块的结构已经标准化，可根据夹紧表面来选择。

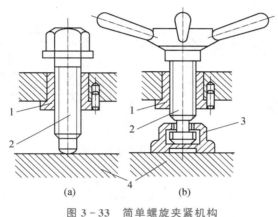

图 3-33 简单螺旋夹紧机构
1—螺母套；2—螺栓；3—摆动压块；4—工件

实际生产中使用较多的是如图 3-34 所示的螺旋压板夹紧机构，即利用杠杆原理实现对工件的夹紧。

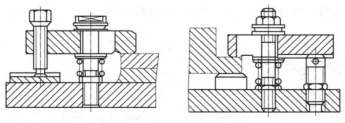

图 3-34 螺旋压板夹紧机构

3. 偏心夹紧机构

用偏心件直接或间接夹紧工件的机构，称为偏心夹紧机构。常用的偏心件有圆偏心轮（图 3-35（a）和图 3-35（b））、偏心轴（图 3-35（c））和偏心叉（图 3-35（d））。

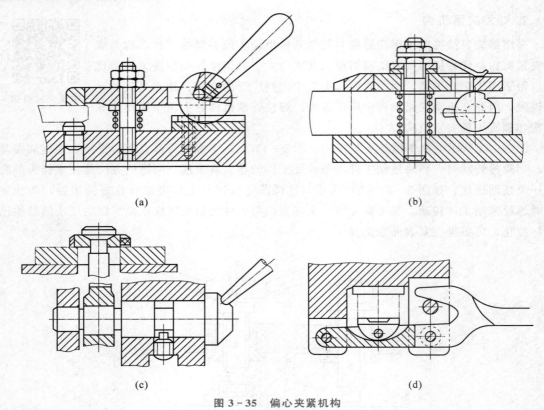

(a)　　　　　　　　　　　　(b)

(c)　　　　　　　　　　　　(d)

图 3-35　偏心夹紧机构

偏心夹紧机构操作简单、夹紧动作快，但夹紧行程和夹紧力较小，一般用于没有振动或振动较小、夹紧力要求不大的场合。

4. 联动夹紧机构

利用一个原始作用力实现单件或多件的多点、多向同时夹紧的机构，称为联动夹紧机构。

图 3-36 所示为多件平行联动夹紧机构，在图 3-36（a）中，由于球面垫圈 4 和摆动压块 3 的作用，拧紧螺母 5 可实现同时平行夹紧四个工件。在图 3-36（b）中，拧紧螺母 5，使铰链压板 2 转动，在液性介质 8 的作用下，五个滑柱同时平行夹紧工件。特点：夹紧元件必须做成浮动的。

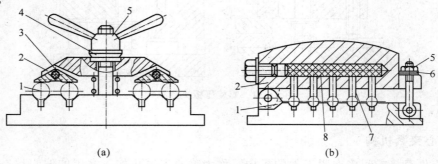

(a)　　　　　　　　　　　　(b)

图 3-36　多件平行联动夹紧机构

1—工件；2—压板；3—摆动压块；4—球面垫圈；5—螺母；6—垫圈；7—柱塞；8—液性介质

图 3－37 所示为对向式多件联动夹紧机构，旋转偏心轮 6，迫使压板 1、4 同时对向夹紧两工件。图 3－38 所示为复合式多件联动夹紧机构，其是将平行式和对向式多件夹紧机构组合而构成的夹紧机构。

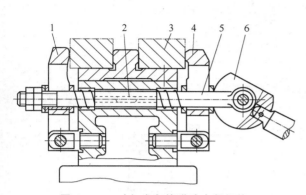

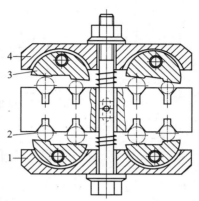

图 3－37　对向式多件联动夹紧机构

1，4—压板；2—键；3—工件；5—拉杆；6—偏心轮

图 3－38　复合式多件联动夹紧机构

1，4—压板；2—工件；3—摆动压块

5．气（液）动自动夹紧装置典型结构

图 3－39 所示为普通自动压板，其通常采用弹簧顶压板，以保证在没有工件时能使压板抬起。

图 3－40（a）所示为具有压板返回连杆的自动压板机构，在压板的交点处设有压板返回连杆，弹簧顶在连杆上，压板通常处在后退位置上，当活塞缩回时，压板返回连杆，向右倾斜，压板后退，当活塞把压板尾部顶起时，压板将工件夹紧。

图 3－40（b）所示为通过凸轮使压板进退和夹紧的压板机构，其是通过设在凸轮上的凸起和与之衔接的压板槽实现压板的首进和后退的，压板应穿过支点轴的中心。

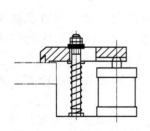
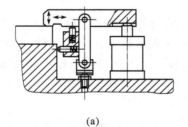

（a）　　　　　　　　　　　　　（b）

图 3－39　普通自动压板　　　　图 3－40　具有压板返回连杆的自动压板

图 3－41 所示为压板松开时压板可同时撤离的夹紧结构。当活塞杆向上时，其端部的圆环带动摆杆将压板左移并压紧工件；反之，压板由弹簧抬起，并向右退回。

图 3－42（a）所示为平行连杆自动压板。采用平行连杆使压板前进、后退，压板在前后移动时保持与夹具本体平行。若采用双作用气缸，则可不必用压板返回弹簧。

图 3－42（b）所示为压板退回使压板前后移动的自动压板机构，其是依靠单向作用的气压或液压使压板夹紧工件的。压板与装在进退杠杆一端的球相衔接，气缸带动进退杠杆摆动，可转换为压板的夹紧及前进和后退运动。

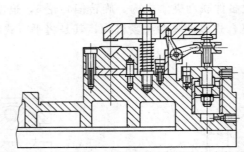

图 3-41　压板松开时压板可同时撤离的夹紧结构

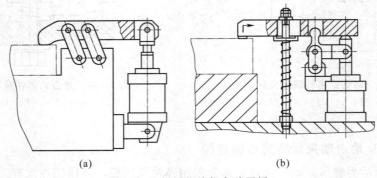

(a)　　　　　　　　　　　(b)

图 3-42　平行连杆自动压板

3.6　典型机床夹具实例

车床夹具

3.6.1　车床夹具实例

车床夹具主要用于加工零件的内外圆柱面、圆锥面、回转成形面、螺纹面以及端平面等。在加工过程中，夹具安装在机床主轴上，带动工件一起转动。为了扩大车床的使用范围，也可将夹具安装在床身和拖板上。本部分只介绍安装在车床主轴上的夹具。

根据结构的不同，车床夹具可分为卡盘类车床夹具、花盘类车床夹具和心轴类车床夹具等。

采用卡盘类车床夹具的零件大部分是回转体或对称零件，因此，卡盘类车床夹具的结构基本是对称的，回转时的不平衡影响较少。

下面以一套气动卡盘类车床夹具为例来介绍车床夹具。

如图 3-43 所示的夹具是用于加工风动工具缸体的车床夹具。在转塔车床上用套料刀加工 $\phi75.4$ mm 工件，以前端的 $\phi94$ mm 外圆、后端的 $\phi96$ mm 外圆及端面为基准定位，限制 5 个自由度。安装时，要使毛坯中部凸出部分位于活动夹爪 8 内侧。工件后端以三爪锥面定位，前端用双爪卡盘定心夹紧。安装工件时，操纵气门使拉杆 11 及连接头 10 右移，经连杆 3、压杆 4 使上下滑块 6、7 分开，用手扳开活动夹爪 8，将工件后端放在定位座 5 的三爪锥面上，前端外圆架在固定夹爪 9 上，用手放下活动夹爪 8，操纵气门，使拉杆 11 向左拉，便可使夹爪 8、9 将工件定心夹紧。在卸工件时，操纵气门夹爪松开，用手扳开活动夹爪 8

便可取出工件。夹具体 2 通过连接盘 1 与机床主轴相连，拉杆 11 与回转式气缸中的活塞杆相连接，通过气缸的轴向力即可操作卡盘上的夹爪。

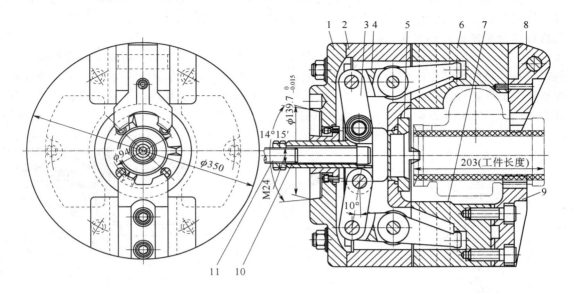

图 3 - 43　缸体深孔车双爪气动卡盘

1—连接盘；2—夹具体；3—连杆；4—压杆 ；5—定位座；6，7—上、下滑块；8—活动夹爪；9—固定夹爪；10—连接头；11—拉杆

技术要求：在机床上夹持检验用样棒，其外圆全跳动公差为 0.05 mm。

3.6.2　铣床夹具实例

铣床夹具主要用于加工零件上的平面、键槽、齿轮、成形面及立体成形面等。铣削加工时切削力很大，由于铣刀刀齿的不连续工作，且作用于每个刀齿上的铣削力的变化以及所引起的振动很大，故会影响到工件定位的准确。因此，铣床夹具的夹紧力以及它对各部分的刚性和强度的要求也比较高。铣床夹具中一般必须有确定刀具位置及方向的元件，以保证夹具、机床与刀具的相对位置，通常用对刀装置实现这个目的。铣床夹具必须用 T 形螺栓紧固在机床工作台上，并且用定位键来确定机床与刀具的位置。

按照工件的进给方式，一般可以将铣床夹具分为直线进给式铣床夹具、圆周进给式铣床夹具和靠模夹具三类。

1. 直线进给式铣床夹具

直线进给式铣床夹具安装在铣床的工作台上，加工中工作台是按照直线进给方式运动的。为了降低辅助时间、提高生产效率，可以采用多件装夹或多位置加工。

2. 圆周进给式铣床夹具

通常安装在具有回转工作台的铣床上，在工作台上可以沿圆周依次布置若干工作夹具，依靠工作台转动，将工件依次送进切削区，工件离开切削区后即被加工好，从而进行连续铣削。在非切削区内，可以卸下加工好的工件，并且装上待加工的工件。这种方法使切削时间与辅助时间重合，可以提高生产效率。

3. 靠模夹具

带有靠模的夹具称为靠模夹具，它用于专用或通用铣床上加工各种非圆曲面、直线曲面或立体成形面。靠模的作用是使工件获得辅助运动。按照主进给运动的方式，靠模夹具可分为直线进给靠模夹具和圆周进给靠模夹具两种。

图 3-44 所示为制动蹄片端面气动铣床夹具，其在立铣上铣削前、后制动蹄片端面，工件以销孔、被铣削部位的侧面和凸缘面在圆柱销 2、钳口 5 和支承杆 6 上定位。工件先放在支承板 7 上预定位，接通气源，气缸 1 的活塞推动圆柱销 2，使其插入工件定位孔，然后气缸 3 工作，活塞杆 4 推动楔块 10，通过杠杆 9 使压板 8 夹紧工件。

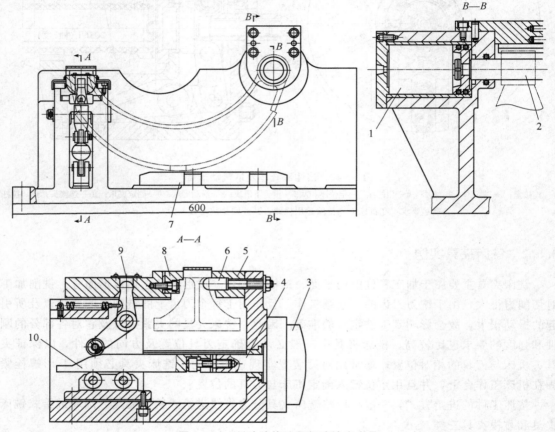

图 3-44　制动蹄片端面气动铣床夹具

1，3—气缸；2—圆柱销；4—活塞杆；5—钳口；6—支承杆；7—支承板；8—压板；9—杠杆；10—楔块

3.6.3　钻床夹具实例

在许多零件上都有各种不同用途的孔，其中大多在钻床加工。在钻床上进行孔的钻、扩、铰、锪、攻螺纹加工时所用的夹具称为钻床夹具，也称钻模。

钻床夹具

钻床夹具上均设有钻套，用以保证被加工孔的位置精度。在实际生产中，钻床夹具应用较广，而且结构形式也多，通常分为固定式钻模、翻转式钻模、回转式钻模、盖板式钻模和滑柱式钻模。

如图 3 - 45 所示，以一套滚轮体径向孔气动钻床夹具为例介绍钻床夹具。其用于多工位卧式组合钻床，钻滚轮体上径向孔，一次安装 4 件。工件以外圆、盲孔的内端面与槽口在定位块 1 和定位板 12 组成的 V 形槽及支承钉 4 和压板 7 上定位。工件安装后，将压板 7 放入工件的槽内，然后活塞 3 带动叉形板 6 和斜楔 8 向下，通过滚轮 9 推连接板 10 向右，带动螺杆 11 和压板 2 将工件压紧在 V 形槽内。活塞 3 继续向下，斜楔 8 不动，叉形板 6 和可调螺钉 5 绕斜楔 8 上的垫圈球面做微量摆动，通过压板 7 从顶端压紧工件。

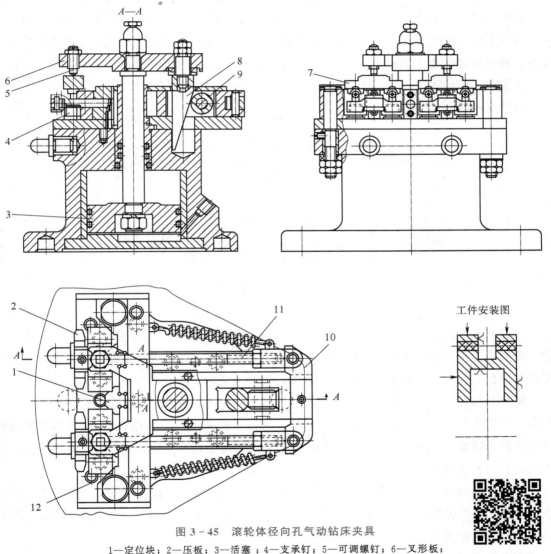

图 3 - 45 滚轮体径向孔气动钻床夹具

1—定位块；2—压板；3—活塞；4—支承钉；5—可调螺钉；6—叉形板；
7—压板；8—斜楔；9—滚轮；10—连接板；11—螺杆；12—定位板

3.7 现代机床夹具简介

现代机械工业的生产特点：品种多、批量小、精度高、更新快。其带来的传统生产技术存在的问题：小批量生产采用先进工艺、专用工装不经济，但高、精、尖产品不用不行；现行生产准备周期长，赶不上产品的更新需要；产品更新快，采用专用夹具会造成积压。为解决这一矛盾，现代机床夹具的发展方向：精密化、高效自动化、标准化和通用化。

3.7.1 自动线夹具

自动线夹具根据自动线的配置形式，主要分为固定夹具和随行夹具两大类。

固定夹具用于工件直接输送的生产线，其是安装在每台机床上的。随行夹具是用于组合机床自动线上的一种移动式夹具，工件安装在随行夹具上，随行夹具除了完成对工件的定位、夹紧外，还带着工件随自动线移动到每台机床的加工台面上，再由机床上的夹具对其整体进行定位和夹紧，工件在随行夹具上的定位和夹紧与在一般夹具上的定位和夹紧一样。图3-46所示为自动线夹具。

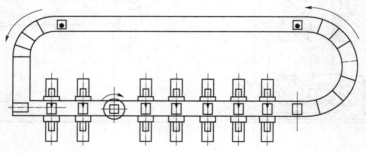

图3-46 自动线夹具

工件在固定夹具上的定位和随行夹具在机床夹具上的定位要求：要有利于夹具的敞开性，有利于工件与随行夹具定位时的基准统一，以及工件与随行夹具在各台机床上定位和夹紧的自动化。为此，一般采用一面两孔定位、气动夹紧的方式。

随着制造业的飞速发展，产品的更新换代越来越快，传统的大批量生产模式逐步被中小批量生产模式所取代，一些传统的工艺方法也因科学技术的进步、现代制造技术的水平及制造能力的发展发生了很大的改变，而机械制造系统要适应这种变化必须具备较高的柔性。零点快换夹具系统就是目前自动化生产过程中常用的一种夹具系统。

零点快换的概念：零点快换就类似于我们机床主轴的接口，即提供一个工作台和夹具的快速接口，以省掉换夹具所需要的烦琐工作，实现快速、高精度的定位和夹紧，使我们换夹具的工作如同更换刀柄一样，便捷、可靠、高效。

零点快换系统是通过零点定位器在机床和夹具之间建立高精密的标准接口。由于各种不同零件的加工夹具与设备都具有统一的安装接口，可进行工装夹具的快速精密定位，而零点定位器具有自动锁紧功能，并通过气、液压控制解锁实现工装的装卸和自动夹紧，故在生产过程中，可根据生产需要随时精密、快速换装相应零件的加工夹具，以进行不同零件生产加工的转换。零点快换系统极大地减少了工装换装的调整时间，也提高了工装换装的装夹精度。下面就对零点定位器的结构形式及零点快速定位基准夹具系统的原理作一简单介绍。

1. 零点定位器结构形式

目前应用比较多的零点定位器有两种结构形式：

（1）零点快换定位接头结构如图 3 - 47 所示。这种结构的零点快速定位基准夹具系统是第 3 代钢球锁紧的零点定位器，它包括两部分——零点定位器和定位接头，适合重型、大型的机械加工。

（2）十字键定位结构如图 3 - 48 所示。这种结构的产品主要由零点定位器、托盘和拉钉三部分组成，特点是结构紧凑小巧，十字键配合可实现 90°精密转位。由于拉紧力相对较小，故一般用于小零件、小余量的加工和电加工，适合于小零件多方位的精密加工。

图 3 - 47　零点快换定位接头结构

1—定位接头；2—零点定位器

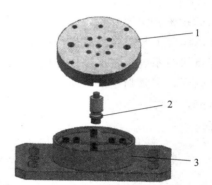

图 3 - 48　十字键定位结构零点定位器

1—托盘；2—拉钉；3—零点定位器

2. 零点快换系统的原理

根据不同的设备及零件加工的类型情况，在机床工作台上安装合适的零点定位器（零点定位器根据需要可单独使用，也可以多个成组使用）。夹具底板上装有与零点定位器相配的定位接头或定位托盘，工件通过定位和夹紧机构固定在夹具底板上，如图 3 - 49 所示。

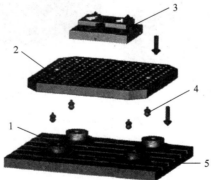

图 3 - 49　零点定位系统示意图

1—零点定位器；2—夹具底板（通过零点定位系统定位和夹紧）；3—工件（定位和夹紧）；

4—定位接头；5—机床工作台；

通常将零点定位器安装在底板上形成零点定位基准座，再将基准座安装到机床工作台上，找正零点定位器在机床工作台上的位置，标记为零点，按加工需求建立坐标系，形成一套零点快速定位基准夹具系统。工件在夹具上的定位与在底板上的定位接头位置是一定的，由于定位接头与设备工作台上的零点定位器的配合精度在 0.005 mm 以下，所以夹具的换装精度也不会大于 0.005 mm。同时零点定位器是气压或液压解锁，机械自动拉紧，单个零点定位器的夹持力可以达到 2 t。

零点快速定位基准夹具系统是一个独特的定位和锁紧装置，在一台设备上不同零件的夹具能够实现精密快速装夹。夹具的换装不用找正，无须通过人工进行螺栓固紧，且在一定范围内的设备安装统一的零点定位系统。零件加工可使用一套夹具装夹，能使工件从一个工位到另一个工位、一个工序到另一个工序、一台机床到另一台机床的零点始终保持不变，从而实现工装的精密、快速装夹，节省重新找正零点的辅助时间，保证工作的连续性。

下面以国际上某知名夹具生产商生产的零点定位系统为例来介绍一下零点快换系统的原理。该零点快换系统主要由销钉和模块主体两部分组成，如图 3-50 所示，其工作原理是用气使模块张开，夹紧则是依赖内部的强力弹簧，正常工作时不需要接气源。快换系统由不同的模块组成，本体一样但销钉不同，分为主定位销、菱形销和夹紧销，属于经典的"一面两销"式定位。

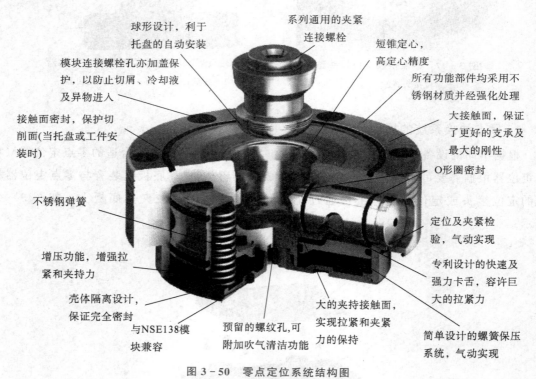

图 3-50 零点定位系统结构图

该零点快换系统的另一特点是定位与夹紧同时进行，定位精度达到 0.005 mm 以内。短锥形的定位销使得接触型面完全闭合，具备自锁功能，如图 3-51 所示。定位装夹时允许有一定的径向偏差与角偏差，对于自动化或者人工上下料都有一定优势。

图 3 - 51 零点定位系统结构

3.7.2 组合夹具

组合夹具是在夹具元件高度标准化、通用化的基础上发展起来的一种夹具，它由一套预先制造好的，具有各种形状、功用、规格与系列尺寸的标准元件和组件组成。根据工厂的加工要求，利用这些标准元件和组件可组装成各种不同夹具。图 3 - 52、图 3 - 53 所示为常用的槽系列组合夹具标准元件和组件图。图 3 - 52（a）所示为基础件，用作夹具体底座的基础元件；图 3 - 52（b）所示为支承件，主要作夹具体的支架或角架等；图 3 - 52（c）所示为定位件，用来定位工件和确定夹具元件之间的位置；图 3 - 52（d）所示为导向件，用于确定或导引切削刀具位置。图 3 - 53（a）所示为压紧件，用来压紧工件或夹具元件；图 3 - 53（b）所示为紧固件，用于紧固工件或夹具元件；图 3 - 53（c）所示为其他件，它们在夹具中起辅助作用；图 3 - 53（d）所示为合件，用来完成特定动作或功用（如分度）。上述是各元件的主要功用，根据实际情况可能会有不同，如支承件也可用作定位工件平面的定位元件。

常用组合夹具的使用特点：

（1）确定采用组合夹具后，不需要设计夹具图纸，只需填写组合夹具任务单，连同产品图纸、工艺规程和坯件实物送组装室组装。组装后的夹具送车间给操作者用，使用完毕交还后，由组装室清点并拆开夹具，清洗元件，归类存放备用。

（2）组合夹具的元件要重复多次使用，但组装成某一夹具后，一般仍为某工件的某道工序使用，所以其结构具有专用性，即只能一次使用。

（3）组合夹具是由标准元件组装而成，元件还需多次重复使用。除一些尺寸可采用调节方法保证外，其他精度都靠各元件的精度组合来直接保证，不允许进行修配或补充加工。因此，要求元件的制造精度高，以保证其互换性，而且还需耐磨，重要元件均采用 40Cr、20CrMnTi 等合金钢制造，渗碳淬火，并经精密磨削加工，制造费用高。

（4）组合夹具的各元件之间采用键定位和螺栓紧固的连接，其刚性不如整体结构好，尤其是连接处接合面间的接触刚度是一个薄弱环节。因此，在组装时对提高夹具刚度问题应予足够重视。

（5）组合夹具各标准元件尺寸系列的级差是有限的，使组装成的夹具尺寸不能像专用夹具那样紧凑，体积较为笨重。

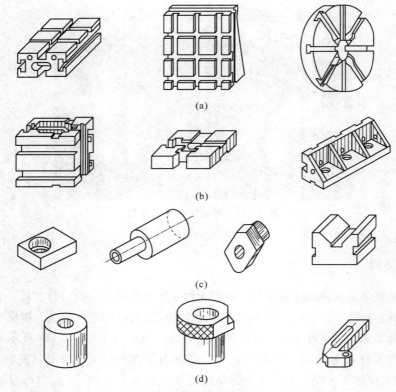

图 3 - 52　组合夹具的标准元件和组件图 I

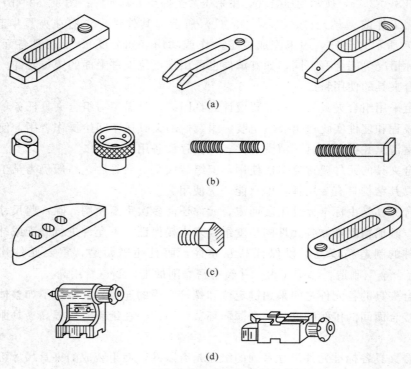

图 3 - 53　组合夹具的标准元件和组件图 II

3.7.3　通用可调夹具

目前，机械制造工业逐渐向多品种、小批量生产的方向发展，而原有传统的专用夹具设计制造周期长、成本高，且产品改型或变换后则无法使用。针对专用夹具专用性的问题发展了通用性夹具，这就是通用可调夹具或成组夹具。通用可调夹具是通过调节或更换装在通用底座上的某些可调节或可更换元件，以装夹加工多种不同类工件的夹具；而成组夹具则是根据成组工艺的原则，针对一组相似零件而设计的由通用底座和可调节或可更换元件组成的夹具。从结构上看两者十分相似，都具有通用底座固定部分和可调节或可更换部分，但两者的设计指导思想不同。在设计时，通用可调夹具的服务对象不明确，只提出一个大致的加工规格和范围，而成组夹具是根据成组工艺，针对某一零件的加工而设计，服务对象是十分明确的。

图 3-54 所示为钻轴类零件径向孔的通用可调钻床夹具，其中图 3-54（a）所示为夹具结构图，图 3-54（b）所示为所加工工件示例。轴类零件在 V 形块 6 中定位，V 形块也起着夹具体作用。装在 V 形块右侧端面槽内的轴向挡板 5 上的定程螺钉 8 起轴向定位作用，以保证所钻孔轴线的轴向位置尺寸；压板支承 4 安装在 V 形块的侧面 T 形槽内，转动夹紧手柄 2 带动杠杆压板 3 夹紧。根据不同位置的需要，整个夹紧装置可沿 T 形槽轴向移动调节，装在 V 形块另一侧向 T 形槽内的移动钻模板 1，按加工孔轴线的轴向位置尺寸进行调节，并由螺母紧固；若轴上径向孔不止一个，则还可装上附加移动钻模板 7，以满足加工需要。

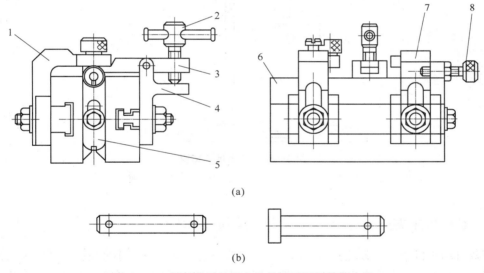

(a)

(b)

图 3-54　钻轴类零件径向孔的通用可调钻床夹具

（a）夹具结构；（b）加工工件示例

1—移动钻模板；2—夹紧手柄；3—杠杆压板；4—压板支承；5—轴向挡板；6—V 形块；

7—附加移动钻模板；8—轴向定程螺钉

3.7.4　成组夹具

成组夹具的结构特点和用途与万能可调夹具相类似，都可用作零件的成组加工，所不同的是，成组夹具的设计有一定的针对性，它是为加工某一组几何形状、工艺过程、定位及夹紧相似的零件而设计的，因此与专用夹具很接近。例如图 3-55 所示为几种柄形零件的钻孔加工，考虑其形状与工艺基本相似，所选定的基准也相同，故归为同一组。

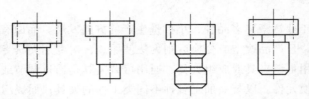

图 3 – 55　按零件相似性分组

图 3 – 56 所示为加工上述成组零件端面上平行孔系的成组可调钻模，当加工同组内的不同零件时，只须更换可换盘 2 和钻模板组件 3 即可。压板 4 为可调整件，可根据加工对象具体施加夹紧力的位置进行调整。

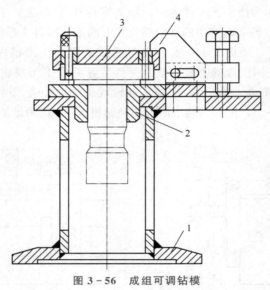

图 3 – 56　成组可调钻模
1—夹具体；2—可换盘；3—钻模板组件；4—压板

3.7.5　数控机床夹具

高效自动化机床——数控机床的出现是加工设备适应多品种、小批量生产的重大飞跃。由于数控机床在工件一次装夹中能加工工件上四、五个方向的表面，可实现工序的高度集中，并常采用基准统一的装夹方式，且加工对象又要经常变换，专用夹具无法适应这种要求，数控机床夹具因此得到了发展。数控机床按编制的程序完成工件的加工，加工中机床、刀具、夹具和工件之间应有严格的相对坐标位置。所以，数控机床夹具在机床上应相对数控机床的坐标原点具有严格的坐标化位置，以保证所装夹的工件处于所规定的坐标位置上。为此，数控机床夹具常采用网格状的固定基础板。如图 3 – 57 所示，它长期固定在数控机床工作台上，在板上加工出准确孔心距位置的一组定位孔和一组紧固螺孔（也有定位孔与螺孔同轴布置形式），它们成网格分布。网格状基础板预先调整好相对数控机床的坐标位置，其利用基础板上的定位孔可装各种夹具，如图 3 – 57 （a）所示的角铁支架式夹具。在角铁支架上也有相应的网格状分布的定位孔和紧固螺孔，以便安装可换定位元件与其他各类元件和组件，以及适应相似零件的加工，当加工对象变换品种时，只需更换相应的角铁式夹具，以便于迅速转换为新零件的加工，不致使机床长期等待。图 3-57（b）所示为立方固定基础板，它安装在数控机床工作台的转台上，其四面都有网格分布的定位孔和紧固螺孔，上面可安装各类夹具的底板，当加工对象变换时，只需转台转位，便可迅速转换新零件用的夹具，十分方便。

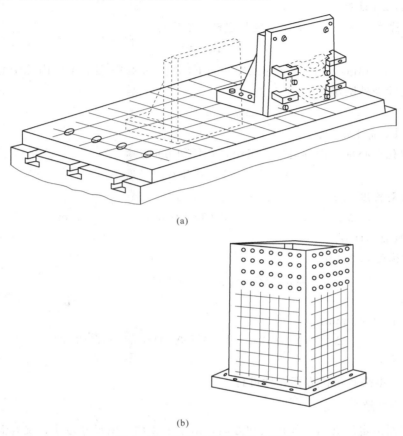

（a）

（b）

图 3-57　数控机床夹具构成简图
（a）角铁支架式夹具；（b）立方固定基础板

从上面所述的夹具构成原理可以看到，数控机床夹具实质上是通用可调夹具和组合夹具的结合与发展。它的固定基础板部分加可换部分的组合是通用可调夹具组成原理的应用，而它的元件和组件高度标准化与组合化又是组合夹具标准元件的演变与发展，国内外许多数控机床夹具采用孔系列组合夹具的结构系统就是很好的例证。

1. 本夹具定位方案设计

根据工序图给定的定位基准，选用带小轴肩的刚性长心轴间隙配合定位的定位方案，由工件内孔直径选用配合 $\phi23H7/g6$，如图 3-58 所示，由工件长度取定位心轴长度 55 mm。定

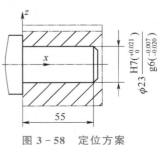

图 3-58　定位方案

151

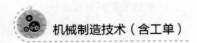

位后实际限制了 $\vec{X}$、$\vec{Y}$、$\widehat{Y}$、$\vec{Z}$、$\widehat{Z}$ 五个自由度，即限制了应该限制的自由度，满足加工要求。注意：决不允许出现应该限制的自由度没有被限制的欠定位现象。

2. 本夹具定位误差的分析计算

1）本夹具 Δ_{jb} 计算

（1）对对称度 0.2 mm：工序基准与定位基准重合。

$$\Delta_{jb_1}=0$$

（2）对 $70_{-0.3}^{\ 0}$ mm：工序基准为工件外圆下母线，定位基准为工件内孔中心线，基准不重合，工序尺寸为外圆半径。

$$\Delta_{jb_2}=0.037 \text{ mm}$$

2）本夹具 Δ_{db} 计算

工件以内孔在心轴上任意边接触定位，在任何方向上均有：

$$\Delta_{db}=\pm 1/2\ (\Delta_D+\Delta_d+\Delta_{min})$$

所以，对对称度 0.2 mm、尺寸 $70_{-0.3}^{\ 0}$ mm 均有：

$$\Delta_{db_1}=\Delta_{db_2}=0.021+0.013+0.007=0.041\ （mm）$$

3）本夹具 Δ_{dw} 计算

（1）对对称度 0.2 mm：

$$\Delta_{dw_1}=\Delta_{jb_1}+\Delta_{db_1}=0.041<0.2/3$$

满足加工要求。

（2）对尺寸 $70_{-0.3}^{\ 0}$ mm：

$$\Delta_{dw_2}=\Delta_{jb_2}+\Delta_{db_2}=0.037+0.041=0.078<0.3/3$$

满足加工要求。

（3）结论：本夹具定位方案设计可行。

3. 本夹具夹紧方案设计

根据工序图给定的夹紧力作用点和方向，由于工件加工槽尺寸较小，又在卧式铣床上加工，切削力主要传递给了夹具体，故需夹紧力不大。根据工厂经验类比，选 M10 的螺栓螺母夹紧装置，如图 3-59 所示；开口垫圈外径为 ϕ50 mm，不会与刀具发生碰撞。

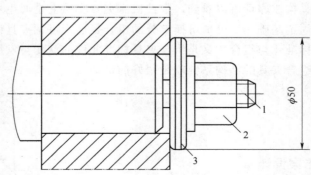

图 3-59　夹紧装置设计

1—螺栓；2—螺母；3—开口垫圈

任务考核

任务考核评分标准见表 3-5 和表 3-6。

表 3-5　评分标准（一）

序号	考核评价项目		考核内容	学生自检	小组互检	教师终检	配分	成绩
1	过程考核	素养目标	爱党爱国，爱岗敬业；团队协作，开拓创新；热爱劳动，服务国防				20	
2		知识目标	掌握理限分析、定位元件设计、定位误差分析计算、定位方案优化总结				35	
3		能力目标	能就本案例进行理限分析、定位元件设计、定位误差分析计算、定位方案优化总结				30	
4	常规考核		作业				5	
5			回答问题				5	
6			其他				5	

表 3-6　评分标准（二）

序号	考核评价项目		考核内容	学生自检	小组互检	教师终检	配分	成绩
1	过程考核	素养目标	爱党爱国，爱岗敬业；团队协作，开拓创新；热爱劳动，服务国防				20	
2		知识目标	掌握夹紧力相关的设计准则，了解常见的夹紧装置及元件设计				35	
3		能力目标	能利用夹紧力相关的设计准则进行夹紧方案设计，会进行夹紧装置及元件设计，能进行夹紧方案优化				30	
4	常规考核		作业				5	
5			回答问题				5	
6			其他				5	

加工工艺路线拟定

 **情景描述**

对零件进行加工工艺的安排，制定加工路线，制作加工工艺卡片。

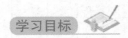 **学习目标**

（1）理解加工过程及工艺过程。
（2）能够分析来料零件图纸尺寸精度，并选择合理的加工方法。
（3）理解基准选用方法，能够计算加工余量，具备编制工艺卡片的能力。

 **任 务 书**

某设备上的轴类零件，甲方提供如下的零件图纸，需要按照要求完成此零件的加工。工艺室接到任务后，需要分析零件的尺寸精度及误差要求，依据零件的结构特点，选择合理的加工方法，制定加工工艺路线，完成此零件的工艺制定。

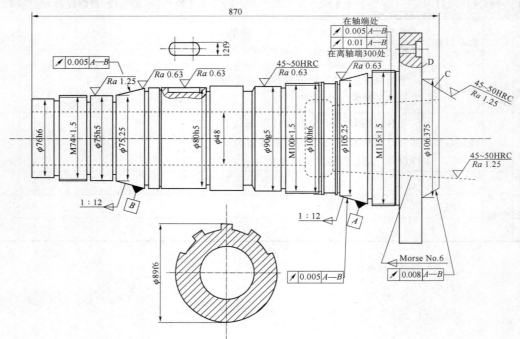

问题引导

（1）什么是机械加工过程？

（2）机械加工工艺过程是指什么？

（3）工艺过程加工方法选择的依据是什么？

（4）加工余量是如何计算的？

相关知识

1. 学习指南

- 了解生产过程、工序、工步、安装和工艺基准等概念；
- 了解生产纲领的概念及对工艺过程设计的影响；
- 掌握简单机械零件加工方法的合理选择及工艺路线的制定；
- 掌握工序余量、工序尺寸计算及提高劳动生产率的基本方法；
- 了解典型轴类、套类、齿轮类零件的结构特点、加工方法和工艺特点；
- 了解保证装配精度的方法及工艺规程的制定方法。

2. 本章重点

- 简单机械零件机械加工工艺路线的制定；
- 机械加工工序设计。

3. 本章难点

- 机械加工工艺基准的概念及基准的选择；
- 机械加工工艺路线的拟定及工序尺寸的确定。

4.1　基本概念

4.1.1　生产过程和工艺过程

1. 生产过程

生产过程是指将原材料转变为成品的全过程。对机械制造而言，生产过程包括：

（1）原材料、半成品及成品（产品）的运输和保管。

（2）生产和技术准备工作。如产品的开发和设计、工艺设计、专用工艺装备的设计和制造、各种生产资料的准备以及生产组织规划。

（3）毛坯制造。如铸造、锻造、冲压和焊接等。

（4）零件的机械加工、热处理和其他表面处理等。

（5）部件和产品的装配、调整、检验、试验、油漆和包装等。

现代机械制造全过程则还应包括新产品开发的市场调研、产品销售、售后服务、维修、产品报废回收等过程。

现代机械工业的发展趋势是组织专业化生产，即一种产品的生产是分散在若干个专业化工厂进行的，最后集中由一个工厂制成完整的机械产品。例如，制造机床时，机床上的轴承、电机、电器、液压元件等许多零部件都是由专业厂生产的，最后再由机床厂完成关键零部件和配套件的生产，并装配成完整的机床。专业化生产有利于零部件的标准化、通用化和产品的系列化，从而能在保证质量的前提下提高劳动生产率和降低成本。

2. 工艺过程及组成

机械加工工艺过程是指主要用机械加工方法来改变毛坯的形状、尺寸、表面相互位置和表面质量，使其成为零件的过程。机械加工工艺过程有以下组成部分。

1）工序

一个（或一组）工人在一个工作地对一个（或同时对几个）工件所连续完成的那一部分工艺过程，称为工序。机械加工工艺过程是由若干工序组合而成的，不同的生产条件下的加工方法（工序）不同，仅列出主要工序名称及其加工顺序的简略工艺过程，即工艺路线。

2）工步

工步是指在加工表面和加工工具不变的情况下，所连续完成的那一部分工序。

用几把刀具同时加工几个表面，视为一个工步，称为复合工步。在同一工件上钻若干相同直径的孔，也视为一个工步。

3）走刀

在一个工步中，若被加工表面需切除的金属层很厚，需分几次切削，则每一次切削称为一次走刀。

4）安装

将工件正确地定位在机床上，并将其夹紧的过程称为安装。一道工序内可以包括一次或几次安装。

5）工位

工件在一次安装后，同夹具或设备的可动部分一起相对刀具或设备的固定部分所占据的每一个位置，即工位。

3. 工艺过程组成举例

图 4-1 所示为零件的机加工工艺，各工序、安装、工步内容分解如表 4-1 所示。

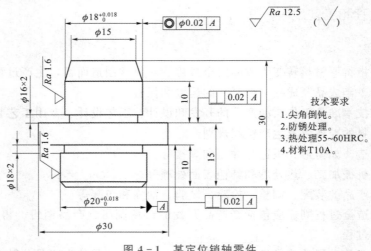

图 4-1 某定位销轴零件

表 4-1　定位销工序、安装、工步内容分解

工序号	工序名	安装	工步	工序内容
01	下料	01	01	棒料 ϕ35 mm×35 mm
02	粗车	01	01	车一端端面长 8 mm
			02	车一端外圆到 ϕ24 mm
			03	继续车一端外圆到 ϕ33 mm，长 9 mm
		02	01	掉头车另一端到 ϕ21 mm，保证长 32 mm
03	精车	01	01	夹 ϕ21 mm，车 ϕ24 mm 到零件尺寸长 10 mm
			02	车退刀槽 ϕ18 mm×2 mm
			03	车 ϕ33 mm 到图样尺寸
			04	钻中心孔
		02	01	掉头车另一端外圆到 ϕ18 mm
			02	车 ϕ30 mm，长 5 mm
			03	切端面保证总长 30 mm
			04	车锥度
			05	车退刀槽 ϕ16 mm×2 mm
			06	钻中心孔
04	磨	01	01	磨 $\phi20^{+0.018}_{0}$ mm
			02	磨 $\phi18^{+0.018}_{0}$ mm
			03	磨两端面

4.1.2　生产纲领和生产类型

1. 生产纲领

某种零件（包括备品和废品在内）的年生产量称为该零件的年生产纲领。生产纲领的大小对零件的加工过程和生产组织起着非常重要的作用。不同的生产纲领对设备的专业化程度、自动化程度、所采用的工艺方法、机床设备和工艺装备的要求也各不相同。

年生产纲领可按下式计算：

$$N=Qn\ (1+a)\ (1+b) \tag{4-1}$$

式中　N——零件的生产纲领（件/年）；

　　　Q——产品的年产量（台/年）；

　　　n——每台产品中该零件的数量（件/台）；

　　　a——备品百分率（%）；

　　　b——废品百分率（%）。

2. 生产类型

工厂根据产品大小、数量多少以及专业化程度差异的分类方式称为生产类型。机械加工的生产可分为三种类型：单件生产、大量生产和成批生产。生产纲领与生产类型的关系见表 4-2。

表 4-2　生产纲领与生产类型的关系

生产类型	零件年生产纲领/（件·年⁻¹）		
	重型零件	中型零件	小型零件
单件生产	<5	<10	<100
批量生产	5～300	10～500	100～5000
大量生产	>300	>500	>500

1）单件生产

单件生产的特点是产品品种多，每种产品仅制作一件或几件，且很少重复生产。通常新产品的试制及重型机械、大型船舶、量具、夹具、模具的制作也多属于单件或小批生产。其特点是：在单件生产中，一般多采用数控机床、普通机床和标准附件，极少采用专用夹具，靠划线及试切法保证尺寸精度。因此，其加工质量主要取决于操作者的技术熟练程度，这种生产效率较低。

2）大量生产

大量生产的基本特点是产品品种单一而固定，同一产品产量很大，大多数工作为长期进行一个零件某道工序的加工。例如汽车、拖拉机、轴承和自行车等的制造属于大量生产。其特点是：在大量生产中，广泛采用专用机床、刚性自动机床、自动生产线及专用工艺装备。由于工艺过程自动化程度高，因此对操作者的技术水平要求较低，但对于机床的调整，则要求工人的技术水平较高。

3）成批生产

成批生产是在一年中分批轮流地制造不同的产品，每种产品均有一定的数量，生产呈周期性重复。其每批生产相同零件的数量称为批量。按照批量的大小，成批生产又可分为小批生产、中批生产和大批生产。小批生产在工艺上接近单件生产，常称单件小批生产。中批生产的工艺特点介于单件生产和大量生产之间。大批生产在工艺上接近大量生产，常称大批大量生产。其特点是：在成批生产中，既采用数控机床、通用机床和标准附件，又采用高效率机床和专用工艺装备；在零件加工时，广泛采用调整法，部分采用划线法。因此，对操作者的技术水平要求比单件生产低。

3. 工艺特点

生产类型不同，产品制造的工艺方法、设备、工装组织管理形式均不同。各种生产类型的工艺特点见表4-3。

表4-3 不同生产类型的工艺特点

工艺过程特点	生产类型		
	单件生产	成批生产	大批量生产
工件的互换性	没有互换性	大部分有互换性	全部有互换性
毛坯的制造方法及加工余量	木模铸造，自由锻。毛坯精度低，加工余量大	有金属模铸造和模锻。毛坯精度中等，加工余量中等	广泛用金属模铸造和模锻，毛坯精度高，加工余量小
机床设备	通用或数控机床、加工中心	通用或数控机床、加工中心，部分专用机床	专用生产线、自动生产线、柔性制造生产线
夹具	极少用专用夹具，靠划线和试切法达到精度要求	广泛采用夹具，部分靠加工中心一次安装	广泛采用夹具
刀具与量具	采用通用刀具和万能量具	可以采用专用刀具和专用量具	广泛采用专用刀具和专用量具
工人技术要求	熟练工人	有一定技术，会编程	操作工人技术一般，生产线维护技术高

4.2 机械加工工艺规程的制定

4.2.1 机械加工工艺规程

1. 机械加工工艺规程的概念

在不同生产条件下所制定的较合理的机械加工工艺过程的各项内容，按规定的形式书写成的工艺文件，称为机械加工工艺规程。

2. 工艺规程的作用

工艺规程是机械制造企业最主要的技术文件之一，它决定了整个工厂和车间各组成部分之间在生产上的内在联系，其具体作用如下：

（1）工艺规程是指导生产的主要依据，按照工艺规程进行生产，可以保证产品质量和提高生产效率。

（2）工艺规程是生产组织和管理工作的基本依据，可在产前根据工艺规程要求进行原材料和毛坯的供应；专用工艺装备的设计和制造；生产作业计划的编排；劳动力的组织以及生产成本的核算等。

（3）工艺规程是新建、扩建工厂、车间的基本资料，在新建或扩建工厂、车间时，根据工艺规程及其他有关资料来确定生产所需要的设备种类、规格和数量；计算车间所需面积和生产工人的工种、等级及数量；确定车间的平面布置和厂房基建的具体要求，从而提出筹建计划。

（4）工艺规程也是不断完善工艺过程的基本依据。

3. 工艺规程的类型和格式

工艺规程主要包括机械加工工艺过程卡片、机械加工工艺卡片和机械加工工序卡片。

（1）机械加工工艺过程卡片作为生产管理方面的文件，以工序为单位简要说明产品（或零部件）的加工过程，一般不用作直接指导工人操作。但在单件小批量生产中，常用这种卡片指导生产。机械加工工艺过程卡片格式见表4-4。

（2）机械加工工艺卡片是以工序为单位详细说明产品（或零部件）整个工艺过程的文件，内容包括：零件的材料、重量，毛坯的制造方法，工序内容，工艺参数，操作要求及采用的设备和工艺装备等。它是用来指导工人生产和帮助车间管理人员、技术人员掌握整个零件加工过程的一种主要技术文件，广泛用于成批生产的零件和小批生产中的主要零件。

（3）机械加工工序卡片是在工艺过程卡片或工艺卡片的基础上，按每道工序所编制的一种工艺文件。一般具有工序简图，并详细说明该工序每个工步的加工内容、工艺参数、操作要求以及所用设备和工艺装备等。它是直接指导工人生产的一种工艺文件，多用于大批、大量生产的零件和成批生产中的重要零件。机械加工工序卡片格式见表4-5。

表 4 – 4　机械加工工艺过程卡

| 机械加工工艺过程卡片 | | 产品型号 | | 零件图号 | | | | | | 第　页 |
| | | 产品名称 | | 零件名称 | | | 共　页 | | | |

材料牌号		毛坯种类		毛坯外形尺寸			每毛坯件数		每台件数		备注	
工序号	工序名称	工序内容			车间	工段	设备	工艺装备		准终	单件	
										工时		

| 设计（日期） | 校对（日期） | 审核（日期） | 标准化（日期） | 会签（日期） |

| 标记 | 处数 | 更改文件号 | 签字 | 日期 | 标记 | 处数 | 更改文件号 | 签字 | 日期 |

表4-5　机械加工工序卡片

机械加工工序卡片		产品型号		零件图号			第　页
		产品名称		零件名称	轴	共　页	
车间		工序号		工序名称	铣	材料牌号	
毛坯种类	棒料	毛坯外形尺寸		每毛坯可制件数		每台件数	
设备名称		设备型号		设备编号		同时加工件数	
夹具编号		夹具名称	专用夹具			切削液	
工位器具编号		工位器具名称				工序工时（分）	准终　单件

工步号	工步内容	工艺装备	主轴转速 /(r·min⁻¹)	切削速度 /(m·min⁻¹)	进给量 /(mm·r⁻¹)	切削深度 /mm	进给次数	工步工时 机动	辅助

	设计（日期）	校对（日期）	审核（日期）	标准化（日期）	会签（日期）

4.2.2 机械加工工艺规程的制定

1. 制定机械加工工艺规程的基本要求

（1）工艺方面：工艺规程应全面、可靠和稳定地保证达到设计上所要求的尺寸精度、形状精度、位置精度、表面质量和其他技术要求。

（2）经济方面：工艺规程要在保证产品质量和完成生产任务的条件下，使生产成本最低。

（3）技术方面：工艺规程应在充分利用本企业现有生产条件的基础上，尽可能采用国内外先进工艺技术和经验，并保证良好的劳动条件。

（4）生产率方面：工艺规程要在保证技术要求的前提下，以较少的工时来完成加工制造。

（5）完整性方面：从备料、加工到装配、检验、入库，工艺文件应细致全面。

2. 制定机械加工工艺规程的原始资料

（1）产品整套装配图和零件图。

（2）产品质量验收标准。

（3）产品的生产纲领和生产类型。

（4）现有生产条件，包括毛坯的生产条件、加工设备和工艺装备的规格及性能、工人的技术水平以及专用设备及工艺装备的制造能力。

（5）国内、外同类产品的有关工艺资料及必要的标准手册。

3. 制定机械加工工艺规程的步骤

（1）分析零件图和产品装配图。

（2）确定毛坯类型和制造方法。

（3）选定基准，拟定工艺路线。

（4）确定各工序的加工余量，计算工序尺寸及公差。

（5）确定各工序的设备、刀具、夹具、量具以及辅助工具。

（6）确定切削用量和工时定额。

（7）确定各主要工序的技术要求及检验方法。

（8）填写工艺文件。

4.2.3 工艺文件常用定位夹紧符号

工艺文件常用定位夹紧符号见表 4-6。

表 4-6 工艺文件常用定位夹紧符号

分类	标注位置	独立		联动	
		标注在视图轮廓上	标注在视图正面	标注在视图轮廓上	标注在视图正面
定位点	固定式	∧2	◇3	⋀⋀	◇◇
	活动式	⋀	◇	⋀⋀	◇◇

续表

标注位置 分类	独立		联动	
	标注在视图轮廓上	标注在视图正面	标注在视图轮廓上	标注在视图正面
机械夹固				
液压夹固	Y	Y	Y	Y
气动夹固	Q	Q	Q	Q
电磁夹固	D	D	D	D

4.3　零件图分析及毛坯选择

4.3.1　零件的工艺性分析

1. 分析研究部件装配图、审查零件图

通过分析产品的装配图和零件图，可熟悉产品的用途、性能、工作状态，明确被加工零件在产品中的功用要求，进而审查设计图样是否完整和正确。了解了被加工零件的功用，就加深了对各项技术要求的理解，这样，在制定工艺规程时就能抓住应解决的主要矛盾，为合理地制定工艺规程奠定基础。

2. 分析零件的结构工艺性

结构工艺性是指在不同生产类型和具体生产条件下，毛坯制造、零件加工、产品装配和维修的可行性与经济性。

在保证使用要求的前提下，结构工艺性的好坏直接影响到生产效率、劳动强度、材料消耗、生产成本以及质量的获得，这就要求在进行产品和零件设计时，一定要保证合理的结构工艺性。

（1）产品的结构工艺性包括以下几个方面内容：

① 组成产品的零件总数的多少；

② 组成产品的零件的平均精度的高低；

③ 材料种类的多少及需求量；

④ 制造方法的多少及在加工中所占的比例；

⑤ 产品装配的复杂程度及可拆装性；

⑥ 产品的维修及调试性能。

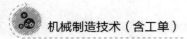

（2）零件的结构工艺性包括以下几个方面内容：

① 有明显的设计及定位基准；

② 加工工具进出方便，内表面加工较少；

③ 重量轻，加工面积少；

④ 形状简单，易装夹，进给调刀次数少；

⑤ 尺寸标准化、规格化，易对刀；

⑥ 易实现基准重合原则；

⑦ 按尺寸链最短原则标注零件尺寸。

表 4 - 7 所示为常见零件的机械加工结构工艺性对比实例。

表 4 - 7　常见零件的机械加工结构工艺性对比实例

序号	不好的结构	改后结构	说明
1			退刀槽尺寸相同，以减少刀具种类及换刀时间
2			三个凸台高度相同，便于一次加工
3			加工量减少，接触良好，定位好
4			键槽位置便于一次加工，生产率高
5			销孔长，铰孔量太大，螺钉太长
6			避免用端铣刀加工封闭槽

序号	不好的结构	改后结构	说明
7			沟槽表面不要和其他表面重合

4.3.2 毛坯的确定

1. 毛坯的种类

（1）铸件：铸件毛坯的制造方法可分为砂型铸造、金属型铸造、精密铸造、压力铸造等，适用于各种形状复杂的零件。

（2）锻件：锻件可分为自由锻造锻件和模锻件。自由锻造锻件的加工余量大，锻件精度低，生产率不高，适用于单件和小批量生产，以及大型锻件的生产；模锻件的加工余量较小，锻件精度高，生产率高，适用于产量较大的中小型锻件。

（3）型材：型材有热轧和冷拉两种。热轧型材尺寸较大，精度较低，多用于一般零件的毛坯；冷拉型材尺寸小，精度较高，多用于制造毛坯精度要求较高的中小型零件，适用于自动机加工。

（4）焊接件：对于大型零件，焊接件简单方便，但焊接的零件变形较大，需要经过时效处理后才能进行机械加工。

2. 毛坯的选择

选择毛坯要综合考虑以下几个方面的问题：

（1）考虑零件材料的工艺性及对材料组织和力学性能的要求。例如，当材料具有良好的铸造性（如铸铁、铸青铜、铸铝等）时，应采用铸件作毛坯。尺寸较大的钢件，当要求组织均匀、晶粒细小时，应采用锻件作毛坯；对尺寸较小的零件，一般可直接采用各种型材和棒料作毛坯。

（2）考虑零件的结构形状和尺寸。例如，对阶梯轴，如果各台阶直径相差不大，则可直接采用棒料作毛坯，使毛坯准备工作简化。当阶梯轴各台阶直径相差较大时，宜采用锻件作毛坯，以节省材料和减少机械加工的工作量。对于大型零件，目前大多选择自由锻造和砂型铸造的毛坯；而中小型零件，根据不同情况则可选择模锻、精锻、熔模铸造、压力铸造等先进毛坯制造方法。

（3）考虑生产类型。大批、大量生产时，宜采用精度和生产率均比较高的毛坯制造工艺，如模锻、压铸等。虽然用于毛坯制造的设备和工艺装备费用较高，但可以由降低材料消耗和减少机械加工费用予以补偿。单件小批生产，可采用精度低的毛坯，如自由锻件和手工造型铸造的毛坯。

（4）考虑现有生产条件。选择毛坯应考虑毛坯制造车间的工艺水平及设备和技术状况，同时应考虑采用先进工艺制造毛坯的可行性和经济性。

（5）考虑专业化生产厂家生产。

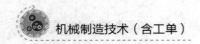

3. 毛坯形状与尺寸的确定

由于毛坯制造技术的限制，零件被加工表面的技术要求还不能从毛坯制造直接得到，所以毛坯上某些表面需要留有一定的加工余量，通过机械加工达到零件的质量要求。毛坯尺寸与零件的设计尺寸之差称为毛坯余量或总加工余量。毛坯尺寸的制造公差称为毛坯公差。毛坯余量和公差的大小与毛坯制造方法有关，可根据有关手册或资料确定。

毛坯的形状尺寸不仅与毛坯余量大小有关，在某些情况下还受工艺需要的影响。因此在确定毛坯形状时要注意以下问题：

（1）附加工艺凸台：为满足工艺的需要而在工件上增设的凸台称为工艺凸台，工艺凸台在零件加工后若影响零件的外观和使用性能应予以切除。

（2）考虑一坯多件：为了毛坯制造方便和易于机械加工，可以将若干个零件制成一个毛坯，然后再切割成单个零件。

（3）考虑组合毛坯：某些形状比较特殊的零件，单独加工比较困难，为了保证这些零件的加工质量和加工方便，常将分离零件组合成为一个整体毛坯。

（4）考虑分解毛坯：某些大型零件毛坯制作有难度，可考虑分解制作再组合加工，也可保证分解运输。

4.4　定位基准的选择

4.4.1　基准的概念

基准是用来确定生产对象上几何要素（点、线、面）间的几何关系所依据的那些点、线、面。根据基准的作用不同，可分为设计基准和工艺基准。

4.4.2　基准的分类

1. 设计基准

在零件图上用以确定其他点、线、面位置的（点、线、面）基准称为设计基准。

如图 4-2 所示零件：

图 4-2（a）中 A 面的设计尺寸是 20，其设计基准是 B 面；反之，B 面的设计基准是 A 面。

图 4-2（b）中 $\phi30$ 圆柱的设计基准是 $\phi50$ 圆柱的轴心线，而 $\phi50$ 圆柱的设计基准则是其自身的轴心线。

图 4-2（c）中尺寸 45 是 C 面的设计尺寸，而其设计基准则是下表面 D。

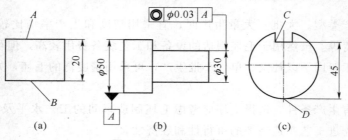

图 4-2　零件设计基准

2. 工艺基准

在工艺过程中采用的基准称为工艺基准。工艺基准按用途不同又分为工序基准、定位基准、测量基准和装配基准。

（1）工序基准：在工序图上用来确定本工序被加工表面加工后的尺寸、形状、位置的基准称为工序基准。

如图 4-3 所示，该零件 A 面的设计基准是轴心线 O—O，尺寸是 C，但是在加工过程中工序基准有如图 4-3（b）和图 4-3（c）所示的不同变化。

（2）定位基准：在加工中用作定位的基准称为定位基准。

如图 4-3（b）和图 4-3（c）所示，加工 A 面工序中，工件以大端外圆柱表面在 V 形块上定位，则大端轴心线为定位基准，大端外圆柱表面为定位基面。

（3）测量基准：测量时所采用的基准称为测量基准。

如图 4-3（d）所示，用极限量规测量零件大端侧平面位置尺寸 C，母线 a—a 为测量基准。图 4-3（e）所示为用卡尺测量，大圆柱面上距侧平面最远的圆柱母线为测量基准。

（4）装配基准：在装配中用来确定零件或部件在产品中的相对位置所采用的基准称为装配基准。装配基准通常是零件的主要设计基准。如图 4-2 所示，轴心线既是设计基准，又是装配基准。

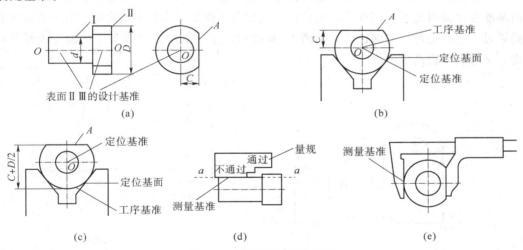

图 4-3　零件不同基准示例

（a）短阶梯轴 d、D 和 C 三尺寸的设计基准；（b）平面 A 的加工简图；（c）平面 A 的加工简图；
（d）平面 A 的检验图；（e）平面 A 的检验图

4.4.3　定位基准的选择

定位基准不仅影响工件的加工精度，而且对同一个被加工表面所选用的定位基准不同，其工艺路线也可能不同，所以选择工件的定位基准是十分重要的。机械加工的最初工序只能用工件毛坯上未经加工的表面作定位基准，这种定位基准称为粗基准，用已经加工过的表面作定位基准则称为精基准。在制定零件机械加工工艺规程时，总是先考虑选择怎样的精基准定位把工件加工出来，然后考虑选择什么样的粗基准定位，把用作精基准的表面加工出来。

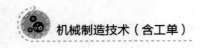
1. 精基准的选择

选择精基准一般应遵循以下原则：

（1）基准重合原则：选择被加工表面的设计基准为定位基准，以避免因基准不重合引起基准不重合误差，容易保证加工精度，如图4-4和图4-5所示。

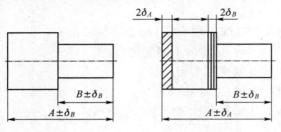

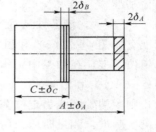

零件图设计基准与工艺基准
重合尺寸B误差$< \delta_B$

设计基准与工艺基准不重合
尺寸B误差$= \delta_B + \delta_A$

图4-4 基准重合与不重合对比

（2）基准统一原则：采用同一基准来尽可能多地加工工件的几个加工表面，不仅可以避免因基准变化而引起的定位误差，而且在一次装夹中能加工出较多的表面，而多数位置精度都是通过一次装夹加工来保证的，如图4-6所示。这样既便于保证各个被加工表面的位置精度，又有利于提高生产率。

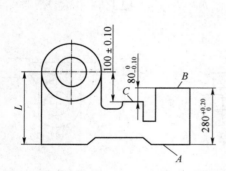

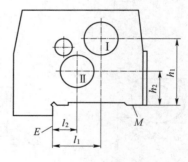

加工上表面及孔系

图4-5 设计基准与工艺基准不重合实例
L—工艺尺寸

图4-6 基准重合同时统一的
实例（加工上表面及孔系）

例如轴类零件大多数工序都可以采用两端中心孔定位，这样既可以保证各圆柱的同轴度及与端面的垂直度，且效率较高。

（3）自为基准原则：有些精加工或光整加工工序要求加工余量小而均匀，这时应尽可能用加工表面自身为精基准，而该表面与其他表面之间的位置精度应由先行工序予以保证。

例如，磨削车床床身导轨面时，为了使加工余量小而均匀以提高导轨面的加工质量和生产率，常以导轨面本身作为精基准，用安置在磨头上的百分表和床身下面的可调支承将床身找正。

（4）互为基准原则：当两个被加工表面之间位置精度较高，要求加工余量小而均匀时，多以两表面互为基准进行加工。

例如，加工精密齿轮时，用高频淬火把齿面淬硬后进行磨齿。因齿面淬硬层较薄，所以要求磨削余量小而均匀，磨削时先以齿面为基准磨内孔，然后再以内孔为基准磨齿面。

上述基准选择原则有其各自的适应场合，在实际应用时一定要从整个工艺路线进行统一考虑，使先行工序为后续工序创造条件，使每个工序都有合适的定位基准和夹紧方式。

2. 粗基准的选择

选择粗基准主要应考虑如何保证各加工表面都有足够的加工余量，不加工的表面其尺寸、位置应符合图纸要求，一般应注意以下几个问题：

（1）对于有不加工表面的工件，为保证不加工表面与加工表面之间的相对位置要求，一般应选择不加工表面为粗基准。

（2）如果零件上有几个不加工表面，则应以其中与加工表面相互位置精度较高的不加工表面作粗基准。

（3）对于工件上的重要表面，为保证其加工余量均匀，则应选择该重要表面为粗基准。

（4）对于工件上有多个重要加工面均要求保证余量均匀时，则应选择加工余量最小的表面为粗基准。

（5）粗基准应避免重复使用，在同一尺寸方向上通常只允许用一次。

（6）选作粗基准的表面应尽可能平整，不能有飞边、浇口、冒口或其他缺陷，保证工件定位稳定可靠、夹紧方便。

粗基准选择如图 4-7 所示。

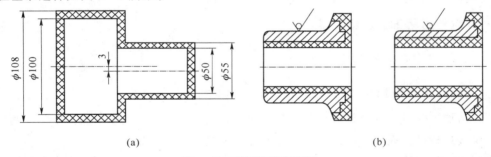

图 4-7　粗基准确定实例
（a）以加工余量小的面为粗基准的实例；（b）以不加工面为粗基准的实例

4.5　工艺路线的拟定

工艺路线的拟定包括以下内容：选择零件各个表面的加工方法、确定加工顺序、划分工序等；然后再根据工艺路线，选择各工序的工艺基准，确定工艺尺寸、所用设备、工艺装备、切削用量以及工时定额等。

工艺路线的拟定，一般应从工厂的实际情况出发充分考虑应用各种新工艺、新技术的可行性和经济性，多提几种方案，通过分析对比，以期实现高效、低耗、高质量、低成本的最佳的工艺方案。

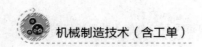

4.5.1 表面加工方法的选择原则

确定各个表面的加工方法是拟定工艺路线的首要问题。表面加工方法的选择应满足加工质量、生产率、经济性和可行性等方面的要求，从以下几个方面考虑。

1. 考虑被加工表面精度和表面质量要求

所选加工方法的经济加工精度（在正常的加工条件下所能保证的加工精度）应能保证零件图样所规定的精度和表面质量要求。例如，尺寸精度为 IT7、表面粗糙度 Ra 为 0.4 μm 的外圆柱面，用车削、磨削加工都能达到要求，但车削在经济上不及磨削合理，所以应该选用磨削加工方法作为达到该工件加工精度的最终加工方法。当有几种加工方法的经济加工精度都能满足被加工表面的精度和表面粗糙度要求时，则应从零件的结构形状、尺寸大小、材料、热处理等方面考虑，选择最合适的加工方法。

2. 考虑工件材料的切削特性及热处理特性

如经淬火后的钢及其合金材料零件，则多采用磨削及特种加工。

3. 考虑生产率和经济性要求

不同的生产类型，应选择不同的加工方法，如大批孔用拉削、箱类大平面用铣削，效率很高。

4. 考虑具体的生产条件

充分使用现有设备，不适宜投入太多的设备而增加负担。

5. 考虑利用新工艺、新技术

4.5.2 工艺阶段划分的原则

1. 工艺过程阶段划分

（1）粗加工阶段：主要任务是切除各个加工表面上的大部分加工余量，使毛坯的形状和尺寸尽量接近成品。因此，在此阶段主要考虑如何提高劳动生产率。

（2）半精加工阶段：为主要表面做好必要的精度和加工余量准备，并完成一些次要表面的加工。

（3）精加工阶段：保证各主要表面达到规定的质量要求。

（4）光整加工阶段：对于尺寸精度和表面粗糙度要求很高的表面，通常必须安排光整加工阶段，其主要目的是提高尺寸精度和降低表面的粗糙度值。

2. 划分加工阶段的主要原因有以下几点

（1）全方位保证加工质量：因为工件在粗加工时切除金属较多，切削变形、切削力和切削热都比较大，因而使工件产生较大的内应力和尺寸的不稳定性，所以粗加工阶段不可能达到高的加工精度和较小的表面粗糙度。加工过程划分阶段后，粗加工造成的误差可通过半精加工得以消除和纠正，并逐渐提高零件的加工精度和降低表面粗糙度，同时保证尺寸的稳定性，以期保证零件的加工质量要求。

（2）便于合理使用设备：粗加工阶段可采用功率大、刚度好、精度低、效率高的机床，以提高生产率。精加工阶段则可采用精度高的机床，以确保零件的精度要求。这样既充分发挥了各类机床的性能、特点，做到合理使用，也可延长高精度机床的使用寿命。

（3）便于车间生产管理：粗、精加工分开不在同一个区域，工件放置及运输方法不同，便于管理。

（4）便于热处理工序的安排：在不同的加工阶段穿插热处理，既可以充分发挥热处理的效果，也有利于切削加工和保证加工精度。对于精密零件，粗加工后再安排去除内应力的时效处理，可减少内应力变形对精加工的影响；半精加工后安排淬火处理，不仅能满足零件的性能要求，也使零件的粗加工和半精加工变得更加容易，零件因淬火引起的变形又可以通过精加工予以消除。

（5）便于及时发现毛坯缺陷和保护工件：粗、精加工分开后，毛坯的缺陷（如气孔、砂眼和加工余量不足等）在粗加工后即可及早发现，及时决定修补或报废，以免对报废的零件继续进行精加工而浪费工时和制造费用。精加工工序安排在后面，还可以防止损伤工件表面。

需要说明的是，拟定工艺路线，划分加工阶段的原则不是绝对的，对一些毛坯质量高、加工余量小、加工精度要求较低而刚性又好的零件，可以不划分加工阶段。对于一些刚性好的重型零件，由于装夹吊运很费工时，故也可不划分加工阶段，在一次安装中完成表面的粗、精加工。有些定位基准面在半精加工阶段甚至粗加工阶段就需要加工得很精确，而某些钻小孔的粗加工工序又常常安排在精加工阶段，也是很正常的。

4.5.3　工序的集中、分散原则

在每道工序中所安排的加工内容多，零件的切削加工集中在少数几道工序内完成，工艺路线短、工序少，称为工序集中。在每道工序中所安排的加工内容少，零件的切削加工分散在很多道工序内完成，工艺路线长、工序多，称为工序分散。

1. 工序集中的特点

（1）可以加工多个表面，能较好地保证各表面之间的相互位置，可以减少安装工件的次数和辅助时间，减少工件在机床之间的搬运次数。

（2）可以减少机床数量，并相应地减少操作工人，节省车间生产面积，简化生产计划和生产组织工作。

2. 工序分散的特点

（1）机床设备及工艺装备比较简单，调整方便，生产工人易于掌握。

（2）可以采用最合理的切削用量，减少机动时间。

（3）设备数量多，操作工人多，生产面积大。

通常单件小批生产多为工序集中，大批量生产则工序集中和分散二者兼有，需根据具体情况而定。

4.5.4　加工顺序的安排原则

1. 机加工工序的安排

（1）先主后次原则。首先考虑主要表面的加工顺序，次要表面可适当穿 　加工工序安排
插在主要表面加工工序之间。

（2）先粗后精原则。先安排各表面的粗加工，中间安排半精加工，最后安排主要表面的精加工和光整加工。次要表面的精度要求不高，一般在粗、半精加工阶段即可完成，对于那些同主要表面相对位置关系密切的表面，通常多放在主要表面精加工之后加工。

（3）先基后面原则。先加工基准表面，后加工其他表面。在零件加工的各阶段，应先把基准面加工出来，以便于定位安装。

（4）先面后孔原则。先加工平面，后加工内孔。对于箱体零件，一般总是先加工出平面作精基准，然后加工内孔。

2. 热处理工序的安排

（1）粗加工前后进行退火、正火、调质等，以改善材料切削加工性。

（2）半精加工之后，精加工、光整加工之前进行淬火、渗碳淬火等，以提高材料硬度，改善磨削特性。

（3）粗加工前后、精加工之前进行时效处理，减少工件内应力。对于高精度的零件，在加工过程中常进行多次时效处理。

3. 辅助工序的安排

辅助工序主要包括检验、去毛刺、清洗、涂防锈油等，其中检验工序是主要的辅助工序，应安排在：

（1）粗加工或半精加工结束之后。

（2）重要工序加工前后。

（3）零件送外车间（如热处理）加工之前。

（4）零件全部加工结束之后。

4.6　加工余量与工序尺寸

4.6.1　加工余量与工序尺寸概念

1. 加工余量

（1）概念：在用材料去除法制造零件时，是通过从毛坯上切除一层层材料之后，得到符合图样规定的零件的，而毛坯上留作加工用的材料层称为加工余量。加工余量又有总余量和工序余量之分。

（2）总余量与工序余量：如图 4 - 8 所示，某一表面从毛坯到最后成品切除掉的总金属层厚度，即毛坯尺寸与零件设计尺寸之差称为总余量，以 Z_n 表示。该表面每道工序切除掉的金属层厚度，即相邻两工序尺寸之差称为工序余量，以 Z_i 表示。

$$Z_n = \sum Z_i \tag{4 - 2}$$

式中　n——某一表面所加工的工序数。

（3）单边余量和双边余量：对于非对称表面的工序尺寸之差通常是单边余量，如图 4 - 9（a）和图 4 - 9（b）所示。对于外圆与内孔这样的对称表面［见图 4 - 9（b）和图 4 - 9（c）］，其加工余量用双边余量 $2Z_b$ 表示，即

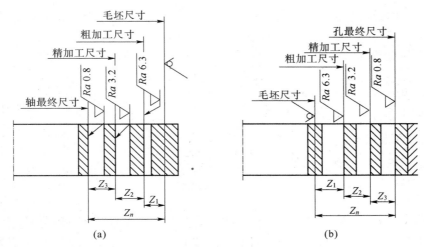

图 4-8 工序余量和毛坯余量

单边余量：
$$Z_b = a - b \qquad (4-3)$$
$$（或 Z_b = b - a）$$

式中 Z_b——本道工序的工序余量；

　　b——本道工序的基本尺寸；

　　a——上道工序的基本尺寸。

双边余量（对于外圆表面）：
$$2Z_b = d_a - d_b \qquad (4-4)$$

双边余量（对于内孔表面）：
$$2Z_b = d_b - d_a \qquad (4-5)$$

（4）公称余量（简称余量）Z_b、最大余量 Z_{max}、最小余量 Z_{min}。

如图 4-10 所示被包容面的加工情况，本工序加工的公称余量为
$$Z_b = a - b \qquad (4-6)$$

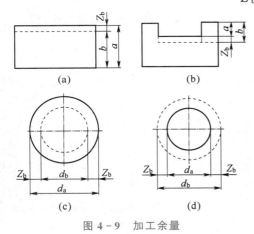

(a)　　　　　　　(b)

(c)　　　　　　　(d)

图 4-9 加工余量　　　图 4-10 工序尺寸及其公差与余量之间的关系

本工序加工的最大余量：
$$Z_{max} = a_{max} - b_{min} \qquad (4-7)$$

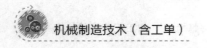

本工序加工的最小余量：

$$Z_{min} = a_{min} - b_{max} \qquad (4-8)$$

公称余量的变动范围：

$$T_z = Z_{max} - Z_{min} = T_b + T_a \qquad (4-9)$$

式中　T_b——本工序工序尺寸公差；

　　　T_a——上工序工序尺寸公差。

2. 工序尺寸及公差

（1）概念：该工序所保证的尺寸即工序尺寸。

（2）工序基本尺寸：

$$b = a - Z_b \qquad (4-10)$$

（3）工序尺寸标注：一般按"入体原则"标注，对被包容尺寸（轴径），上偏差为 0，最大尺寸就是基本尺寸；对包容尺寸（孔径、槽宽），下偏差为 0，最小尺寸就是基本尺寸。

4.6.2　余量、工序尺寸及其公差的确定

加工余量的影响
因素和确定方法

1. 加工余量的影响因素

影响加工余量的因素主要有以下四个方面：

（1）上道工序留下的表面粗糙度值 Rz：表面轮廓最大高度和表面缺陷层深度 H 必须全部切去，因此本工序加工余量必须包括 H 和 Rz 这两项因素。

（2）上工序的尺寸公差 T_a：由于上道工序加工表面存在尺寸误差，为了使本工序能全部切除上工序留下的表面粗糙度和表面缺陷层，本工序加工余量必须包含上道工序的尺寸公差 T_a。

（3）上工序留下的空间误差 e_a：空间误差指各种位置误差，有的可能是由上道工序加工方法带来的，有的可能是热处理后产生的，也有可能是毛坯带来的，虽然经前面工序加工，但仍未完全纠正。在确定加工余量时，必须考虑它们的影响。

（4）本工序的装夹误差 ε_b：如果本工序存在装夹误差（包括定位误差、夹紧误差），则在确定本工序加工余量时还应考虑 ε_b 的影响。

由于空间误差和装夹误差都是有方向的，所以要用矢量相加取矢量和的模进行余量计算。

综上分析可知，工序余量的最小值可用以下公式计算：

对于单边余量：

$$Z_{min} = T_a + Rz + H + |e_a + \varepsilon_b| \qquad (4-11)$$

对于双边余量：

$$Z_{min} = T_a/2 + Rz + H + |e_a + \varepsilon_b| \qquad (4-12)$$

2. 加工余量的确定

（1）计算法：在掌握影响加工余量各种因素具体数据的条件下，用计算法确定加工余量是比较科学的。目前应用较少。

（2）经验估计法：加工余量由一些有经验的工程技术人员或工人根据经验确定。此法常用于单件小批生产。

（3）查表法：此法以工厂生产实践和实验研究积累的经验为基础，制成各种表格数据，再结合实际加工情况加以修正。用查表法确定加工余量，方法简便，比较接近实际，生产上广泛应用。

3. 工序尺寸及其公差的确定

计算工序尺寸是工艺规程制定的主要工作之一，通常有以下几种情况：

（1）工艺基准与设计基准重合时的情况：对于加工过程中基准面没有变换（工艺基准与设计基准重合）的情况，工序尺寸的确定比较简单。在决定了各工序余量和工序所能达到的经济精度之后，就可以由最后一道工序开始往前推算。

确定工序尺寸
及公差

如某孔类零件的加工方案为粗镗—半精镗—精镗—铰孔，设计要求为从机械加工手册所查得的各工序的加工余量和所能达到的经济精度，见表 4-8 中第二、三列，各工序尺寸及偏差的计算结果列于表 4-8 中第四、五列。其中关于毛坯的公差可根据毛坯的类型、结构特点、制造方法和生产厂的具体条件，参照有关毛坯的手册资料确定。

表 4-8　工序尺寸及公差的计算　　　　　　　　　　　　　　mm

工序名称	工序余量	工序经济加工精度	工序基本尺寸	工序尺寸
浮动镗	0.1	H7（$+^{0.035}_{0}$）	100	$100^{+0.035}_{0}$
精镗	0.5	H9（$+^{0.087}_{0}$）	$100-0.1=99.9$	$99.9^{+0.087}_{0}$
半精镗	2.4	H11（$+^{0.022}_{0}$）	$99.9-0.5=99.4$	$99.4^{+0.022}_{0}$
粗镗	5	H13（$+^{0.054}_{0}$）	$99.4-2.4=97$	$97^{+0.054}_{0}$
毛坯	8	±1.2	$100-8=92$	$92±1.2$

（2）工艺基准与设计基准不重合时的情况：在复杂零件的加工过程中，常常出现定位基准和设计基准、测量基准不重合或加工过程中需要多次转换工艺基准的情况，此时工序尺寸的计算就复杂多了，不能用上面所述的反推计算法，而是需要借助尺寸链分析和计算，并对工序余量进行验算，以校核工序尺寸及其上下偏差。

4.7　典型零件加工工艺分析

4.7.1　轴类零件加工

1. 概述

1）轴类零件的功能和结构特点

轴类零件是机器中常见的典型零件之一，主要用来支承传动零件（齿轮带轮离合器等）和传递扭矩。常见轴的种类如图 4-11 所示。

一般来说轴类零件是回转体零件，其长度大于直径。轴类零件的主要加工表面是内外旋转表面，次要表面有键槽、花键、螺纹和横向孔等。轴类零件按结构形状可分为光轴、阶梯轴、空心轴和异形轴（如曲轴、凸轮轴、偏心轴等）；按长径比（L, d）又可分为刚性轴（$Z/d \leqslant 12$）和挠性轴（$L/d > 12$）。

2）轴类零件的技术要求

（1）尺寸精度：尺寸精度包括直径尺寸精度和长度尺寸精度。精密轴颈为 IT5 级，重要轴颈为 IT6～IT7 级，一般轴颈为 IT8～IT9 级。对于同一个轴来说，支承轴颈与轴承结合，其尺寸精度要求比较高，安装传动件的轴颈及轴向尺寸精度一般要求较低。

（2）位置精度：相互位置精度，主要指装配传动件的轴颈相对于支承轴颈的同轴度及端

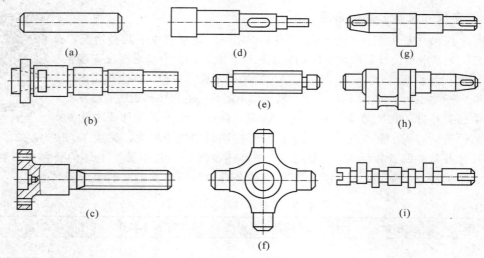

图 4 - 11　轴的种类

面对轴心线的垂直度等，通常用径向圆跳动来标注（便于测量）。普通精度轴的径向圆跳动为 0.01～0.03 mm，高精度的轴径向圆跳动通常为 0.006～0.01 mm。

（3）形状精度：几何形状精度主要指轴颈的圆度、圆柱度，一般应符合包容原则（即形状误差包容在直径公差范围内）。当几何形状精度要求较高时，零件图上应单独标注出规定允许的偏差。

（4）表面粗糙度：轴类零件的表面粗糙度和尺寸精度应与表面工作要求相适应。通常支承轴颈的表面粗糙度值 Ra 为 0.8～0.16 μm，配合轴颈的表面粗糙度值 Ra 为 0.63～3.2 μm。

3）轴类零件的材料与热处理

轴类零件应根据不同的工作情况，选择不同的材料和热处理方法。一般轴类零件用中碳钢，如 45 钢，经正火、调质及部分表面淬火等热处理，得到所要求的强度、韧性和硬度；对中等精度而转速较高的轴类零件，一般选用合金钢（如 40Cr 等），经过调质和表面淬火处理，使其具有较高的综合力学性能；对在高转速、重载荷等条件下工作的轴类零件，可选用 20CrMnTi、20Mn2B、20Cr 等低碳合金钢，经渗碳淬火处理后，具有很高的表面硬度，心部则获得较高的强度和韧性；对高精度和高转速的轴，可选用 38CrMoAl 钢，其热处理变形较小，经调质和表面渗氮处理，达到很高的心部强度和表面硬度，从而获得优良的耐磨性和耐疲劳性。

4）轴类零件的毛坯

轴类零件的毛坯常采用棒料、锻件和铸件等毛坯形式。一般光轴或外圆直径相差不大的阶梯轴采用棒料；对外圆直径相差较大或较重要的轴常采用锻件；对某些大型的或结构复杂的轴（如曲轴）可采用铸件。

2. CA6140 车床主轴加工工艺

1）CA6140 车床主轴的工艺性分析

图 4 - 12 所示为 CA6140 车床的主轴零件图。

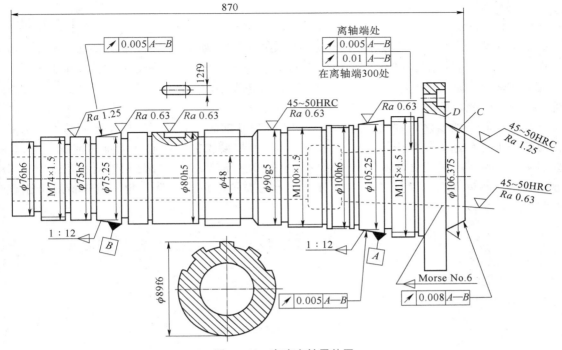

图 4 - 12　车床主轴零件图

（1）结构工艺性分析。

车床主轴结构比较复杂，有外圆外锥、内孔内锥、端面台阶及螺纹花键等结构。

主轴的支承轴颈是主轴的装配基准，它的制造精度直接影响主轴的回转精度，主轴其他各重要表面均以支承轴颈为设计基准，有严格的位置要求。支承轴颈为了使轴承内圈能胀大以便调整轴承间隙，故采用锥面结构。轴承内圈是薄壁零件，装配时轴颈上的形状误差会反映到内圈的滚道上，影响主轴的回转精度，故轴颈形状精度要求比较高。从使用情况来看，主轴不仅要传递运动，同时还要传递一定的扭矩，故在保证其形状尺寸的同时还要保证其一定的物理机械特性。

（2）主轴工作表面的技术要求。

尺寸精度：A、B 轴颈是该零件的安装基准，有非常高的要求，由于采用了特殊的结构形式，故将这一尺寸精度转化为形状精度。其他各安装轴颈的尺寸精度均在 IT5～IT6 级。如 $\phi 76h6$、$\phi 75h5$、$\phi 80h5$、$\phi 90g5$、$\phi 100h6$。

形状精度：A、B 轴颈的形状精度在位置精度 0.005 mm 以内；车床主轴锥孔是用来安装顶尖或刀具锥柄的，前端圆锥面和端面是安装卡盘或花盘的。这些安装夹具或刀具的定心表面均是主轴的工作表面，其形状精度也应控制在位置精度 0.005～0.008 mm 以内。

位置精度：定心表面相对于支承轴颈 A、B 轴心线的同轴度；定位端面 D 相对于支承轴颈 A、B 轴心线的跳动等。其误差会造成夹具、工件、刀具的安装误差，从而影响工件的加工精度，故对于定性轴线的位置精度均在 0.005 mm 以内。

表面粗糙度：A、B 轴领支承表面安装表面的粗糙度为 0.63 μm，其他表面为 1.25 μm。

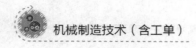
2）定位基准的选择

（1）精基准的选择（特别注意，通常应该先选择精基准，然后再选择粗基准）：轴类零件的定位基准，最常用的是两中心孔（对高精度的轴更应如此）。它是辅助基准，工作时没有作用。采用两中心孔作为统一的定位基准加工各外圆表面，不但能在一次装夹中加工出多处外圆和端面，而且可确保各外圆轴线间的同轴度以及端面与轴线的垂直度要求，符合基准统一原则。因此，只要有可能，就应尽量采用中心孔定位。

对于空心主轴零件，在加工过程中，作为定位基准的中心孔因钻出通孔而消失，为了在通孔加工之后还能使用中心孔作定位基准，一般都采用带有中心孔的锥堵或锥套心轴，如图 4-13 所示。采用锥堵应注意锥堵应具有较高的精度，同时在使用锥堵过程中应尽量减少锥堵的装拆次数，因为工件锥孔与锥堵上的锥角不可能完全一致，重新拆装会引起安装误差，所以对中小批生产来说，锥堵安装后一般中途不更换。

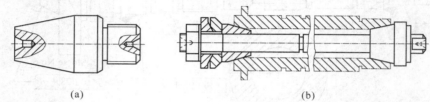

(a)   (b)

图 4-13   锥堵与锥套心轴

为了保证锥孔轴线和支承轴颈（装配基准）轴线同轴，磨主轴锥孔时（锥堵已去掉），选择主轴的装配基准即前后支承轴颈作为定位基准（辅助精基准，与第一精基准互为基准），这样符合基准重合及互为基准的原则，使锥孔的径向圆跳动易于控制。而在外圆表面粗加工时，为了提高零件的装夹刚度，采用一夹一顶方式，即主轴的一头外圆用卡盘夹紧，另一头使用尾座顶尖顶住中心孔。用外圆作为中间过渡基准，也是互为基准，不影响精加工阶段精基准的使用和加工精度的保证，属于基准的合理转换。

（2）粗基准的选择：应当强调，粗基准通常先用，但是后选择，可以说粗基准主要是为加工精基准而确立的，因此，只有当精基准确定之后才可合理地确定粗基准。从表 5-1 所示主轴加工工艺过程来看，其定位基准的选择与使用大体如下：

① 以外圆为粗基准铣端面、钻中心孔（精基准），为粗车外圆准备好定位基准；

② 采用中心孔作为统一基准，车大端各部外圆（辅助精基准），为深孔加工准备好定位基准；

③ 用已车过的一端外圆和另一端中心孔作为定位基准（一夹一顶方式），车小端各部；

④ 钻深孔，采用前后两挡外圆作为定位基准（一夹一托方式）；均采用两中心孔作为定位基准，精车和磨削各挡外圆；

⑤ 终磨锥孔之前，必须磨好轴颈表面（辅助精基准），以便使用支承轴颈作为定位基准，使主轴装配基准与加工基准一致，消除基准不重合引起的定位误差，获得锥孔加工的精度。

3）加工方法确定

该零件属轴类零件，伴有端面孔、花键、螺纹且精度较高，故确定的加工方法有车、铣、钻、磨。

4）加工顺序的安排

轴类零件各表面的加工顺序通常受定位基准转换的影响，即先行工序也往往是为后续工序准备定位基准。粗、精基准选定后，加工顺序也就大致排定，所以我们必须强调基准选择的重要性。

由表4-9可见，主轴的工艺路线安排大体如下：

毛坯制造—正火—粗车端面钻中心孔—粗车各外圆—调质—半精车各表面及各次要表面—表面淬火—粗、精磨外圆—粗、精磨圆锥面—磨锥孔。

在加工顺序安排时，通常还应注意以下几个问题：

（1）轴类零件最好始终以顶尖孔为定位基准。

（2）主轴零件加工要考虑主轴本身的刚度及变形问题，先加工大直径后加工小直径。深孔加工是粗加工，要切除大量金属，加工过程中会引起主轴变形，所以最好在粗车外圆之后就把深孔加工出来，如此则必须用到锥堵作中心孔。

（3）花键和键槽加工应安排在精车之后、粗磨之前。如在精车之前就铣出键槽，将会造成断续车削，既影响质量又易损坏刀具，而且也难以控制键槽的尺寸精度。但这些表面也不宜安排在主要表面最终加工工序之后进行，以防在反复运输中碰伤主要表面。

（4）因主轴的螺纹对支承轴颈有一定的同轴度要求，故放在淬火之后的精加工阶段进行，以免受半精加工所产生的应力以及热处理变形的影响。

（5）有位置精度要求的表面最好在基准重合的情况下一次性加工。

5）加工阶段划分

对较复杂结构零件通常应考虑划分加工阶段。由于主轴是多阶梯带通孔的零件，切除大量金属后会产生残余应力，因此在安排工序时应将粗、精加工分开，主要表面的精加工放在最后进行。对主轴加工阶段的划分大体如下：

（1）荒加工阶段为准备毛坯；

（2）正火后，粗加工阶段为车端面和钻中心孔、粗车外圆；

（3）调质处理后，半精加工阶段是半精车外圆、端面和锥孔；

（4）表面淬火后，精加工阶段是主要表面的精加工，包括粗、精磨各级外圆，精磨支承轴颈、锥孔。

各阶段的划分大致以热处理为界。整个主轴加工的工艺过程就是以主要表面（特别是支承轴颈）的粗加工、半精加工和精加工为主线，穿插其他表面的加工工序。

6）主轴毛坯的确定

主轴毛坯选为精锻。由于通常轴类零件毛坯形式有棒料和锻件两种，前者适于单件小批量生产，尤其适用于光滑轴和外圆直径相差不大的阶梯轴；对于直径较大的阶梯轴则往往采用锻件，锻件还可获得较高的抗拉、抗弯和抗扭强度。单件小批量生产一般采用自由锻，批量生产则采用模锻件，大批量生产时若采用带有贯穿孔的无缝钢管毛坯，则能大大节省材料和机械加工量。

7）主轴的热处理

（1）毛坯热处理：采用正火。

（2）预备热处理：在粗加工之后、半精加工之前，安排调质处理，目的是获得均匀、细密的回火索氏体组织，提高其综合力学性能，同时，细密的索氏体金相组织有利于零件在精加工后获得光洁的表面。

（3）最终热处理：主轴的某些重要表面需经高频淬火。最终热处理一般安排在半精加工之后、精加工之前，局部淬火产生的变形在最终精加工时得以纠正。

（4）精密主轴在淬火回火后还要进行定性处理。定性处理的目的是消除加工的内应力，提高主轴的尺寸稳定性，使它能长期保持精度。

3. CA6140 车床主轴加工工艺流程制定

CA6140 车床主轴加工工艺流程见表 4 - 9。

表 4 - 9　CA6140 车床主轴加工工艺流程

序号	工序名称	工序简图	设备
05	备料		
10	模锻		
15	热处理	正火	
20	铣端面，钻中心孔		中心孔机床
25	粗车外圆		卧式车床
30	热处理	调质 220～240HBS	
35	车大端各外圆	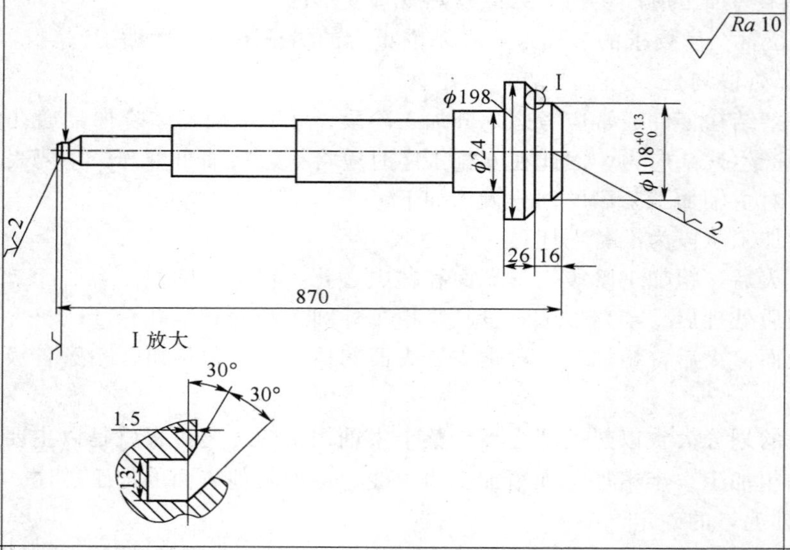	卧式车床
40	仿形车小端各部	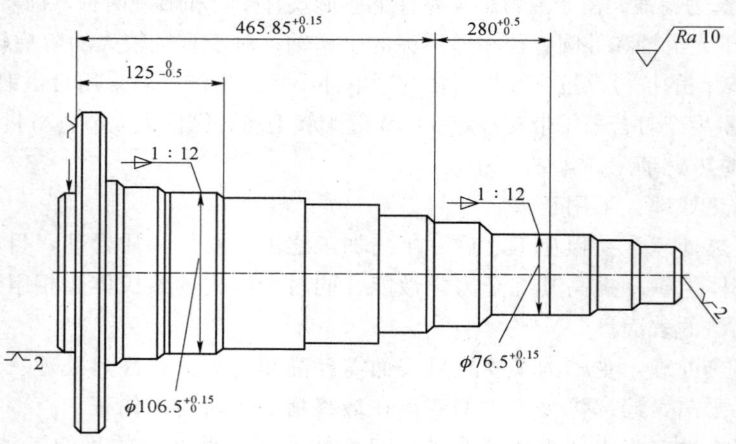	仿形多刀半自动车床 CE7120

序号	工序名称	工序简图	设备
45	钻 φ48 mm 深孔	φ48	深孔钻床
50	车小端内锥孔（配1:20Q锥堵）	φ52-0.2　1:20　Ra 5	卧式车床 C620B
55	车大端锥孔（配6号莫氏锥堵），车外短锥及端面	200　40　25.85　15.9　Ra 5　7°7′37″　Morse No.1　φ56　φ63±0.05　φ106.8+0.1/0	卧式车床 C620B
60	钻大端面各孔	φ19+0.05/0　3　K　Ra 5　4×φ23　1.4　0.8　M8　K向　30°　φ160　45°　2×M10	钻床 Z55
65	热处理	局部高频淬火（短锥C，φ90g5轴颈及莫氏6号锥孔）	

序号	工序名称	工序简图	设备
70	精车各外圆并切槽（两端锥堵定心）		数控车床CSK6136
75	粗磨外圆		外圆磨床
80	粗磨莫氏6号内锥孔（重配莫氏6号锥堵）		内孔磨床M212

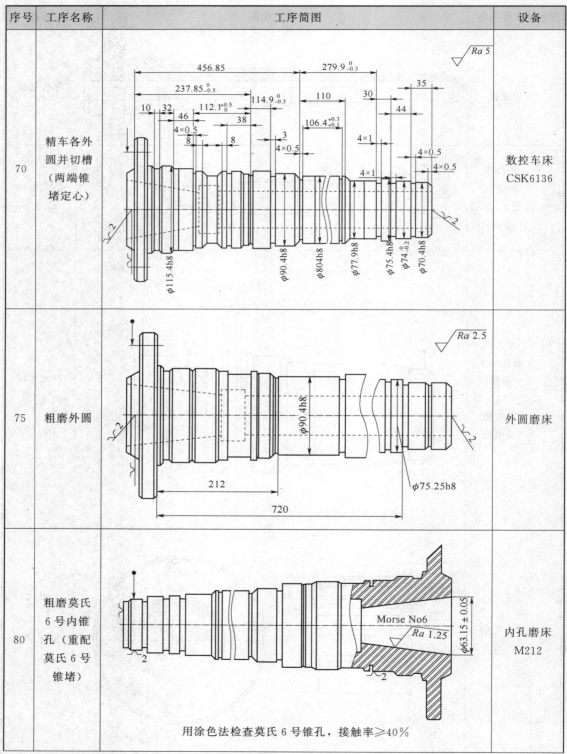

用涂色法检查莫氏6号锥孔，接触率≥40%

序号	工序名称	工序简图	设备
85	滚花键	滚刀中心 $115^{+0.20}_{-0.06}$ Ra 2.5　$14^{-0.06}_{-0.11}$　Ra 2.5 Ra 5 36°　$\phi89.4h8$ $\phi81.14$	
90	铣键槽	3　30　$\phi80.4h8$ R6 110　4 $A—A$ $74.8h11$　Ra 10 （√） $12f9$　Ra 5	铣床 X25
95	车大端内侧面，车三处螺纹（配螺母）	12　Ra 10　M100×1.5　M74×1.5 $\phi195$　$\phi108.5^{0}_{-0.15}$ Ra 5 M115×1.5　Ra 2.5 $25.1^{0}_{-0.2}$	卧工车床 CA6140

序号	工序名称	工序简图	设备
100	精磨各外圆及 E、F 两端面	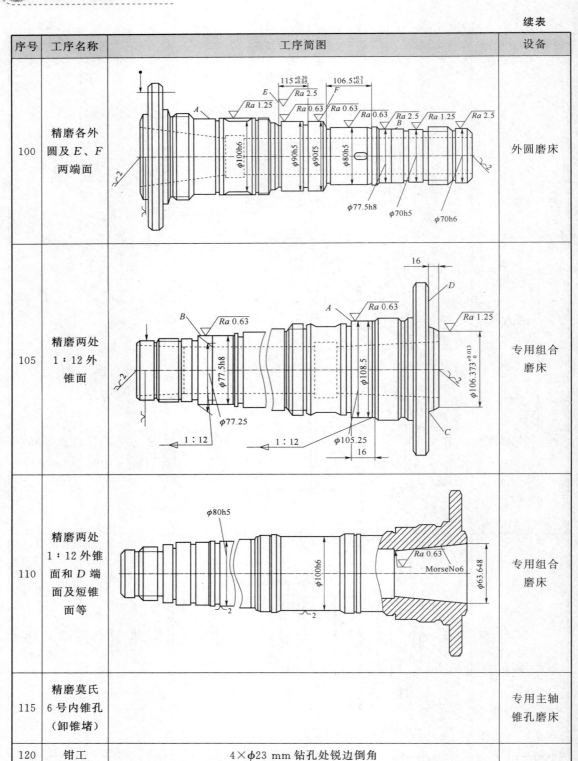	外圆磨床
105	精磨两处 1：12 外锥面		专用组合磨床
110	精磨两处 1：12 外锥面和 D 端面及短锥面等		专用组合磨床
115	精磨莫氏 6 号内锥孔（卸锥堵）		专用主轴锥孔磨床
120	钳工	4×ϕ23 mm 钻孔处锐边倒角	
125	检验	按图纸技术要求或检验卡检验	

4.7.2　套筒零件加工

1. 概述

1）套筒零件的功用与结构特点

套筒零件很常见，通常起支承或导向作用。它的应用范围很广，例如支承旋转轴、夹具上引导刀具的导向套、内燃机上的气缸套以及液压缸、车床尾座导向套等，图4-14所示为常见套筒零件示例。

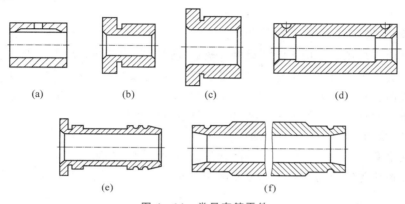

图4-14　常见套筒零件

（a），（b）滑动轴承；（c）钻套；（d）轴承衬套；（e）气缸套；（f）液压缸

由于它们的功能不同，故套筒零件的结构和尺寸有着很大的差别，但结构上仍有其共同特点：零件的主要表面为同轴度要求较高的内外旋转表面，且薄壁易变形，零件长度一般大于直径等。

2）套筒零件的技术要求

（1）孔的技术要求。

孔是套筒零件起支承或导向作用最主要的表面。孔的直径尺寸精度一般为IT7，精密轴套取IT6；由于与气缸和液压缸相配的活塞上有密封圈，要求较低，故通常取IT9。孔的形状精度应控制在孔径公差以内，一些精密套筒控制在孔径公差的$1/2 \sim 1/3$。对于长套筒，除了圆度要求以外，还应有圆柱度要求。为了保证零件的功用和提高其耐磨性，孔的表面粗糙度Ra为$3.2 \sim 0.16~\mu m$，要求高的表面粗糙度Ra值达$0.04~\mu m$。

（2）外圆表面的技术要求。

外圆是套筒的支承面，常采用过盈配合或过渡配合同箱体或机架上的孔相连接。外径尺寸精度通常取IT6～IT7，形状精度控制在外径公差以内，表面粗糙度Ra值为$3.2 \sim 0.63~\mu m$。

（3）孔与外圆柱的同轴度要求。

如果孔的最终加工方法是通过将套筒装入机座后合件进行加工的，则其套筒内、外圆间的同轴度要求可以低一些；如果最终加工是在装入机座前完成的，则同轴度要求较高，一般为$0.01 \sim 0.05~mm$。

（4）孔轴线与端面的垂直度要求。

套筒的端面若在工作中承受轴向载荷，或虽不承受载荷，但在装配或加工中作为定位基准，则端面与孔轴线的垂直度要求较高，一般为$0.02 \sim 0.05~mm$。

3）套筒零件的材料与毛坯。

套筒零件一般用钢、铸铁、青铜或黄铜制成。有些滑动轴承采用双金属结构，以离心铸造法在钢或铸铁套筒内壁上浇铸巴氏合金等轴承合金材料，既可节省贵重的有色金属，又能提高轴承的寿命。对于一些强度和硬度要求较高的套筒，可选用优质合金钢（38CrMoAlA、18CrNiWA），套筒的毛坯选择与其材料、结构、尺寸及生产批量有关。孔径小的套筒一般选择热轧或冷拉棒料，也可采用实心铸件；孔径较大的套筒常选择无缝钢管或带孔的铸件和锻件。大批量生产时，采用冷挤压和粉末冶金等先进毛坯制造工艺，既可节约材料，又可提高毛坯精度及生产率。

2. 液压缸零件加工工艺过程分析

套筒零件由于功用、结构形状、材料、热处理以及尺寸不同，故其工艺差别很大。按结构形状来分，套筒零件可以分为短套筒和长套筒两类。对于短套筒（如钻套），通常可在一次装夹中完成内、外圆表面及端面加工（车或磨），工艺过程较为简单，精度容易达到。现以图 4-16 所示油缸套筒零件加工工艺过程为例进行叙述和分析。

1）油缸套筒的生产条件及生产设备

为实现油缸套筒零件的高效加工，此处采用由一台数控车床、一台立式加工中心及固定机器人、主控系统等组成的切削加工智能制造单元。图 4-15 所示为切削加工智能制造单元的基本组成。

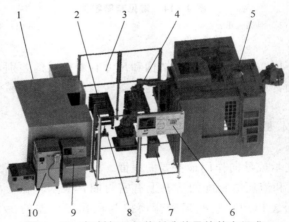

图 4-15 切削加工智能制造单元的基本组成

1—数据车床；2—上下料接驳料架；3—安全护栏；4—固定机器人；5—立式加工中心；
6—生产线监控系统；7—清洁装置；8—翻转机构；9—监控操作台；10—电器柜

主控系统采用高速 PLC 控制器，运用人机界面对整个系统的运行状态进行监控，可接收 MES 下达的订单，启动单元的生产。

数控车床具有 45°整体斜床身，高刚性，易排屑，配备高精度主轴，跳动小，主轴最高转速达 6 000 r/min；刀架为液压后置刀架，工作平稳，转位速度快，可靠性高；立式加工中心配备高速主轴单元，高精度丝杠，长寿命轴承，以及重切削和高速切削导轨；刀库为嵌入"卡刀一键复原功能"，可提高刀库故障解除的效率；立式加工中心还配备第四转台，转台可以实现 270°的旋转。

固定机器人安装在切削加工单元的固定位置，机器人双手爪用于工件的拾取及上下料；2D 视觉系统由一个安装于工业机器人手爪上的 2D 摄像头组成，主要完成视觉数据采集任务，可以实现待加工工件的准确抓取；翻转机构可以实现工件的掉头翻转任务。清洁装置可实现对工件的自动吹气清洁。

2）液压油缸体的技术条件

如图 4-16 所示，油缸套筒材料为 45 钢，生产类型为大批量。零件主要加工表面为 ϕ52h6 外圆及 ϕ32H7 内孔，尺寸精度、位置精度要求较高，形状精度要求不高，均在尺寸公差范围内。大端端面对内孔有垂直度要求。在粗糙度要求方面，ϕ32 mm 内孔及 ϕ52 mm 外圆粗糙度 $Ra=1.6$ μm，其余表面粗糙度 $Ra=6.3$ μm。

3）基准选择

（1）精基准为 ϕ52 mm 外圆，由于该零件大端端面与内孔轴线垂直度要求较高，故应该在一次装夹中完成切削，可以保证较高的位置精度。

（2）粗基准为 ϕ78 mm 外圆，以此表面定位加工出精基准。

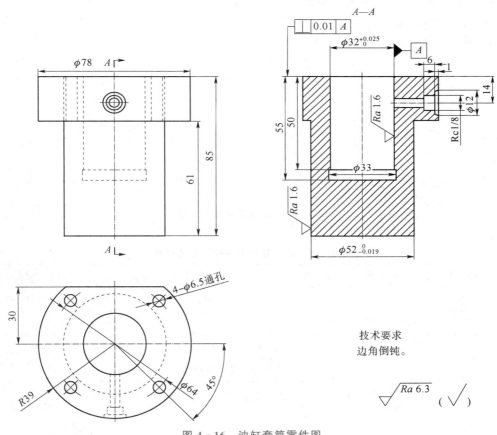

图 4-16　油缸套筒零件图

4）加工方法的选择

套筒零件的主要加工表面是孔的加工，多采用车或镗削加工。孔的加工方法的选择比较复杂，需要考虑生产批量、零件结构及尺寸、精度和表面质量的要求、长径比等因素。此处使用前述切削加工智能制造单元，数控车床和立式加工中心保障了油缸套筒工件的加工生产，工序相对集中。其加工顺序如下：

（1）车小端端面及 ϕ52 mm 外圆；

（2）车大端端面及 ϕ78 mm 外圆；

（3）车内孔 ϕ32 mm，车内孔沉槽 ϕ33mm；

（4）钻 4 - ϕ6.5 mm 螺栓孔；

（5）铣钻孔平面；

（6）钻 ϕ5 mm 通孔；

（7）钻 Rc1/8 底孔；

（8）攻丝 Rc1/8；

（9）铣平面。

其中（1）至（3）的加工任务在数控车床完成，（4）至（9）的加工任务在立式加工中心完成。

5）油缸套筒零件机加工流程分析

采用切削加工智能制造单元完成油缸套筒零件全自动化的加工，零件整体的加工流程如图 4 - 17 所示，其加工工艺过程见表 4 - 10。

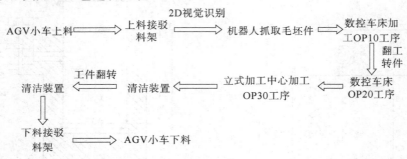

图 4 - 17　油缸套筒加工流程

表 4 - 10　油缸套筒零件加工工艺过程

序号	工序名称	设备	工序内容	刀具
OP01	备料		半成品毛坯	
OP10	车	数控车床/NL201HA	车端面至 86 mm；车圆柱面至 ϕ52 mm	外圆车刀 T1
OP20	车	数控车床/NL201HA	（1）将工件掉头，车大头端面至 85 mm；车大头外圆至 ϕ78 mm	翻转机构，外圆车刀 T1
			（2）车内孔至 ϕ32 mm；车内孔沉槽至 ϕ33 mm	内孔车刀 T2
OP30	铣钻	立式加工中心/VM740S	（1）钻螺栓孔 4—ϕ6.5 mm	ϕ6.5 mm 钻头
			（2）第四轴旋转 90°，铣钻孔平面	D12 mm 棒铣刀
			（3）钻 ϕ5 mm 通孔	ϕ5 mm 钻头
			（4）钻 Rc1/8 底孔，孔口倒角	ϕ8.3 mm 钻头
			（5）攻丝 Rc1/8	Rc1/8 丝锥
			（6）第四轴旋转 180°，铣平面	D12 mm 棒铣刀

4.7.3　圆柱齿轮加工

1. 概述

1）圆柱齿轮的结构特点

齿轮是机械传动中应用极为广泛的零件之一，其功用是按规定的传动比传递运动和动力。圆柱齿轮一般分为齿圈和轮体两部分。在齿圈上切出直齿、斜齿等齿形，而在轮体上有孔或就是一根轴。轮体的结构形状直接影响齿轮加工工艺的制定。因此，齿轮可根据齿轮轮体的结构形状来划分。常见的圆柱齿轮有以下几类，如图 4-18 所示。

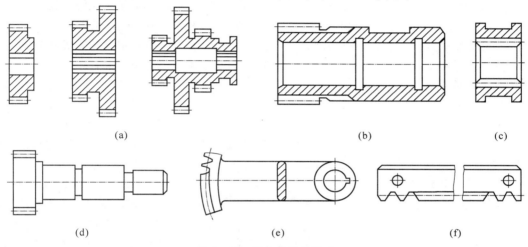

（a）　　　　　　　　　（b）　　　　　　　　　（c）

（d）　　　　　　　　　（e）　　　　　　　　　（f）

图 4-18　圆柱齿轮的形式

（a）盘类齿轮；（b）套类齿轮；（c）内齿轮；（d）轴类齿轮；（e）扇形齿轮；（f）齿条

一个圆柱齿轮可以有一个或多个齿圈。普通单齿圈齿轮的工艺性最好。如果齿轮精度要求高，需要剃齿或磨齿，则通常将多齿圈齿轮做成单齿圈齿轮的组合结构。

2）圆柱齿轮零件的精度要求

齿轮传动精度的高低会直接影响到整个机器的工作性能、承载能力和使用寿命，根据齿轮的使用条件，对齿轮零件主要提出以下三个方面的精度要求（齿轮传动则有四项精度要求）。

（1）传递运动的准确性。要求齿轮能准确地传递运动，传动比恒定，即要求齿轮一转中的转角误差不超过一定范围。

（2）传递运动的平稳性。齿轮转动时瞬时传动比的变化量在一定限度内。要求齿轮在一齿转角内的最大转角误差在规定范围内，从而减小齿轮传递运动中的冲击、振动和噪声。

（3）载荷分布的均匀性。要求齿轮工作时齿面接触要均匀，并保证有一定的接触面积和符合要求的接触位置，从而保证齿轮在传递动力时不致因载荷分布不均匀而接触应力过大，引起齿面过早磨损。

3）精度等级与公差组

齿轮的精度等级分12级，其中第1级最高，第12级最低。此外，按误差特性及其对传动性能的主要影响，还将齿轮的各项公差分成三个公差级。

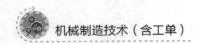

一般情况下，一个齿轮的三个公差组应选用相同的精度等级，当对使用的某个方面有特殊要求时，也允许各公差组选用不同的精度等级，但在同一公差组内各项公差与极限偏差必须保持相同的精度等级。齿轮精度等级应根据齿轮传动的用途、圆周速度、传递功率等进行选择。

4）齿轮的材料、热处理与毛坯

（1）齿轮材料的选择。

齿轮材料的选择对齿轮的加工性能和使用寿命都有直接的影响。一般来讲，对于低速、重载的传力齿轮，其齿面受压产生塑性变形或磨损，且轮齿容易折断，应选用机械强度、硬度等综合力学性能好的材料（如 20CrMnTi），经渗碳淬火，心部具有良好的韧性，齿面硬度可达 56~62HRC；线速度高的传力齿轮，齿面易产生疲劳点蚀，所以齿面硬度要高，可用 38CrMoAlA 渗氮钢，这种材料经渗氮处理后表面可得到一层硬度很高的渗氮层，而且热处理变形小；非传力齿轮可以用非淬火钢、铸铁、夹布胶木或尼龙等材料。

（2）齿轮的热处理。

毛坯热处理：在齿坯加工前后安排预先热处理（通常为正火或调质）。其主要目的是消除锻造及粗加工引起的残余应力，改善材料的切削性能和提高综合力学性能。

齿面热处理：齿形加工后，为提高齿面硬度和耐磨性，常进行渗碳淬火、高频感应加热淬火、碳氮共渗或渗氮等表面热处理工序。

（3）齿轮毛坯选择。

齿轮的毛坯形式主要有棒料、锻件和铸件。棒料用于小尺寸、结构简单且对强度要求较低的齿轮。当齿轮要求强度高、耐磨和耐冲击时，多用锻件。对于直径大于 $\phi400$~$\phi600$ mm 的齿轮，常用铸造方法铸造齿坯。为了减少机械加工量，对大尺寸、低精度齿轮，可以直接铸出轮齿；压力铸造、精密锻造、粉末冶金、热轧和冷挤等新工艺，可制造出具有轮齿的齿坯，以提高劳动生产率，节约原材料。

2. 圆柱齿轮的机加工工艺

1）定位基准选择

齿轮加工时的定位基准应尽可能与设计基准相一致，以避免由于基准不重合而产生的误差，即要符合"基准重合"原则。在齿轮加工的整个过程中（如滚、剃、珩、磨等）也应尽量采用相同的定位基准，即选用"基准统一"的原则。对于小直径的轴齿轮，可采用两端中心孔或锥体作为定位基准，符合"基准统一"原则；对于大直径的轴齿轮，通常用轴颈和一个较大的端面组合定位，符合"基准重合"原则；带孔齿轮则以孔和一个端面组合定位，既符合"基准重合"原则，又符合"基准统一"原则。

2）齿坯加工

齿形加工前的齿轮加工称为齿坯加工。齿坯的外圆、端面或孔经常作为齿形加工、测量和装配的基准，所以齿坯的精度对于整个齿轮的精度有着重要的影响。另外，齿坯加工在齿轮加工总工时中占有较大的比例，因而齿坯加工在整个齿轮加工中占有重要的地位。但是齿坯加工可以看成是轴、套、盘等类零件的加工，这样齿轮的加工主要就是齿形的加工了。

3）齿形加工

齿圈上的齿形加工是整个齿轮加工的核心。尽管齿轮加工有许多工序，但都是为齿形加工服务的，其目的在于最终获得符合精度要求的齿轮。按照加工原理，齿形加工方法可分为成形法和展成法，如指状铣刀铣齿、盘形铣刀铣齿及齿轮拉刀拉内、外齿等，是成形法加工齿形；而滚齿、剃齿、插齿、磨齿等，是展成法加工齿形。

齿形加工方案的选择，主要取决于齿轮的精度等级、结构形状、生产类型和齿轮的热处理方法及生产工厂的现有条件，对于不同精度的齿轮，常用的齿形加工方案如下：

（1）8级精度以下的齿轮。调质齿轮用滚齿或插齿就能满足要求。对于淬硬齿轮可采用滚（插）齿—剃齿或冷挤—齿端加工—淬火—校正孔的加工方案。根据不同的热处理方式，在淬火前齿形加工精度应提高一级以上。

（2）6～7级精度齿轮。对于淬硬齿面的齿轮可采用滚（插）齿—齿端加工—表面淬火—校正基准—磨齿（蜗杆砂轮磨齿）的加工方案，该方案加工精度稳定；也可采用滚（插）—剃齿或冷挤—表面淬火—校正基准—内啮合珩齿的加工方案，这种方案加工精度稳定，生产率高。

（3）5级以上精度的齿轮。一般采用粗滚齿—精滚齿—表面淬火—校正基准—粗磨齿—精磨齿的加工方案；大批大量生产时也可采用粗磨齿—精磨齿—表面淬火—校正基准—磨削外珩自动线的加工方案，这种加工方案加工的齿轮精度可稳定在5级以上，且齿面加工纹理十分错综复杂，噪声极低，是品质极高的齿轮。磨齿是目前齿形加工中精度最高、表面粗糙度值最小的加工方法，最高精度可达3～4级。

4）齿端加工

齿轮的齿端加工方式有倒圆、倒尖、倒棱和去毛刺，如图4-19所示。经倒圆、倒尖、倒棱后的齿轮，沿轴向移动时容易进入啮合。齿端倒圆应用最多，图4-20所示为用指状铣刀倒圆的原理图。

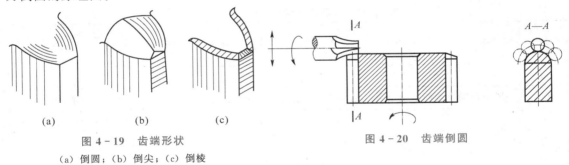

图4-19　齿端形状　　　　　　　　　　　图4-20　齿端倒圆
（a）倒圆；（b）倒尖；（c）倒棱

齿端加工必须安排在齿形淬火之前、滚（插）齿之后进行，许多齿轮在磨后出现齿根裂纹多数是由此引起的。

5）精基准的修整

齿轮淬火后其孔常发生变形，孔直径可缩小 $\phi 0.01 \sim \phi 0.05$ mm。为确保齿形精加工质量，必须对基准孔予以修整，修整的方法一般采用磨孔或推孔。对于成批或大批大量生产的未淬硬的外径定心的花键孔及圆柱孔齿轮，常采用推孔。推孔生产率高，并可用加长推刀前导引部分来保证推孔的精度。对于以小径定心的花键孔或已淬硬的齿轮，以磨孔为好，可稳定地保证精度。磨孔应以齿面定位，符合互为基准原则。

3. 圆柱齿轮及加工工艺示例

圆柱齿轮的加工工艺通常与其结构形状、精度等级、生产批量及生产条件有关。现以某双联圆柱齿轮为例，如图4-21所示，介绍圆柱齿轮加工的工艺特点，其机械加工工艺过程见表4-11。

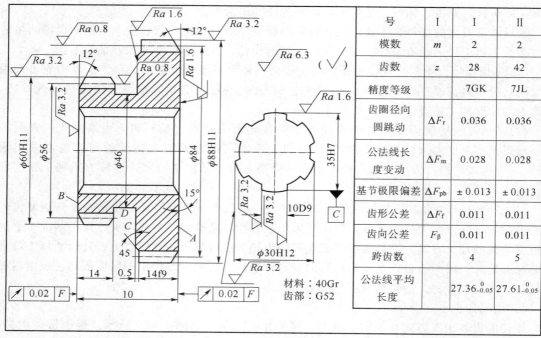

号		I	I	II
模数	m		2	2
齿数	z		28	42
精度等级			7GK	7JL
齿圈径向圆跳动	ΔF_r		0.036	0.036
公法线长度变动	ΔF_m		0.028	0.028
基节极限偏差	ΔF_{pb}		± 0.013	± 0.013
齿形公差	ΔF_f		0.011	0.011
齿向公差	F_β		0.011	0.011
跨齿数			4	5
公法线平均长度			$27.36_{-0.05}^{0}$	$27.61_{-0.05}^{0}$

图 4-21　双联圆柱齿轮

表 4-11　双联圆柱齿轮机械加工工艺过程

序号	工序内容	定位基准
01	锻造	
02	正火	
03	粗车外圆及端面，留余量，钻并镗花键孔至尺寸 φ30H12	外圆及端面
04	拉花键孔	φ30H12 孔及断面 A
05	去毛刺	
06	精车外圆及槽至尺寸要求	花键孔及端面 A
07	检验	
08	滚齿留余量（大齿轮）	花键孔及端面 A
09	插齿留余量（小齿轮）	花键孔及端面 A
10	倒角（两齿轮）	花键孔及端面 A
11	去毛刺	
12	剃齿（大齿轮）	花键孔及端面 A
13	剃齿（小齿轮）	花键孔及端面 A
14	齿面高频淬火	
15	推孔	花键孔及端面 A
16	珩齿至图样尺寸	花键孔及端面 A
17	检验	

4.8　机械装配工艺基础

4.8.1　机械装配工艺概述

1. 装配的概念

任何机械产品都是由许多零件、组件和部件组成的。根据规定的技术要求，将若干零件结合成组件和部件，并进一步将零件、组件和部件结合成机械产品的过程称为装配。前者称为部件装配，后者称为总装配。装配是机械产品制造过程中的最后一个阶段。为了使产品达到规定的技术要求，装配不仅是指零、部件的结合过程，还应包括调整、检验、试验、油漆和包装等工作。

2. 装配精度

装配精度是装配工艺环节的质量指标，不同的机器设备有不同的装配质量指标。正确地规定机器和部件的装配精度是产品设计的重要环节之一，它不仅关系到产品质量，也影响产品制造的经济性。装配精度是制定装配工艺规程的主要依据，也是选择合理的装配方法和确定零件加工精度的依据。所以，应正确规定机器的装配精度。装配精度一般包括以下几个方面：

（1）尺寸精度：尺寸精度是指装配后相关零部件间应该保证的距离和间隙。如轴孔的配合间隙或过盈、车床床头和尾座两顶尖的等高度等。

（2）位置精度：位置精度是指装配后零部件间应该保证的平行度、垂直度、同轴度和各种跳动等。如普通车床溜板移动对尾座顶尖套锥孔轴心的平行度要求等。

（3）相对运动精度：相对运动精度是指装配后有相对运动的零、部件间在运动方向和运动准确性上应保证的要求。如普通车床尾座移动对溜板移动的平行度、滚齿机滚刀主轴与工作台相对运动的准确性等。

（4）接触精度：接触精度是指两配合表面、接触表面和连接表面间达到规定的接触面积和接触点分布的情况，它影响部件的接触刚度和配合质量的稳定性。如齿轮啮合、锥体配合、移动导轨间均有接触精度的要求。

（5）其他质量标准：比如平衡、协调、灵活性等质量标准，这些指标也可能是上述精度的综合表现，而有些装配精度通常只有通过最后的性能测试才可以得到验证。

不难看出，上述各装配精度之间存在一定的关系，如接触精度是尺寸精度和位置精度的基础，而位置精度又是相对运动精度的基础。

3. 装配精度与零件精度间的关系

机器及其部件都是由零件所组成的。显然，零件的精度特别是关键零件的加工精度，对装配精度有很大影响。例如图 4-22 所示，普通车床尾座移动对溜板移动的平行度要求，就主要取决于床身上溜板移动的导轨 A 与尾座移动的导轨 B 的平行度以及导轨面间的接触精度。

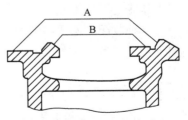

图 4-22　床身导轨示意图

一般而言，多数的装配精度与其相关的若干个零、部件的加工精度有关，所以应合理地规定和控制这些相关零件的加工精度，在加工条件允许时，它们的加工误差累积起来，仍能满足装配精度的要求。但是，当遇到有些要求较高的装配精度时，如果完全靠相关零件的制造精度来直接保证，则零件的加工精度要求将会很高，给加工带来较大的困难。如图 4-23 所示，普通车床床头和尾座两顶尖的等高度要求，主要取决于主轴箱 1、尾座 2、底板 3 和床身 4 等零、部件的加工精度。该装配精度很难由相关零、部件的加工精度直接保证。在生产中，常按较经济的精度来加工相关零、部件，而在装配时则采用一定的工艺措施（如选择、修配、调整等），从而形成不同的装配方法来保证装配精度。本例中，采用修配底板 3 的工艺措施来保证装配精度，这样做虽然增加了装配的劳动量，但从整个产品制造的全局分析，还是很经济的。由此可见，产品的装配精度和零件的加工精度有密切的关系，零件精度是保证装配精度的基础，但装配精度并不完全取决于零件的加工精度。装配精度的保证，应从产品的结构、机械加工和装配方法等方面进行综合考虑。

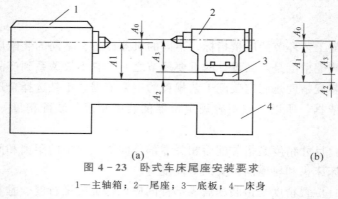

图 4-23 卧式车床尾座安装要求

1—主轴箱；2—尾座；3—底板；4—床身

4.8.2 保证装配精度的工艺方法

经过长期以来的研究和探索，人们创造了许多巧妙的装配工艺方法，这些方法已成为有理论指导、有实践基础的科学方法，其可归纳为互换法、选配法、修配法和调整法四大类。

1. 互换法

用控制零件的加工误差来保证装配精度的方法称为互换法。按其程度不同，可分为完全互换法与部分互换法两种。

1）完全互换法

完全互换法就是机器在装配过程中每个待装配零件无须挑选、修配和调整，装配后就能达到装配精度要求的一种装配方法。装配工作较为简单，生产率高，有利于组织生产协作和流水作业，对工人技术要求较低，也有利于机器的维修。

这种装配方法要求装配后各相关零件公差之和小于或等于装配允许公差，用公式表达如下：

$$T_\Sigma \geqslant T_1 + T_2 + \cdots + T_m \tag{4-13}$$

式中　T_Σ——装配允许公差；

　　　T_m——各相关零件的制造公差；

　　　m——组成环数。

这样，装配后各相关零件的累积误差变化范围就不会超出装配允许公差范围。因此，只要制造公差能满足机械加工的经济精度要求，不论何种生产类型，均应优先采用完全互换法。当装配精度较高，零件加工困难而又不经济时，在大批量生产中即可考虑采用部分互换法装配工艺。

2）部分互换法

部分互换法又称不完全互换法，它是将各相关零件的制造公差适当放大，使加工容易而经济，又能保证绝大多数产品达到装配要求的一种方法。

部分互换法是以概率论原理为基础，当零件的生产数量足够大时，加工后的零件尺寸一般在公差带上呈正态分布，而且平均尺寸在公差带中点附近出现的概率最大；在接近上、下极限尺寸处，零件尺寸出现概率很小。在一个产品的装配中，各相关零件的尺寸恰巧都是极限尺寸的概率就更小。当然，出现这种情况，累积误差就会超出装配允许公差。因此，可以利用这个规律，将装配中可能出现的废品控制在一个极小的比例之内。对于这一小部分不能满足要求的产品，也需进行经济核算或采取补救措施。

根据概率论原理，装配允许公差必须大于或等于各相关零件公差值平方之和的平方根，用公式可以表示为

$$T_r = \sqrt{T_1^2 + T_2^2 + \cdots + T_m^2}$$

2. 选配法

选配法就是当装配精度要求极高，零件制造公差限制很严，致使零件几乎无法加工时，可将零件的制造公差放大到经济可行的程度，然后选择合适的零件进行装配来保证装配精度的一种装配方法。按其选配方式不同，可分为直接选配法、分组装配法和复合选配法。

1）直接选配法

直接选配法是指零件按经济精度制造，凭工人经验直接从待装零件中选择合适的零件进行装配。这种方法简单，装配质量与装配工时在很大程度上取决于工人的技术水平，质量不稳定，同时装配效率不高，一般用于配精度要求不高、装配节拍要求不严的小批量装配工艺中。

2）分组装配法

分组装配法是指对于制造公差要求很严的互配零件，将其制造公差按整数倍放大到经济精度加工，然后进行测量并按原公差分组，按对应组分别装配。这样，既扩大了零件的制造公差，又能达到很高的装配精度。这种分组装配法在内燃机、轴承等制造中应用较多。

例如，如图 4-24 所示活塞与活塞销的连接情况。根据装配技术要求，活塞销孔与活塞销外径在室温状态装配时应有 0.0025～0.0075 mm 的过盈量，但与此相应的配合公差仅为 0.005 mm。当活塞与活塞销采用完全互换法装配，且按"等公差"的原则分配孔与销的直径公差时，各自的公差只有 0.0025 mm，如果配合采用基轴制的原则，则活塞销外径的尺寸 $d = \phi 28_{-0.0025}^{0}$ mm，相应的活塞孔的直径 $D = \phi 28_{-0.0075}^{-0.005}$ mm。加工这样精度的零件是很困难的，也不经济。

生产中常将上述零件的公差放大 4 倍（$d = \phi 28_{-0.10}^{0}$ mm，$D = \phi 28_{-0.015}^{-0.005}$ mm），用高效率的无心磨和金刚镗去加工，然后用精密量具测量，并按尺寸大小分成四组，涂上不同的颜色，以便进行分组装配。具体的分组情况见表 4-12。

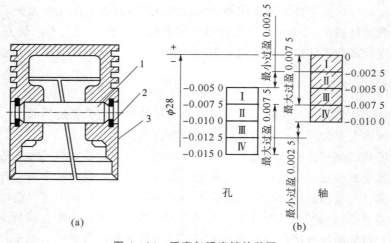

图 4-24 活塞与活塞销的装配

1—活塞销；2—挡圈；3—活塞

表 4-12 活塞销和活塞孔的配合尺寸

mm

组别	活塞销直径 $d=\phi 28^{\ 0}_{-0.010}$	活塞孔直径 $d=\phi 28^{+0.005}_{-0.015}$	配合情况		标志颜色
			最小过盈	最大过盈	
I	$d=\phi 28^{\ 0}_{-0.002\ 5}$	$d=\phi 28^{-0.005\ 0}_{-0.007\ 5}$			浅蓝
II	$d=\phi 28^{-0.002\ 5}_{-0.005\ 0}$	$d=\phi 28^{-0.007\ 5}_{-0.001\ 0}$	$-0.002\ 5$	$-0.007\ 5$	红
III	$d=\phi 28^{-0.005\ 0}_{-0.007\ 5}$	$d=\phi 28^{-0.010\ 0}_{-0.012\ 5}$			白
IV	$d=\phi 28^{-0.007\ 5}_{-0.010\ 0}$	$d=\phi 28^{-0.012\ 5}_{-0.015\ 0}$			黑

通过分组装后的配合来看，各组的配合性质与原来相同，但零件的加工难度则大大降低。在分组装配时，通常要注意以下几个问题。

（1）不管如何分组，不能改变原设计配合精度，配合件公差增加的方向应该相同，增大的倍数要和分组数相同，以便配对装配。

（2）分组不宜过多，以便不使零件的储存、运输及装配工作复杂化。

（3）分组后零件表面粗糙度及形位公差不能扩大，仍按原设计要求制造。

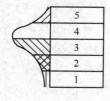

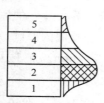

图 4-25 偏态分布

（4）分组后应尽量使组内相配零件数相等，如不相等，可专门加工一些零件与其相配。如果互配零件的尺寸在加工中服从正态分布规律，零件分组后是可以互相配套的。如果由于某种因素造成不是正态分布，而是如图 4-25 所示的偏态分布，就会导致各组零件数量不等，不能配套。这种情况在生产上往往是难以避免的，只能在聚集了相当数量的不配套件后，专门加工一批零件来配套。

分组装配法适应于配合精度要求很高，互配的相关零件只有两三个的大批大量生产，可以大大降低加工精度，提高生产效率。

3）复合选配法

此法是上述两种方法的复合，先将零件测量分组，装配时再在各对应组内凭工人的经验直接选择装配。这种装配方法的特点是配合公差可以不等，其装配质量高，速度较快，能满足一定生产节拍的要求。在发动机的气缸与活塞的装配中，多选用这种方法。

3. 修配法

预先选定某个零件为修配对象，并预留修配量，在装配过程中，根据实测结果，用锉、刮、研等方法，修去多余的金属，使装配精度达到要求，称为修配法。修配法的优点是能利用较低的制造精度来获得很高的装配精度；其缺点是修配工作量大，且多为手工劳动，对工人的操作技术要求比较高。此法只适用于单件小批量生产类型。

（1）按件修配法：对预定的修配零件，采用去除金属材料的办法改变其尺寸，以达到装配要求的方法。例如车床主轴顶尖与尾架顶尖的等高性要求，是一项装配要求，就是确定尾架垫块为修配对象，预留配量，装配时再根据要求通过刮锉等方法去掉多余的金属，达到装配精度。

（2）就地加工修配法：这种方法通常用在机床装配中，在机床装配基本完成后，用机床自身具有的加工手段，对自身的修配加工对象进行自我加工，从而达到一项或者几项装配要求的装配方法。

（3）合并加工修配法：将两个或多个零件装配在一起后，进行合并加工修配，以减少累积误差，减少修配工作量。例如车床尾架与垫块，先进行组装，再对尾架套筒孔进行最后镗削加工，于是就由尾座和垫块两个高度尺寸进入装配尺寸链变成合件的一个尺寸进入装配尺寸链，减少了装配总环数，从而也就减小了刮削余量。其他如车床溜板箱中开合螺母部分的装配、万能铣床上为保证工作台面与回转盘底面的平行度而采用工作台和回转盘的组装加工等，均是合并加工修配法。

合并加工修配法在装配中使用时要求零件对号入座，会给组织生产带来一定的麻烦。因此，单件小批生产中使用较为合适。

4. 调整法

用一个可调整零件，装配时或者调整它在机器中的位置，或者增加一个定尺寸零件如垫片、套筒等，以达到装配精度的方法，称为调整法。用来起调整作用的这两种零件，都起到补偿装配累积误差的作用，称为补偿件。

调整法应用很广，在实际生产中，常用的调整法有以下三种。

1）可动调整法

可动调整法是采用移动调整件位置来保证装配精度的，在调整过程中不需要拆卸调整件，比较方便。其实际应用的例子很多，图 4-26 所示为常见的轴承间隙调整；如图 4-27（a）所示的机床封闭式导轨的间隙调整装置，压板 1 用螺钉紧固在运动部件 2 上，平镶条 4 装在压板 1 与支承导轨 3 之间，用带有锁紧螺母的螺钉 5 来调整平镶条的上下位置，使导轨与平镶条接合面之间的间隙控制在适当的范围内，以保证运动部件能够沿着导轨面平稳、轻快而又精确地移动；图 4-27（b）所示为滑动丝杠螺母副的间隙调整装置，该装置利用调整螺钉使楔块上下移动来调整丝杠与螺母之间的轴向间隙。以上各调整装置分别采用螺钉、楔块作为调整件，而生产中根据具体要求和机构的具体情况，也可采用其他零件作为调整件。

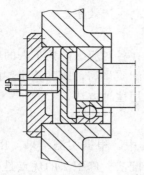

图 4 - 26　轴承间隙调整

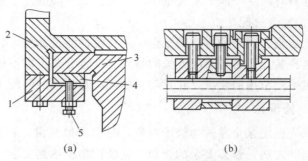

(a)　　　　　　　　　　　　(b)

图 4 - 27　可动调整

（a）用螺钉、垫板调整；（b）用螺钉、楔块调整

1—压板；2—部件；3—导轨；4—平镶条；5—螺钉

2）固定调整法

固定调整法即选定某一零件，根据装配要求来确定该零件的尺寸，以满足装配精度的装配方法。由于调整零件的尺寸是固定的，所以叫作固定调整法。如图 4 - 28 所示，为了保证装配要求 A_Σ，在结构中专门加入一个厚度尺寸为 A_k 的垫圈作为调整件，以满足装配要求。

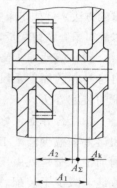

图 4 - 28　固定调整

4.8.3　装配工艺规程的制定

1. 制定装配工艺规程的基本要求

制定装配工艺规程的基本要求是在保证产品的装配质量的前提下，提高生产率和降低成本。通常要求：

（1）保证产品的装配质量及产品质量的稳定性，延长产品的使用寿命。

（2）尽量减少手工装配工作量，降低劳动强度，缩短装配周期，提高装配效率。

（3）尽量减少装配成本，减少装配占地面积，降低装配在线零件总量。

2. 制定装配工艺规程的步骤与工作内容

1）产品分析

（1）研究产品及部件的具体结构，了解装配技术要求和检查验收的内容和方法。

（2）审查产品的结构工艺性。

（3）研究设计人员所确定的装配方法，进行必要的装配尺寸链分析与计算。

2）确定装配方法和装配组织形式

选择合理的装配方法是保证装配精度的关键，要结合具体生产条件，从机械加工和装配的全过程出发，应用尺寸链理论，同设计人员一起最终确定装配方法。

装配组织形式的选择，主要取决于产品的结构特点（包括尺寸、重量和复杂程度）、生产纲领和现有的生产条件。装配组织形式按产品在装配过程中是否移动分为固定式和移动式两种。固定式装配全部装配工作在一个固定的地点进行，产品在装配过程中不移动，多用于单件小批量生产或重型产品的成批生产，如机床、汽轮机的装配。移动式装配是将零部件用输送带或小车按装配顺序从一个装配地点移动到下一个装配地点，各装配点完成一部分装配工作，全部装配点完成产品的全部装配工作。移动式装配常用于大批大量生产，组成流水作业线或自动线，如汽车、拖拉机、摩托车、仪器仪表、电动工具等产品的装配。

3）划分装配单元，确定装配顺序

（1）划分装配单元：将产品划分为可进行独立装配的单元是制定装配工艺规程中最重要的一个步骤，这对于大批大量生产结构复杂的产品尤为重要。任何产品或机器都是由零件、合件、组件和部件等装配单元组成的。

（2）装配基准件：不管是哪一级的装配，装配基准件均应当体积（或质量）较大，且有足够的支承面以保证装配时的稳定性。如主轴是主轴组件的装配基准件，主轴箱体是主轴箱部件的装配基准件，床身部件又是整台机床的装配基准件等。

（3）确定装配顺序的原则：划分好装配单元并选定装配基准件后，即可安排装配顺序。安排装配顺序的原则如下：

① 工件要先安排预处理，如倒角、去毛刺、清洗、涂漆等。

② 先下后上，先内后外，先难后易，以保证装配顺利进行。

③ 位于基准件同一方位的装配工作和使用同一工艺装备的工作尽量集中进行。

④ 易燃、易爆等有危险性的工作，尽量放在最后进行。

为了能够清晰表示装配顺序，我们通常用装配单元系统图来表示装配过程。图 4 - 29 (a) 所示为产品的装配系统图，图 4 - 29 (b) 所示为部件的装配系统图。

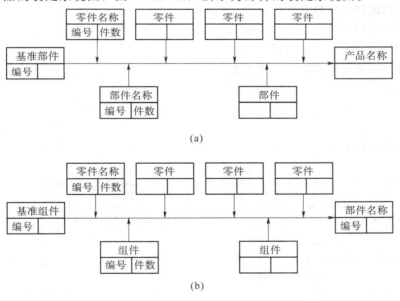

图 4 - 29　装配系统图

（a）产品的装配系统图；（b）部件的装配系统图

画装配单元系统图时，应先画一条较粗的横线，横线的右端箭头直指装配单元方格，横线左端为基准件方格；再按装配先后顺序，从左向右依次将装入基准件的零件、合件、组件和部件引入，表示零件的方格画在横线上方，表示合件、组件和部件的方格画在横线下方。每一方格内，上方注明装配单元的名称，左下方填写装配单元的编号，右下方填写装配单元的件数。

装配单元系统图比较清楚而全面地反映了装配单元的划分、装配顺序和装配工艺方法，它是装配工艺规程制定中的主要文件之一，也是划分装配工序的依据。

4）划分装配单元，确定装配顺序

装配顺序确定后，还应将装配过程划分成若干装配工序，并确定工序内容、所用设备、工装和时间定额；制定各工序装配操作范围和规范（如过盈配合的压入方法、热胀法装配的加热温度、紧固螺栓的预紧扭矩、滚动轴承的预紧力等）；制定各工序装配质量要求及检测方法、检测项目等。在划分工序时要注意：

（1）流水线装配时，工序的划分要注意流水线的节拍，使每个工序花费的时间大致相等。

（2）组件的重要部分，在装配工序完成后必须加以检查，以保证质量。在重要而又复杂的装配工序中，用文字表达不甚明了时还需绘出局部的指导性图样。

5）编写装配工艺卡和工序卡

在成批生产时，通常制定部件及总装的装配工艺卡，在工艺卡上写明工序顺序、简要工序内容、所需设备、工装名称及编号、工人技术等级和时间定额即可。重要工序则应制定相应的装配工序卡。大批大量生产时，不仅要制定装配工艺卡，还需为每个工序制定装配工序卡，详细说明工序的工艺内容并画出局部指导性装配简图。

6）制定装配检验与试验规范

产品总装完毕后，应根据产品的技术性能和验收技术标准进行验收。因此，需要制定检验与试验规范，主要内容包括：

（1）检测和试验的项目及质量标准。

（2）检测和试验方法、条件与环境。

（3）检测和试验所需工装的选择与设计。

（4）质量问题的分析方法和处理措施。

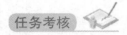任务考核

任务考核评分标准见表 4 - 13。

表 4 - 13　评分标准

学习情景四　加工工艺路线拟定						
序号	考核评价项目	考核内容	学生自检	小组互检	教师终检	配分	成绩
1	过程考核	素养目标	爱党爱国，爱岗敬业；团队协作，开拓创新；热爱劳动，服务国防				20	
2		知识目标	信息搜集，自主学习，分析、解决问题，归纳、总结及创新能力				35	
3		能力目标	团队协作、沟通协调、语言表达能力及安全文明、质量保障意识				30	
4	常规考核	作业				5	
5		回答问题				5	
6		其他				5	

轴类零件加工质量分析

情景描述

评定已加工零件误差，并分析零件误差来源。

学习目标

（1）能够运用测量数据对零件进行误差测量与分析。

（2）遵循 ISO 及 GB 测量技术标准要求，严格规范测量行为，分析误差及其来源。

（3）能够独立完成，坚持一丝不苟、认真的工作态度。

任务书

某设备上的轴类零件，已完成其表面的加工，需要对零件加工后的质量进行评定，分析影响零件加工质量的主要误差来源。接受任务后，需要查阅相关资料，获取零件加工误差来源与类型。按照误差来源，分析影响加工质量的最大误差来源，并将相关分析数据进行归纳总结，编制零件误差来源分析报告。

问题引导

（1）什么是机械加工质量？机械加工质量包含了什么内容？

（2）误差的来源有哪些？加工设备、加工工艺及选用的刀具、夹具会对零件的加工产生误差吗？

（3）提高零件加工质量的方法有哪些？能否列举？

相关知识

1. 学习指南

- 了解机械加工质量的概念；
- 了解机械加工精度及影响因素；
- 了解提高机械加工质量的基本方法。

2. 本章重点

- 机械加工精度及影响因素分析；
- 提高机械加工质量的基本方法。

3. 本章难点

- 机械加工精度及影响因素分析。

5.1 概述

5.1.1 加工质量

机械产品的质量与零件的加工质量和产品的装配质量有着非常密切的关系，它直接影响产品的工作性能和使用寿命，而零件加工质量的概念则包含加工精度和表面质量两方面的内容。具体关系如下：

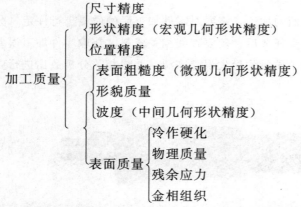

本部分主要介绍加工精度、表面质量及其影响因素、控制方法等问题。

5.1.2 加工精度与加工误差

1. 加工精度与加工误差的概念

加工精度是指零件加工后的实际几何参数（尺寸、形状和相互位置）与理想几何参数的符合程度，而加工误差则是零件加工后的实际几何参数与理想几何参数的偏离程度。其符合程度越高，加工精度就越高；偏离程度越大，加工误差就越大。

2. 加工精度与加工误差的关系

在评定零件几何参数准确程度这一问题上，加工精度与加工误差是从两个不同的方面来说明同一问题的。加工误差的大小由零件加工后实际测量所得的偏离值 Δ 来衡量，而加工精度的高低则以公差等级或公差值 T 来表示，并由加工误差的大小来控制。一般来说，只有当 $\Delta < T$ 时，才能保证零件的加工精度。

在生产过程中，任何一种加工方法不可能也没有必要把一批零件做得绝对准确和完全一致，它们与理想零件相比总有一些差异，只要把这种差异控制在零件所规定的范围之内就可以了。

5.1.3　获得加工精度的方法

1. 获得尺寸精度的方法

（1）试切法：如图 5-1 所示，即先试切工件、测量、调整刀具，然后再试切直至工件达到所要求的精度。

（2）调整法：如图 5-2 所示，先按试切法调整好刀具相对于机床或夹具的位置，然后再成批加工工件。

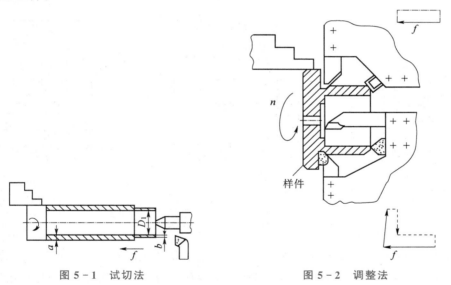

图 5-1　试切法　　　　　　　　　图 5-2　调整法

（3）定尺寸法：用一定形状和尺寸的刀具（或组合刀具）来保证工件的加工形状和尺寸精度，如钻孔、铰孔、拉孔、攻丝和镗孔。定尺寸法加工精度比较稳定，对工人的技术水平要求不高，生产率高，在各种生产类型中广泛应用。

（4）自动控制法：这种方法是由测量装置、进给装置和控制系统等组成自动控制加工系统，使加工过程的尺寸测量、刀具补偿调整和切削加工以及机床停车等一系列工作自动完成，自动达到所要求的尺寸精度。如在数控机床上加工时，将数控加工程序输入到 CNC 装置中，由 CNC 装置发出的指令信号通过伺服驱动机构使机床工作，检测装置进行自动测量和比较，输出反馈信号使工作台补充位移，最终达到零件规定的形状和尺寸精度。

2. 获得形状精度的方法

工件在加工时，其形状精度的获得方法有以下三种：

（1）轨迹法：这种方法是依靠刀具与工件的相对运动轨迹来获得工件形状的。如利用工件的回转和车刀按靠模做的曲线运动来车削成形表面等。

（2）成形法：如图 5-3 所示，为了提高生产率，简化机床结构，常采用成形刀具来代替通用刀具。此时，机床的某些成形运动就被成形刀具的刃形所代替，如用成形车刀车曲面等。

（3）展成法：各种齿形的加工常采用此法。如滚齿时，滚刀与工件保持一定的速比关系，而工件的齿形则是由一系列刀齿的包络线所形成的。

3. 获得位置精度的方法

获得位置精度的方法有以下两种：

（1）根据工件加工过的表面进行找正的方法，如图 5-4 所示。

（2）用夹具安装工件，工件的位置精度由夹具来保证，如图 5-5 所示。

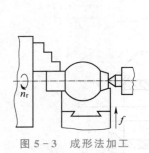

图 5-3 成形法加工

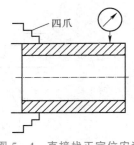

图 5-4 直接找正定位安装

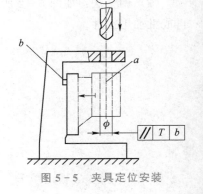

图 5-5 夹具定位安装

5.1.4 原始误差

1. 原始误差的概念

所谓原始误差是指能直接引起加工误差的所有直接相关因素误差。由于零件的机械加工是在"机床—工件—刀具—夹具"所组成的工艺系统中完成的，所以，我们把引起工艺系统各组成部分之间的正确几何关系发生改变的各种因素称为工艺系统误差。工艺系统误差必将在不同的工艺条件下，以不同的程度和方式反映为零件的加工误差。因为工艺系统误差是原因、是根源，而零件的加工误差是结果、是表现，即工艺系统误差是直接导致零件加工误差的"原始因素"，所以通常将工艺系统误差称为原始误差。

根据原始误差性质、状态的不同，可以将其归纳为以下四个方面：

（1）加工原理误差；

（2）工艺系统的几何误差：机床、夹具、刀具的制造误差，磨损及调整误差等；

（3）工艺系统受力变形引起的误差：切削力、夹紧力、重力、惯性力、传动力及内应力等引起的误差；

（4）工艺系统受热变形引起的误差：机床、夹具、刀具的热效应引起的误差。

2. 原始误差与加工误差的关系

当工艺系统存在原始误差时，该误差可能原样、缩小或放大地反映给工件，造成工件的加工误差。如图 5-6 所示，工件的回转轴心在 D 点，刀尖的正确位置在 A 点。设某一瞬时由于各种原始误差的影响，使刀具由 A 点位移到 A'，则原始误差为 $AA'=\delta$，与 OA 的夹角为 Φ。加工后，工件半径产生了加工误差 ΔR。

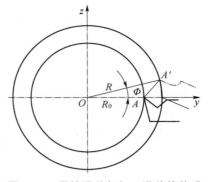

图 5-6　原始误差与加工误差的关系

$$\Delta R = R - R_0 = OA' - OA = (R^2 + \delta^2 + 2R_0\delta\cos\Phi - R_0)^{1/2}$$

当 $\Phi=0°$，即原始误差方向是在工件被加工表面的法线上时，所引起的加工误差最大（$\Delta R=\delta$），此方向称为误差敏感方向；当 $\Phi=90°$，即原始误差方向是在工件被加工表面的切线上时，所引起的加工误差最小（$\Delta R=\delta^2/2R_0$），此方向称为非误差敏感方向，一般可以忽略不计。

5.2　加工原理误差

加工原理误差是指由于采用了近似的成形运动或近似的切削刃轮廓进行加工而产生的误差，也称为理论误差。

5.2.1　采用近似的成形运动所造成的误差

1. 用展成法加工渐开线齿轮

在利用展成法原理加工渐开线齿轮时，理论上要求加工出来的齿形是一个光滑的渐开线表面，但因为滚刀或插刀一周内只能由有限个切削刃构成，所以，被加工齿轮的齿形则是由刀具上有限条切削刃在一系列顺序位置上所切出的折线包络而成。这样，由折线代替理论上的渐开线，必将造成误差。

2. 用近似传动比加工模数螺纹

在车削或磨削模数螺纹时（螺距 $P=\pi m$），理论上要求主轴与丝杆之间的传动比应满足关系式

$$u = p/t = \pi m/t$$

式中　t——丝杆螺距；

　　　　m——模数。

由于 π 是无理数，采用任何挂轮组合都只能得到其近似值，所以，加工后必将存在螺距误差和螺距累积误差。

5.2.2　采用近似的切削刃轮廓所造成的误差

1. 用模数铣刀加工渐开线齿轮

由于渐开线齿轮的齿形完全取决于基圆的半径（$r_b = mz\cos\alpha/2$），故当模数 m 和压力

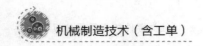

角 α 一定时，其齿形随着齿数 z 的不同而改变，所以，在采用盘形齿轮铣刀或指状齿轮铣刀加工齿轮时，理论上要求对同一模数、同一压力角而齿数不同的齿轮应该采用相应齿数的铣刀来加工。这样，就必须制造很多把铣刀，既不经济又难以管理。实际上是将同一模数和同一压力角的铣刀制成 8 把（或 15 把）一套，每一号铣刀只加工一定范围齿数的齿轮。

例如，3 号铣刀可用于加工齿数为 15～20 的齿轮，但其切削刃轮廓是按本组最小齿数 15 的齿形来设计的，那么，用它来加工本组其他齿数的齿轮时必定产生齿形误差。

2. 用齿轮滚刀加工渐开线齿轮

理论上要求加工渐开线齿轮的齿轮滚刀应该采用渐开线蜗杆滚刀，但由于制造困难，实际上是采用阿基米德蜗杆滚刀或法向直廓蜗杆滚刀来代替渐开线蜗杆滚刀，这样将不可避免地产生加工误差。

5.2.3 加工原理误差对加工精度的影响

由上述分析可知，加工原理误差是在加工以前就已经存在了的，并且不可避免地影响到工件的加工精度，但在实际生产中又为什么要采用呢？其原因有三：

（1）理论上完全准确的加工原理不能实现，如 π 的挂轮。

（2）理论上完全准确的加工原理虽然可以实现，但却会导致机床和夹具的结构复杂，制造困难；或使得理论切削刃轮廓的精度下降，误差过大；或使整个刀具的数量增加，成本太高。

（3）采用理论上完全准确的加工原理之后，可能会引起中间环节太多，增加了机构运动中的误差，不仅得不到高的加工精度，反而比采用近似加工方法所得到的加工精度还低。

综上所述，采用近似加工方法进行加工是保证质量、提高生产率的有效工艺措施，往往还可以使工艺过程更为经济，特别适用于形状复杂的表面加工，因此决不能认为有了原理误差就不算是一种完善的加工方法。

5.3 工艺系统的几何误差

工艺系统的几何误差主要是机床、刀具和夹具的制造误差、磨损误差以及调整误差，这一类原始误差在刀具与工件发生关系（切削）之前就已客观存在。从某种意义上讲，它们是一种先天性的几何关系的偏差，并在加工过程中反映到工件上去。

5.3.1 机床几何误差

我们知道，机床精度包括：静态精度，机床在非切削状态（无切削力作用）下的精度；动态精度，机床在切削状态和振动状态下的精度；热态精度，机床在温度场变化情况下的精度。

本部分所讲的内容主要是指静态精度，它是由制造、安装和使用中的磨损造成的，其中对加工精度影响较大的是主轴回转运动误差、导轨直线运动误差和传动链传动误差。

1. 主轴回转运动误差

（1）机床主轴是工件或刀具的安装基准和运动基准，其理想状态是主轴回转轴线的空间位置固定不变。但由于各种误差因素的影响，实际主轴回转轴线在每一瞬时的空间位置都是变化的。所谓主轴回转误差，就是主轴的实际回转轴线相对于平均回转轴线（实际回转轴线的对称中心线）的变动量。

主轴回转误差可分解为如图 5-7 所示的三种基本形式。

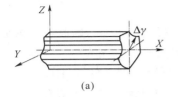
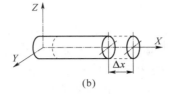
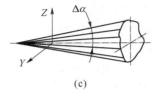

(a)　　　　　　　　　　(b)　　　　　　　　　　(c)

图 5-7　主轴回转运动误差

① 径向圆跳动：主轴瞬时回转轴线始终作平行于平均回转轴线（实际回转轴线的对称中心线）的径向漂移运动，如图 5-7（a）所示。

② 轴向窜动：主轴瞬时回转轴线沿平均回转轴线（实际回转轴线的对称中心线）方向的漂移运动，如图 5-7（b）所示。

③ 角度摆动：主轴瞬时回转轴线与平均回转轴线（实际回转轴线的对称中心线）成一倾斜角，其交点位置固定不变的漂移运动，如图 5-7（c）所示。

应该明确，实际上的主轴回转误差是上述三种漂移运动的合成结果。

（2）主轴回转误差产生的原因。

主轴回转误差主要有主轴的制造误差、轴承的误差与轴承配合件的误差及配合间隙、主轴系统的径向不等刚度和热变形等。

为了提高主轴的回转精度，可提高主轴部件的制造精度；采用高精度的滚动轴承或高精度的动压轴承和静压轴承，或对滚动轴承进行预紧，以消除间隙；提高箱体支承孔、主轴轴颈的加工精度；使主轴的回转误差不反映到工件上去，如在外圆磨床上，前后顶尖都是不转的，这就可避免头架主轴回转误差对加工精度的影响。

（3）主轴回转误差对加工精度的影响。

主轴回转误差对加工精度的影响对于不同类型的机床和不同的加工内容将产生不同性质的加工误差，其影响比较复杂，尤其对于主轴回转误差所表现出来的那种随机性和综合性，更是难以从理论上定量地加以描述。在表 5-1 中列出了主轴回转误差的三种基本形式对车削及镗削加工的影响。

表 5-1　主轴回转误差的表现形式

主轴回转误差的基本形式	车床上车削			镗床上镗削	
	内孔和外圆	端面	螺纹	内孔	端面
径向圆跳动	近似真圆	无影响	—	椭圆孔	无影响
轴向窜动	无影响	平面度垂直度	螺距误差	无影响	平面度垂直度
角度摆动	近似圆柱	影响很小	—	椭圆柱孔	平面度

（4）提高主轴回转精度的方法。

① 提高主轴、箱体的制造精度。主轴回转精度只有 20% 决定于轴承精度，而 80% 取决于主轴与箱体的精度和装配质量。

② 高速主轴部件要进行动平衡，以消除激振力。

③ 滚动轴承采用预紧。轴向施加适当的预加载荷（为径向载荷的 20%～30%），消除轴承间隙，使滚动体产生微量弹性变形，可提高刚度、回转精度和使用寿命。

④ 采用多油楔动压轴承（限于高速主轴）。

⑤ 采用静压轴承。静压轴承由于是纯液体摩擦，摩擦系数为 0.000 5，因此，摩擦阻力较小，可以抵消主轴颈与轴瓦的制造误差，具有很高的回转精度。

⑥ 采用固定顶尖结构。如果磨床前顶尖固定，不随主轴回转，则工件圆度只和一对顶尖及工件顶尖孔的精度有关，而与主轴回转精度关系很小。主轴回转只起传递动力、带动工件转动的作用。

2. 导轨导向误差

导轨在机床中起导向和承载作用，它既是确定机床主要部件相对位置的基准，也是运动的基准。导轨的各项误差直接影响工件的加工质量。

（1）水平面内导轨直线度的影响：由于车床的误差敏感方向在水平面（Y 轴方向），所以这项误差对加工精度影响极大。如导轨误差为 ΔY，则引起的尺寸误差 $\Delta d = 2\Delta Y$。当导轨形状有误差时，会造成圆柱度误差，以操作者为标准。当导轨中部向前凸出时，工件产生鼓形（中凸形）；当导轨中部向后凸出时，工件产生鞍形（中凹形）。

（2）垂直面内导轨直线度的影响：对车床来说，垂直面内（z 轴方向）不是误差的敏感方向，但也会产生直径方向误差。

3. 传动链传动误差

在切削过程中，工件表面的成形运动是通过一系列的传动机构来实现的。传动机构的传动元件有齿轮、丝杆、螺母、蜗轮及蜗杆等，这些传动元件由于其加工、装配和使用过程中磨损而产生误差，这些误差就构成了传动链的传动误差。传动机构越多、传动路线越长，传动误差就越大。若要减小这一误差，除了提高传动机构的制造精度和安装精度外，还可缩短传动路线或附加校正装置。

5.3.2 刀具误差

机械加工中常用的刀具有普通刀具、定尺寸刀具和成形刀具。

（1）普通刀具（如普通车刀、单刃镗刀和平面铣刀等）的制造误差，对加工精度没有直接影响。

（2）定尺寸刀具（如钻头、铰刀、拉刀等）的尺寸误差直接影响工件的尺寸精度。刀具的安装和使用不当，产生跳动，也将影响加工精度。

（3）成形刀具（如成形车刀、成形铣刀及齿轮刀具等）的制造和磨损误差主要影响工件的形状精度。

5.3.3 夹具的误差

夹具的误差主要包括：

（1）定位元件、刀具引导元件、分度机构、夹具体等的制造误差。

（2）夹具装配后，以上各种元件工作面间的位置误差。

（3）夹具在使用过程中工作表面的磨损。

（4）夹具使用中工件定位基准面与定位元件工作表面间的位置误差。

夹具误差将直接影响加工表面的位置精度或尺寸精度。例如各定位支承板或支承钉的等高性误差将直接影响加工表面的位置精度；钻模上各钻套间的尺寸误差和平行度（或垂直度）误差将直接影响所加工孔系的尺寸精度和位置精度；镗模导向套的形状误差将直接影响所加工孔的形状精度等。

夹具误差引起的加工误差在设计夹具时可以进行分析计算。对已制成的夹具可以进行检测后再计算出其可能造成的误差大小。一般来说，夹具误差对加工表面的位置误差影响最大。

5.3.4　测量误差

工件在加工过程中，要用各种量具、量仪等进行检验测量，再根据测量结果对工件进行试切和调整机床。由于量具本身的制造误差，测量时的接触力、温度、目测正确程度等都会直接影响加工精度。因此，要正确地选择和使用量具，以保证测量精度。

5.3.5　调整误差

在机械加工的每一工序中，应对机床、夹具和刀具进行调整。调整误差的来源，视不同的加工方式而异。

1. 试切法加工

单件小批生产中，通常采用试切法加工。方法是：对工件进行试切—测量—调整—再试切，直到达到要求的精度为止。引起调整误差的因素如下：

（1）测量误差。

（2）进给机构的位移误差。在试切中，总是要微量调整刀具的进给量。在低速微量进给中，常会出现进给机构的"爬行"现象，其结果使刀具的实际进给量与刻度盘上的数值不符，造成加工误差。

（3）试切与正式切削时，因切削层厚度不同而产生误差。精加工时，试切的最后一刀往往很薄，切削刃只起挤压作用而不起切削作用。但正式切削时的深度较大，切削刃不打滑，就会多切下一点。因此，工件尺寸即与试切时不同，产生尺寸误差。

2. 调整法加工

影响调整法加工精度的因素有：测量精度、调整精度、重复定位精度等。用定程机构调整时，调整精度取决于行程挡块、靠模及凸轮等机构的制造精度和刚度及与其配合使用的离合器、控制阀等的灵敏度；用样件或样板调整时，调整精度取决于样件或样板的制造、安装和对刀精度。

5.4　切削过程的动态误差

5.4.1　工艺系统受力变形引起的加工误差

工艺系统在切削力、传动力、惯性力、夹紧力以及重力的作用下，产生相应的变形和振动，将会破坏刀具和工件之间成形运动的位置关系和速度关系，影响切削运动的稳定性，从

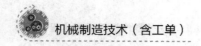

而产生各种加工误差和表面粗糙度。

1. 切削过程中受力点位置变化引起的加工误差

切削过程中，工艺系统的刚度随切削力着力点位置的变化而变化，引起系统变形的差异，使零件产生加工误差。

（1）在两顶尖车削粗而短的光轴时，由于工件刚度较大，在切削力作用下的变形相对机床、夹具和刀具的变形要小得多，故可忽略不计。此时，工艺系统的总变形完全取决于机床床头、尾架（包括顶尖）和刀架（包括刀具）的变形。工件产生的误差为双曲线圆柱度误差。

（2）在两顶尖间车削细长轴时，由于工件细长，刚度小，在切削力作用下，其变形大大超过机床、夹具和刀具的受力变形。因此，机床、夹具结合刀具承受力的变形可忽略不计，工艺系统的变形完全取决于工件的变形，工件产生腰鼓形圆柱度误差，如图 5 - 8 所示。

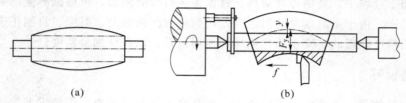

(a)   (b)

图 5 - 8   细长轴切削时的受力变形情况

（a）加工后工件的形状（y 轴方向尺寸已夸大）；（b）加工示意图

2. 切削力大小变化引起的加工误差——复映误差

工件的毛坯外形虽然具有粗略的零件形状，但它在尺寸、形状以及表面层材料硬度上都有较大的误差。毛坯的这些误差在加工时使切削深度不断发生变化，从而导致切削力的变化，进而引起工艺系统产生相应的变形，使得零件在加工后还保留与毛坯表面类似的形状或尺寸误差。当然工件表面残留的误差比毛坯表面误差要小得多。这种现象称为"误差复映规律"，所引起的加工误差称为"复映误差"。

除切削力外，传动力、惯性重力、夹紧力等其他作用力也会使工艺系统的变形发生变化，从而引起加工误差，影响加工质量。

3. 减小工艺系统受力变形的措施

减小工艺系统受力变形，不仅可以提高零件的加工精度，而且有利于提高生产率。因此，生产中必须采取有力措施，减小工艺系统受力变形。

1）提高工艺系统各部分的刚度

（1）提高工件加工时的刚度：有些工件因其自身刚度很差，加工中将产生变形而引起加工误差，因此必须设法提高工件自身刚度。

（2）提高工件安装时的夹紧刚度：对薄壁件，夹紧时应选择适当的夹紧方法和夹紧部位，否则会产生很大的形状误差。

（3）提高机床部件的刚度：机床部件的刚度在工艺系统中占有很大的比重，在机械加工时常用一些辅助装置提高其刚度。

2）提高接触刚度

（1）由于部件的接触刚度远远低于实体零件本身的刚度，因此，提高接触刚度是提高工艺系统刚度的关键，常用的方法有：改善工艺系统主要零件接触面的配合质量，如机床导轨副、锥体与锥孔、顶尖与顶尖孔等配合面采用刮研与研磨，以提高配合表面的形状精度，降低表面粗糙度。

（2）预加载荷，由于配合表面的接触刚度随所受载荷的增大而不断增大，所以对机床部件的各配合表面施加预紧载荷不仅可以消除配合间隙，而且还可以使接触表面之间产生预变形，从而大大提高接触刚度。例如为了提高主轴部件的刚度，常常对机床主轴轴承进行预紧等。

5.4.2 工艺系统受热变形引起的加工误差

在机械加工中，工艺系统在各种热源的作用下会产生一定的热变形。由于工艺系统热源分布的不均匀性及各环节结构、材料的不同，使工艺系统各部分的变形产生差异，从而破坏了刀具与工件的准确位置及运动关系，产生加工误差，尤其是对于精密加工，热变形引起的加工误差占总加工误差的一半以上。因此，在近代精密自动化加工中，控制热变形对精加工的影响已成为一项重要的任务和研究课题。

1. 工艺系统的热源

在加工过程中，工艺系统的热源主要有两大类：内部热源和外部热源。

1）内部热源

内部热源主要来自切削过程，它包括：

（1）切削热。切削过程中，切削金属层的弹性、塑性变形及刀具、工件、切屑间摩擦消耗的能量绝大多数转化为切削热，这些热能量以不同的比例传给工件、刀具、切屑及周围的介质。

（2）摩擦热。机床中的各种运动副，如导轨副、齿轮副、丝杠螺母副、蜗轮蜗杆副、摩擦离合器等，在相对运动时因摩擦而产生热量。机床的各种动力源如液压系统、电机、马达等，工作时也会产生能量损耗而发热。这些热量是机床热变形的主要热源。

（3）派生热源。切削中的部分切削热由切屑、切削液传给机床床身，摩擦热由润滑油传给机床各处，从而使机床产生热变形。这部分热源称为派生热源。

2）外部热源

外部热源主要来自外部环境。

（1）环境温度。一般来说，工作地周围环境随气温而变化，而且不同位置处的温度也各不相同，这种环境温度的差异有时也会影响加工精度。如加工大型精密件往往需要较长时间（有时甚至需要几个昼夜），由于昼夜温差使工艺系统热变形不均匀，故而产生加工误差。

（2）热辐射来自阳光、照明灯、暖气设备及人体等。

2. 机床热变形引起的加工误差

由于机床的结构和工作条件差别很大，因此引起热变形的主要热源也不大相同，大致分为以下三种：

（1）主要热源来自机床的主传动系统，如普通机床、六角机床、铣床、卧式镗床、坐标镗床等。

（2）主要热源来自机床导轨的摩擦，如龙门刨床、立式车床等。

（3）主要热源来自液压系统，如各种液压机床。

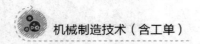

热源的热量一部分传给周围介质，一部分传给热源近处的机床零部件和刀具，以致产生热变形，影响加工精度。由于机床各部分的体积较大，热容量也大，因而机床热变形进行得缓慢（车床主轴箱一般不高于 60%）。实践表明，车床部件中受热最多、变形最大的是主轴箱，其他部分如刀架、尾座等温升不高，热变形较小。

3. 刀具热变形及对加工精度的影响

切削过程中，一部分切削热传给刀具，尽管这部分热量很少（高速车削时只占 1.2%），但由于刀体较小，热容量较小，因此，刀具的温度仍然很高，如高速钢车刀的工作表面温度可达 500 ℃～800 ℃。刀具受热伸长量一般情况下可达到 0.03～0.05 mm，从而产生加工误差，影响加工精度。

1）刀具连续工作

当刀具连续工作时，如车削长轴或在立式车床上车大端面，传给刀具的切削热随时间不断增加，刀具产生热变形而逐渐伸长，工件产生圆度误差或平面度误差。

2）刀具间歇工作

当采用调整法加工一批短轴零件时，由于每个工件切削时间较短，刀具的受热与冷却间歇进行，故刀具的热伸长比较缓慢。

总的来说，刀具能够迅速达到热平衡，且刀具的磨损又能与刀具的受热伸长进行部分补偿，故刀具热变形对加工质量影响并不显著。

4. 工件热变形引起的加工误差

1）工件均匀受热

当加工比较简单的轴、套、盘类零件的内外圆表面时，切削热比较均匀地传给工件，工件产生均匀热变形。

当加工盘类零件或较短的轴套类零件时，由于加工行程较短，故可以近似认为沿工件轴向方向的温升相等。因此，加工出的工件只产生径向尺寸误差而不产生形位误差。若工件精度要求不高，则可忽略热变形的影响。对于较长工件（如长轴）的加工，开始走刀时，工件温度较低，变形较小；随着切削的进行，工件温度逐渐升高，直径逐渐增大，因此工件表面被切去的金属层厚度越来越大，冷却后不仅产生径向尺寸误差，而且还会产生圆柱度误差。若该长轴（尤其是细长轴）工件用两顶尖装夹，且后顶尖固定锁紧，则加工中工件的轴向热伸长使工件产生弯曲并可能引起切削不稳。因此，加工长轴时，工人经常车一刀后转一下后顶尖，再车下一刀，或后顶尖改用弹簧顶尖，目的是消除工件热应力和弯曲变形。对于轴向精度要求较高的工件（如精密丝杠），其热变形引起的轴向伸长将产生螺距误差。因此，加工精密丝杠时必须采用有效的冷却措施，减少工件的热伸长。

2）工件不均匀受热

当工件进行铣、刨、磨等平面的加工时，工件单侧受热，上下表面温升不等，从而导致工件向上凸起，中间切去的材料较多，冷却后被加工表面呈凹形。这种现象对于加工薄片类零件尤为突出。

为了减小工件不均匀变形对加工精度的影响，应采取有效的冷却措施，减小切削表面温升。

5. 热变形的控制

1）减少发热、隔离热源

（1）减少切削热：合理选择切削用量和刀具几何角度；粗、精加工分开进行。

（2）减少摩擦热：可从结构和润滑两方面采取措施改善摩擦特性。例如，对于机床中不能分离的热源部件采用静压轴承、静压导轨，改用低黏度润滑油、锂基润滑脂等。

（3）分离热源：尽可能将机床中能够分离的热源部件，如电动机、变速箱、液压系统、冷却系统等从主机中分离出去。

（4）隔离热源：用隔热材料将发热部件与机床大件（如床身、立柱等）隔离开来。

2）冷却、通风、散热

（1）采用喷雾或大流量冷却：这是减少工件和刀具变形的有力措施。

（2）强制冷却：如螺纹磨床母丝杆采用空心结构通入恒温油冷却；大型数控机床和加工中心普遍采用冷冻机对润滑油和切削液强制冷却，以提高冷却效果。

（3）加强通风散热：在热源处加风扇、散热片、通风窗口等。

3）加速热平衡

热平衡后，变形趋于稳定，对加工精度影响小，精密零件应待热平衡后再进行加工，且应连续加工完毕。但大型机床热平衡时间很长，可采用以下两种方法加速其热平衡：一是在加工前高速空转，使机床在较短时间达到热平衡；二是在机床适当部位设"控制热源"，人为地给机床加热，使其较快地达到热平衡状态。

4）控制环境温度

根据一昼夜气温的变化规律，可将精度要求较高的零件放在夜间进行加工与测量。

精密机床应安放在恒温车间中使用。

5.4.3　工件残余应力引起的误差

1. 基本概念

残余应力也称内应力，是指当外部载荷去掉以后仍存留在工件内部的应力。残余应力是由于金属内部组织发生了不均匀的体积变化而产生的，其外界因素来自热加工和冷加工。

具有内应力的工件，是处在一种不稳定状态之中，它内部的组织有强烈的恢复到没有内应力稳定状态的倾向，即使在常温下工件的内部组织也在不断发生变化，直到内应力完全消失为止。在这一过程中，工件的形状逐渐改变（如翘曲变形），从而丧失其原有精度。如果把存在内应力的工件装配到机器中，则会因其在使用中的变形而破坏整台机器的精度。

2. 残余应力产生的原因

1）毛坯制造中产生的残余应力

在铸、锻、焊及热处理等加工过程中，由于工件各部分热胀冷缩不均匀以及金相组织转变时的体积变化，使毛坯内部产生了相当大的残余应力。毛坯的结构越复杂，各部分壁厚越不均匀，散热条件差别越大，毛坯内部产生的残余应力也越大。具有残余应力的毛坯在短时间内还看不出有什么变化，残余应力暂时处于相对平衡的状态，但当切去一层金属后，就打破了这种平衡，残余应力重新分布，工件就明显地出现了变形。

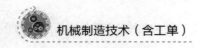

2）冷校直产生的残余应力

一些刚度较差、容易变形的工件（如丝杠等），通常采用冷校直的办法修正其变形。当去掉外力后，工件的弹性恢复受到塑性变形区的阻碍，致使残余应力重新分布，经冷校直后内部产生残余应力，处于不稳定状态，若再进行切削加工，则工件将重新发生弯曲。

3）切削加工中产生的残余应力

工件切削加工时，在各种力和热的作用下，其各部分将产生不同程度的塑性变形及金相组织变化，从而产生残余应力，引起工件变形。

实践证明，在加工过程中切去表面一层金属后，所引起残余应力的重新分布，变形最为剧烈。因此，粗加工后，应将被夹紧的工件松开使之有时间使残余应力重新分布。否则，在继续加工时，工件处于弹性应力状态下，而在加工完成后，必然会逐渐产生变形，进而破坏最终工序所得到的精度。因而机械加工中常使粗、精加工分开，以消除残余应力对加工精度的影响。

3. 减少或消除残余应力的措施

1）采取时效处理

（1）自然时效处理，主要是在毛坯制造之后，或粗、精加工之间，让工件停留一段时间，利用温度的自然变化，经过多次热胀冷缩，使工件的晶体内部或晶界之间产生了微观滑移，从而达到减少或消除残余应力的目的。这种过程对大型精密件（如床身、箱体等）需要很长时间，往往会影响产品的制造周期，所以除特别精密件外，一般较少采用。

（2）人工时效处理，这是目前使用最广的一种方法，它是将工件放在炉内加热到一定温度，使工件金属原子获得大量热能来加速它的运动，并保温一段时间达到原子组织重新排列，再随炉冷却，以达到消除残余应力的目的。这种方法对大型件就需要一套很大的设备，其投资和能源消耗都较大。

（3）振动时效处理，这是消除残余应力、减少变形以及保持工件尺寸稳定的一种新方法，可用于铸造件、锻件、焊接件以及有色金属件等。它是以激振的形式将机械能加到含有大量残余应力的工件内，引起工件金属内部晶格错位蠕变，使金属的结构状态稳定，以减少和消除工件的内应力。

2）合理安排工艺路线

（1）对于精密零件，粗、精加工分开。

（2）对于大型零件，由于粗、精加工一般安排在一个工序内进行，故粗加工后先将工件松开，使其自由变形，再以较小的夹紧力夹紧工件进行精加工。

（3）对于焊接件焊接前，工件必须经过预热，以减小温差和残余应力。

3）合理设计零件结构

设计零件结构时，应注意简化零件结构，提高其刚度，减小壁厚差，如果是焊接结构，则应使焊缝均匀，以减小残余应力。

5.4.4 提高加工精度的工艺措施

保证和提高加工精度的方法，大致可概括为以下几种：减少误差法、误差补偿法、误差分组法、误差转移法、就地加工法以及误差平均法等。

1. 减少误差法

这种方法是生产中应用较广的一种方法，它是在查明产生加工误差的主要因素之后，设法消除或减少误差。

例如细长轴的车削，现在采用了"大走刀反向车削法"，基本消除了轴向切削力引起的弯曲变形。若辅之以弹簧顶尖，则可进一步消除热变形引起的热伸长的危害。

再如薄片磨削中，由于采用了弹性加压和树脂胶合以加强工件刚度的办法，故使工件在自由状态下得到固定，解决了薄片零件加工平面度不易保证的难题。

2. 误差补偿法（误差抵消法）

误差补偿法，是人为地造出一种新的误差，去抵消原来工艺系统中固有的原始误差。当原始误差是负值时，人为的误差就取正值，反之则取负值，尽量使两者大小相等、方向相反。或者利用一种原始误差去抵消另一种原始误差，也是尽量使两者大小相等、方向相反，从而达到减少加工误差、提高加工精度的目的。

如用预加载荷法精加工磨床床身导轨，借以补偿装配后受部件自重而产生的变形。磨床床身是一个狭长结构，刚性比较差，虽然在加工时床身导轨的各项精度都能达到，但装上横向进给机构、操纵箱以后，往往发现导轨精度超差。这是因为这些部件的自重引起了床身变形。为此，某些磨床厂在加工床身导轨时采取用"配重"代替部件重量，或者先将该部件装好再磨削的办法，使加工、装配和使用条件一致，以保持导轨高的精度。

3. 误差分组法

在加工中，由于上道工序"毛坯"误差的存在，故造成了本工序的加工误差。由于工件材料性能改变，或者上道工序的工艺改变（如毛坯精化后，把原来的切削加工工序取消），引起毛坯误差发生较大的变化，这种毛坯误差的变化对本工序的影响主要有两种情况：

（1）复映误差，引起本工序误差；

（2）定位误差扩大，引起本工序误差。

解决这个问题，最好是采用分组调整均分误差的办法。这种办法的实质就是把毛坯按误差的大小分 n 组，每组毛坯误差范围就缩为原来的 $1/n$，然后按各组分别调整加工。

4. 误差转移法

误差转移法实质上是转移工艺系统的几何误差、受力变形和热变形等。误差转移的实例很多，如当机床精度达不到零件加工要求时，常常不是一味提高机床精度，而是在工艺或夹具上想办法，创造条件，使机床的几何误差转移到不影响加工精度的方面去。如磨削主轴锥孔保证其和轴颈的同轴度，不是靠机床主轴的回转精度来保证，而是靠夹具保证。当机床主轴与工件主轴之间用浮动连接以后，机床主轴的原始误差就被转移掉了。在箱体的孔系加工中，介绍过用坐标法在普通镗床上保证孔系的加工精度，其要点就是采用了精密量棒、内径千分尺和百分表等进行精密定位。这样，镗床上因丝杠、刻度盘和刻线尺而产生的误差就不会反映到工件的定位精度上去了。

5. 就地加工法

在加工和装配中有些精度问题，牵扯到零、部件间的相互关系，相当复杂，如果一味地提高零、部件本身精度，有时不仅困难，甚至不可能，若采用就地加工法，就可能很方便地解决看起来非常困难的精度问题。例如，在六角车床制造中，转塔上六个安装刀架的大孔，其轴心线必须保证和主轴旋转中心线重合，而六个面又必须和主轴中心线垂直。如果把转塔

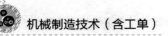

作为单独零件，加工出这些表面后再装配，因包含了很复杂的尺寸链关系，要想达到上述两项要求是很困难的，因而实际生产中采用了就地加工法。这些表面在装配前不进行精加工，等它装配到机床上以后，再加工六个大孔及端面。

6. 误差平均法

对配合精度要求很高的轴和孔，常采用研磨方法来达到。研具本身并不要求具有高精度，但它却能在和工件相对运动过程中对工件进行微量切削，最终达到很高的精度。这种工件与研具表面间的相对摩擦和磨损的过程也是误差不断减少的过程，此即称为误差平均法。

5.5　机械加工表面质量

5.5.1　表面质量的基本概念

机器零件的加工质量，除了加工精度外，还包括零件在加工后的表面质量。表面质量的好坏对零件的使用性能和寿命影响很大。机械加工表面质量主要包括以下两个方面的内容。

1. 表面层的几何形状特性

（1）表面粗糙度。它是指加工表面的微观几何形状误差，在图 5-9（a）中 Ra 表示轮廓算术平均偏差。表面粗糙度通常是由机械加工中切削刀具的运动轨迹所形成的。

（2）表面波度。它是介于宏观几何形状误差与微观几何形状误差之间的周期性几何形状误差。在图 5-9（b）中，A 表示波度的高度。表面波度通常是由于加工过程中工艺系统的低频振动所造成的。

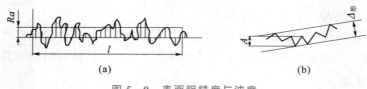

图 5-9　表面粗糙度与波度

（a）表面粗糙度；（b）表面波度

2. 表面层物理机械性能

表面层物理机械性能主要是指下列三个方面：

（1）表面冷作硬化；

（2）表面层金相组织的变化；

（3）表面层残余应力。

5.5.2　表面质量对零件使用性能的影响

1. 表面质量对零件耐磨性的影响

零件的使用寿命常常是由耐磨性决定的，而零件的耐磨性不仅和材料及热处理有关，而且还与零件接触表面的粗糙度有关。当两接触表面产生相对运动时，最初只在部分凸峰处接触，因此实际接触面积比理论接触面积小得多，从而使得单位面积上的压力很大。当其超过材料的屈服点时，就会使凸峰部分产生塑性变形甚至被折断或因接触面的滑移而迅速磨损，这就是零件表面的初期磨损阶段（如图 5-10 中第Ⅰ阶段）。以后随接触面积的增大，单位面积上的压力减小，磨损减慢，进入正常磨损阶段（如图 5-10 中第Ⅱ阶段）。此阶段零件的耐磨性最好，持续的时间也较长。最后，由于凸峰被磨平，粗糙度值变得非常小，不利于润滑油的储存，且使接触表面之间的分子亲和力增大，甚至发生分子黏合，使摩擦阻力增大，从而进入急剧磨损阶段（如图 5-10 中第Ⅲ阶段）。零件表面冷作硬化或经淬硬，可提高零件的耐磨性。

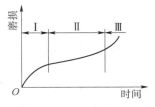

图 5-10　零件的磨损过程

2. 表面质量对零件疲劳强度的影响

零件由于疲劳而破坏都是从表面开始的，因此表面层的粗糙度对零件的疲劳强度影响很大。在交变载荷作用下，由于表面上微观不平的凹谷处，容易形成应力集中，故会产生和加剧疲劳裂纹，以致疲劳损坏。实验证明，表面粗糙度值从 $0.02~\mu m$ 变到 $0.2~\mu m$，其疲劳强度下降约为 25%。

零件表面的冷硬层有助于提高疲劳强度，因为强化过的表面冷硬层具有阻碍裂纹继续扩大和新裂纹产生的能力。此外，当表面层具有残余压应力时，能使疲劳强度提高；当表面层具有残余拉应力时，则使疲劳强度进一步降低。

3. 表面质量对零件耐腐蚀性的影响

零件的耐腐蚀性在很大程度上取决于表面粗糙度。表面粗糙度值越大，越容易积聚腐蚀性物质，凹谷越深，渗透与腐蚀作用越强烈，故减小表面粗糙度值可提高零件的耐腐蚀性。此外，残余压应力使零件表面紧密，腐蚀性物质不易进入，可增强零件的耐腐蚀性。

4. 表面质量对配合性质的影响

在间隙配合中，如果配合表面粗糙，则在初期磨损阶段由于配合表面迅速磨损，使配合间隙增大，改变了配合性质。在过盈配合中，如果配合表面粗糙，则装配后表面的凸峰将被挤压，而使有效过盈量减少，降低了配合强度。

5.5.3　影响表面粗糙度的因素

1. 切削加工中影响表面粗糙度的因素

1）几何因素

切削加工时，由于刀具切削刃的形状和进给量的影响，不可能把余量完全切除，而在工件表面上留下一定的残留面积，残留面积高度越大，表面越粗糙。残留面积高度 R_{max} 与进给量 f、刀具主偏角 κ_r 等有关。

2）物理因素

切削加工时，影响表面粗糙度的物理因素主要表现在以下几方面：

（1）积屑瘤。

用中等或较低的切削速度（一般 $v < 40~min$）切削塑性材料时，易于产生积屑瘤。合理选择切削量及采用润滑性能优良的切削液，都能抑制积屑瘤产生，降低表面粗糙度。

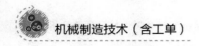

（2）刀具表面对工件表面的挤压与摩擦。

在切削过程中，刀具切削刃总有一定的钝圆半径。因此在整个切削厚度内会有一层薄金属无法切去，这层金属与刀刃接触的瞬间先受到剧烈的挤压而变形，当通过刀刃后又立即弹性恢复，与后刀面强烈摩擦，再次受到一次拉伸变形，这样往往在已加工表面上形成鳞片状的细裂纹（称为鳞刺）而使表面粗糙度值增大，因此降低刀具前、后刀面的表面粗糙度，保持刀刃锋利及充分施加润滑液，可减小摩擦，有利于降低工件的表面粗糙度。

（3）工件材料性质。

切削脆性金属材料，往往出现微粒崩碎现象，在加工表面上留下麻点，使表面粗糙度值增大，因此降低切削用量并使用切削液有利于降低表面粗糙度。在切削塑性材料时，往往因挤压变形而产生金属的撕裂和积屑瘤现象，增大了表面粗糙度。此外，被加工材料的金相组织对加工表面粗糙度也有较大的影响。

2. 磨削加工中影响表面粗糙度的因素

磨削加工是由砂轮的微刃切削形成加工表面，单位面积上刻痕越多，且刻痕细密均匀，则表面粗糙度越细。磨削加工中影响表面粗糙度的因素如下：

1）磨削用量

砂轮速度 v_s 对表面粗糙度的影响较大，当 v_s 大时，参与切削的磨粒数增多，可以增加工件单位面积上的刻痕数，同时高速磨削时工件表面塑性变形不充分，因而提高 v_s 有利于降低表面粗糙度。

磨削深度与进给速度增大时，将使工件表面塑性变形加剧，因而使表面粗糙度值增大。为了提高磨削效率，通常在开始磨削时采用较大的磨削深度，然后采用小的磨削深度或光磨，以减小表面粗糙度值。

2）砂轮

砂轮的粒度越细，单位面积上的磨粒数越多，使加工表面刻痕细密，则表面粗糙度值越小。但粒度过细，容易堵塞砂轮而使工件表面塑性变形增加，影响表面粗糙度。

砂轮硬度应适宜，使磨粒在磨钝后及时脱落，露出新的磨粒来继续切削，即具有良好的"自砺性"，工件就能获得较小的表面粗糙度。

砂轮应及时修整，以去除已钝化的磨粒，保证砂轮具有等高微刃，砂轮上的切削微刃越多，其等高性越好，磨出的表面越细。

3）工件材料

工件材料的硬度、塑性、韧性和导热性能等对表面粗糙度有显著影响，工件材料太硬时，磨粒易钝化；太软时易堵塞；韧性大和导热性差的材料，使磨粒早期崩落而破坏了微刃的等高性，因此均使表面粗糙度值增大。

4）冷却润滑液

磨削冷却润滑液对减小磨削力、温度及砂轮磨损等都有良好的效果，正确选用冷却液有利于减小表面粗糙度值。

5.5.4 影响表面物理机械性能的因素

1. 加工表面的冷作硬化

表面冷作硬化是由于机械加工时，工件表面层金属受到切削力的作用，产生强烈的塑性变形，使金属的晶格被拉长、扭曲，甚至破坏而引起的。其结果会导致材料强化、表面硬度提高、塑性降低、物理机械性能发生变化。另一方面，机械加工中产生的切削热在一定条件下会使金属在塑性变形中产生回复现象（已强化的金属恢复到正常状态），使金属失去冷作硬化中所得到的物理机械性能，因此，机械加工表面层的冷硬是强化作用与回复作用综合的结果。

影响表面冷作硬化的因素：

1）切削用量

（1）切削速度 v：随着切削速度的增大，被加工金属塑性变形减小，同时由于切削温度上升使回复作用加强，因此冷硬程度下降。当切削速度高于 100 m/min 时，由于切削热的作用时间减少，回复作用降低，故冷硬程度反而有所增加。

（2）进给量 f：进给量增大使切削厚度增大，切削力增大，工件表面层金属的塑性变化增大，故冷硬程度增加。

2）刀具

（1）刀具刃口圆弧半径 r_β：刀具刃口圆弧半径增大，表面层金属的塑性变形加剧，导致冷硬程度增大。

（2）刀具后刀面磨损宽度 V_B：一般随后刀面磨损宽度 V_B 的增大，刀具后刀面与工作表面摩擦加剧，塑性变形增大，导致表面层冷硬程度增大。但当磨损宽度超过一定值时，摩擦热急剧增大，从而使得硬化的表面得以回复，所以显微硬度并不继续随 V_B 的增大而增大。

（3）前角 γ_0：前角增大，可减小加工表面的变形，使冷硬程度减小。实验表明，当前角在 $\pm15°$ 范围内变化时，对表面冷硬程度的影响很小，当前角小于 $-20°$ 时，表面层的冷硬程度将急剧增大。刀具后角 α_0、主偏角 κ_r、副偏角 κ_r' 及刀尖圆弧半径 r_ε 等对表面层冷硬程度影响不大。

3）工件材料

工件材料的塑性越大，加工表面层的冷硬程度越严重，碳钢中含碳量越高，强度越高，其冷硬程度越小。

有色金属熔点较低，容易回复，故冷硬程度要比结构钢小得多。

2. 加工表面的金相组织变化

对于一般的切削加工，切削热大部分被切屑带走，加工表面温升不高，故对工件表面层的金相组织的影响不甚严重。而磨削时，磨粒在高速（一般是 35 m/s）下以很大的负前角切削薄层金属，在工件表面引起很大的摩擦和塑性变形，其单位切削功率消耗远远大于一般切削加工。由于消耗的功率大部分转化为磨削热，其中 $60\%\sim80\%$ 的热量将传给工件，所以磨削是一种典型的、容易产生加工表面金相组织变化（磨削烧伤）的加工方法。

磨削烧伤分为回火烧伤、淬火烧伤和退火烧伤，它们的特征是在工件表面呈现烧伤色，不同的烧伤色表明表面层具有不同的温度与不同的烧伤深度。影响磨削表面金相组织变化的因素如下：

1）磨削用量

（1）磨削深度 a_p：当磨削深度增加时，无论是工件表面温度，还是表面层下不同深度的温度，都随之升高，故烧伤的可能性增大。

（2）纵向进给量 f_a：纵向进给量增大，热作用时间减少，使金相组织来不及变化，磨削烧伤减轻。但 f_a 大时，加工表面的粗糙度增大，一般可采用宽砂轮来弥补。

（3）工件线速度 v_w：工件线速度增大，虽使发热量增大，但热作用时间减少，故对磨削烧伤影响不大。提高工件线速度会导致工件表面更为粗糙，为了弥补这一缺陷而又能保持高的生产率，一般可提高砂轮速度。

2）砂轮的选择

若砂轮的粒度越细、硬度越高、自砺性越差，则磨削温度越高。当砂轮组织太紧密时，磨屑堵塞砂轮，易出现烧伤。

砂轮结合剂最好采用具有一定弹性的材料，当磨削力增大时，砂轮磨粒能产生一定的弱性退让，使切削深度减小，避免烧伤。

3）工件材料

工件材料对磨削区温度的影响主要取决于它的硬度、强度、韧性和导热系数。

工件的强度、硬度越高或韧性越大，磨削时磨削力越大，功率消耗也越大，造成表面温度越高，因而容易造成磨削烧伤。

导热性能较差的材料，如轴承钢、高速钢以及镍铬钢等，受热后更易磨削烧伤。

4）冷却润滑

采用切削液带走磨削区热量可以避免烧伤。但是磨削时，由于砂轮转速较高，在其周围表面会产生一层强气流，用一般冷却方法，切削液很难进入磨削区。目前采用的比较有效的冷却方法有内冷却法、喷射法和含油砂轮磨削等。

3. 加工表面的残余应力

切削加工的残余应力与冷作硬化及热塑性变形密切相关。凡是影响冷作硬化及热塑性变形的因素如工件材料、刀具几何参数、切削用量等都将影响表面残余应力，其中影响最大的是刀具前角和切削速度。

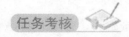 任务考核

任务考核评分标准见表 5 - 2。

表 5 - 2　评分标准

学习情景一　阶梯轴加工刀具及切削用量选择							
序号	考核评价项目		考核内容	学生自检	小组互检	教师终检	配分	成绩
1	过程考核	素养目标	爱党爱国，爱岗敬业；团队协作，开拓创新；热爱劳动，服务国防				20	
2		知识目标	信息搜集，自主学习，分析、解决问题，归纳、总结及创新能力				35	
3		能力目标	团队协作、沟通协调、语言表达能力及安全文明、质量保障意识				30	
4	常规考核	作业					5	
5		回答问题					5	
6		其他					5	

参 考 文 献

［1］卢秉恒. 机械制造技术基础［M］. 北京：机械工业出版社，2018.

［2］黄雨田. 机械制造技术［M］. 西安：北京理工大学出版社，2014.

［3］崇凯. 机械制造技术基础课程设计指南［M］. 北京：化学工业出版社，2015.

［4］顾维邦. 金属切削机床概论［M］. 北京：机械工业出版社，2017.

［5］恽达明. 金属切削机床［M］. 北京：机械工业出版社，2013.

［6］张权民. 机床夹具设计［M］. 北京：科学出版社，2013.

［7］王启平. 机床夹具设计［M］. 哈尔滨：哈尔滨工业大学出版社，2019.

［8］陆剑中，孙家宁. 金属切削原理与刀具［M］. 北京：机械工业出版社，2016.

［9］郑修本. 机械制造工艺学［M］. 北京：机械工业出版社，2012.

［10］倪森寿. 机械制造工艺与装备习题集和课程设计指导书［M］. 北京：化学工业出版社，2003.

［11］陈宏钧，方向明，马素敏. 典型零件机械加工生产实例［M］. 北京：机械工业出版社，2006.

［12］王先逵. 机械加工工艺手册，第一卷，工艺基础卷［M］. 2版. 北京：机械工业出版社，2006.

［13］龚定安，赵孝昶，高化. 机床夹具设计［M］. 西安：西安交通大学出版社，1992.

［14］王启平. 机床夹具设计［M］. 哈尔滨：哈尔滨工业大学出版社，1996.

［15］张权民，等，史朝辉主审. 机床夹具设计［M］. 修订版. 北京：科学出版社，2010.

［16］史朝辉，等. 精密典型零件工装设计［M］. 北京：科学出版社，2014.

机械制造技术

任务工单

主　编　李俊涛

副主编　李会荣

参　编　刘　伟　刘彦伯　薛　帅

主　审　张永军

北京理工大学出版社

BEIJING INSTITUTE OF TECHNOLOGY PRESS

机械制造技术

作业工具

北京理工大学出版社
BEIJING INSTITUTE OF TECHNOLOGY PRESS

前　言

　　本书是依据李俊涛主编的《机械制造技术》而编写的相应配套工单，编写时充分考虑了"教学做一体化"和"讲练结合"的特点，在注重习题类型全面性的基础上，特别注意紧扣相应内容，涵盖相应教材的所有范围。习题的选编具有典型性、代表性，突出重点内容，难度适中，特别适合装备制造大类专业学生在学习机械制造技术课程时同步练习使用。

　　本书由李俊涛担任主编并完成习题编写。在编写的过程中得到了陕西国防工业职业技术学院李会荣、刘彦伯、刘伟等老师的支持，在此深表感谢！

　　由于编者水平有限，不妥之处在所难免，恳请广大读者批评指正。

编　者

目　　录

学习情境一　阶梯轴加工刀具选择

一、名词解释

1. 金属切削加工：

2. 积屑瘤：

3. 刀具耐用度：

4. 红硬性：

5. 工件材料切削加工性：

二、填空题

1. 切削用量三要素指的是_____、_____和_____。

2. 在金属切削过程中，切削运动可分为_____和_____。其中_____消耗功率最大，速度最高。

3. 在车床上钻孔时，主运动是_____转动，进给运动是_____移动；在钻床上钻孔时，主运动是_____转动，进给运动是_____移动；牛头刨床的主运动为_____，进给运动为_____。

4. 金属切削刀具的材料应具备的性能有_____、_____、_____、_____和_____。在所具备的性能中，_____是最关键的。

5. 刀具在高温下能保持高硬度、高耐磨性、足够的强度和韧性，则该刀具的_____较高。

6. 常用的刀具材料有_____。切削铸铁类脆性材料应选用_____牌号的硬质合金刀具，切削塑性材料应选用_____牌号的硬质合金刀具。

7. 精车铸铁时应选用_____（YG3、YT10、YG8），粗车钢时应选用_____（YT5、YG6、YT30）

8. 制造复杂刀具宜选用_____（高速钢、硬质合金）；当高速切削时，宜选用_____（高速钢，硬质合金）刀具。

9. 前刀面和基面的夹角是_____角，后刀面与切削平面的夹角是_____角，主切削刃在基面上的投影和进给方向之间的夹角是_____角，主切削刃与基面之间的夹角是_____角。

10. 刀具角度中，影响径向分力 F_y 大小的角度是_____。因此，车削细长轴时，为减小径向分力作用，_____角常用90°～93°。

11. 切削过程中影响排屑方向的刀具角度是_____，精加工时该角应取_____值。

12. 塑性金属材料的切割过程分为 _____ 、 _____ 和 _____ 三个阶段。

13. 衡量切削变形的方法有 _____ 、 _____ 两种，当切削速度提高时，切削变形 _____ 。

14. 根据不同的工件材料和切削过程中的不同变形程度，切屑分为 _____ 、 _____ 、 _____ 和 _____ 四种。

15. 积屑瘤产生的条件是 _____ 。为避免积屑瘤的产生，主要控制切削用量中的 _____ 。

16. 切削力常分解到三个相互垂直的方向上： _____ 力与主切削刃上某点的切削速度方向一致；与工件轴线平行的为 _____ 力；与工件半径方向一致的是 _____ 力。

17. 在切削用量中，影响切削力大小最显著的是 _____ ，影响切削温度大小最显著的是 _____ 。

18. 当进给量增加时，切削力 _____ （增加、减少），切削温度 _____ （增加、减少）。

19. 当主偏角增大时，刀具耐用度 _____ （增加，减少）；当切削温度提高时，刀具耐用度 _____ （增加、减少）。

20. 从提高刀具耐用度出发，粗加工时选择切削用量的顺序依次是 _____ 、 _____ 和 _____ 。

21. 弯头车刀刃头的几何形状如图 1-1 所示，试按表 1-1 所列要求，选择相应的字母或数字填入表 1-1 中。

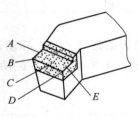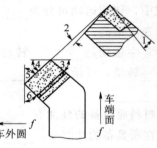

图 1-1

表 1-1

项目	主切削刃	副切削刃	刀刃	前角 γ_o	后角 α_o	主偏角 κ_r	副偏角 κ_r'
车外圆							
车端面							

三、单项选择题

1. 主运动是旋转运动的机床有 （　　　）。

    A. 车床、龙门刨床   B. 牛头刨床

    C. 车床、磨床和钻床   D. 插床

2. 当主运动为旋转运动时，切削速度的计算公式为 $v_c = \pi dn / 1\,000$，但式中 "d" 的含义不尽相同，在车床上车外圆时，d 是指 （　　　）；在车床上镗孔时，d 是指 （　　　）；在铣

床上铣平面时，d 是指（   ）。

    A. 刀具外径   B. 已加工表面直径

    C. 待加工表面直径   D. 过渡表面直径

3. 在实心孔工件上钻孔时，背吃刀量是钻头直径的 （   ）。

    A. 1/3   B. 1/4   C. 1/2   D. 2/3

4. 切削平面的定义为 （   ）。

    A. 过主刃某点垂直于主剖面的平面   B. 过主刃某点垂直于基面的平面

    C. 过主刃与加工表面相切的平面   D. 过主刃某点与加工表面相切的平面

5. 主剖面（即正交平面）的定义为 （   ）。

    A. 过刀刃某点垂直于 P_s 的平面   B. 过刀刃某点垂直于 P_r 的平面

    C. 过刀刃某点垂直于 V_c 和 V_f 的平面   D. 过刀刃某点垂直于 P_r 和 P_s 的平面

6. 确定外圆车刀后刀面方位的参数是 （   ）。

    A．α_o 和 κ_r B．γ_o 和 α_o C．α_o' 和 κ_r' D．α_o 和 λ_s

7. 改变车刀主偏角对以下哪几个切削要素有影响 （   ）。

    A. h_D B. a_p C. f D. b_D

8. 如图 1-2 所示，用 90° 外圆刀将 $\phi80$ 的棒料加工到 $\phi72$，$n=320$、$f=0.18$，则 h_D 与 b_D 分别为 （   ）。

    A. $h_D=0.18$、$b_D=8$ B. $h_D=0.18$、$b_D=4$

    C. $h_D=0.15$、$b_D=8$ D. $h_D=0.15$、$b_D=4$

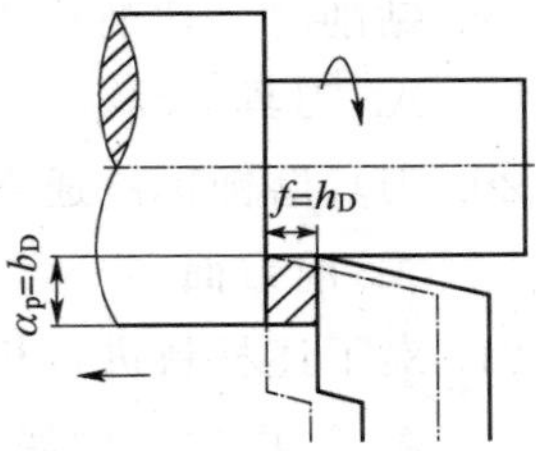

图 1-2

9. ISO 标准中 P 类硬质合金相当于我国的 （   ）。

    A. YG 类   B. YT 类

    C. YN 类   D. YW 类

10. ISO 标准中 M 类硬质合金相当于我国的 （   ）。

    A. YG 类   B. YT 类   C. YN 类   D. YW 类

11. ISO 标准中 K 类硬质合金相当于我国的 （   ）。

    A. YG 类   B. YT 类   C. YN 类   D. YW 类

12. 试选择制造下列刀具的材料：麻花钻 （   ）；手用铰刀 （   ）；整体圆柱铣刀 （   ）；镶齿端铣刀刀齿 （   ）；锉刀 （   ）

    A. 碳素工具钢   B. 合金工具钢   C. 高速钢   D. 硬质合金

13. 切削深度对切削变形的影响是 （   ）。

    A. 切削深度增大，切削变形明显增大   B. 切削深度增大，切削变形减小

    C. 切削深度增大，切削变形基本不变   D. 切削深度增大，切削变形先增加后减小

14. 下列因素中对已加工表面粗糙度影响最显著的因素是 （   ）。

    A 切削速度 v_c B. 进给量 f C. 刀具前角   D. 刀具材料

15. 分别用如图 1-3 所示的四把车刀车削工件外圆面，除车刀主偏角不等外，其余条件均相同，其中径向力 F_y 最小的是 （   ）；切削温度最低的是 （   ）；刀具磨损最慢的是 （   ）；已加工表面粗糙度 Ra 值最小的是 （   ）。

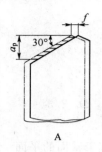 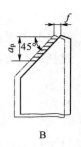 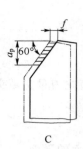 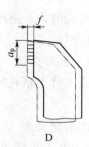

图 1-3

16. 纵车外圆时，不消耗功率但影响工件精度的切削分力是（　　）。

    A. 进给力   B. 背向力   C. 主切削力   D. 总切削力

17. 切削用量对切削温度的影响程度由大到小排列为（　　）。

    A. $v_c \rightarrow a_p \rightarrow f$ B. $v_c \rightarrow f \rightarrow a_p$ C. $f \rightarrow a_p \rightarrow v_c$ D. $a_p \rightarrow f \rightarrow v_c$

18. 刃倾角的功用之一是控制切屑流向，若刃倾角为负，则切屑流向为（　　）。

    A. 流向已加工表面   B. 流向待加工表面

    C. 沿切削刃的法线方向流出

19. 钻削时，切削热传出的途径中所占比例最大的是（　　）。

    A. 刀具   B. 工件   C. 切屑   D. 空气介质

20. 刀具磨钝标准通常按照（　　）的磨损值制定标准。

    A. 前刀面   B. 后刀面   C. 前角   D. 后角

21. 对下述材料进行相应的热处理时，可改善其可加工性的是（　　）。

    A. 对中碳钢的调质处理   B. 对高碳钢的淬火处理

    C. 对铸件的时效处理   D. 对低碳钢的正火处理

22. 车削用量的选择原则：粗车时，一般（　　），最后确定一个合适的切削速度 v。

    A. 应首先选择尽可能大的吃刀量 a_p，其次选择较大的进给量 f

    B. 应首先选择尽可能小的吃刀量 a_p，其次选择较大的进给量 f

    C. 应首先选择尽可能大的吃刀量 a_p，其次选择较小的进给量 f

    D. 应首先选择尽可能小的吃刀量 a_p，其次选择较小的进给量 f

23. 粗切削中碳钢，γ_o 角选择的数值为（　　）。

    A. $0° \sim 5°$ B. $5° \sim 10°$ C. $10° \sim 15°$ D. $15° \sim 20°$

24. 粗切削中碳钢，α_o 角选择的数值为（　　）。

    A. $0° \sim 4°$ B. $4° \sim 6°$ C. $6° \sim 8°$ D. $8° \sim 10°$

25. 精车 $d = 20$ mm，$L = 500$ mm 的轴，下列哪种刀具角度较合理（　　）。

    A. $\kappa_r = 45°$，$\gamma_o = 15°$，$\lambda_s = 5°$ B. $\kappa_r = 45°$，$\gamma_o = 15°$，$\lambda_s = -5°$

    C. $\kappa_r = 90°$，$\gamma_o = 15°$，$\lambda_s = 5°$ D. $\kappa_r = 90°$，$\gamma_o = 15°$，$\lambda_s = -5°$

四、判断题（在正确的题后打"√"，在错误的题后打"×"）

1. 刀具前角是前刀面与基面的夹角，在正交平面中测量。   （　　）

2. 刀具后角是主后刀面与基面的夹角，在正交平面中测量。   （　　）

3. 刀具前角越大，切屑变形程度就越大。 （　　）

4. 一把刀具其切削性能的好坏，及是否锋利、牢固等都可从刀具角度上反映出来。 （　　）

5. 前角大，刀刃锋利；后角越大，刀具后刀面与工件摩擦越小，因而在选择前角和后角时，
应采用最大前角和后角。 （　　）

6. 刀具前角的大小可根据加工条件有所改变，可以是正值，也可以是负值，而后角不能是
负值。 （　　）

7. 切削钢件时，因其塑性较大，故切屑成碎粒状。 （　　）

8. 切削力的三个分力中，轴向力越大，工件越易弯曲，易引起振动，影响工件的精度和表
面粗糙度。 （　　）

9. 在钻床上钻孔时，进给量是指刀具每转一转，工件的移动量。 （　　）

10. 牛头刨床刨斜面时，主运动是刨刀的往复直线运动，进给运动是工件的斜向间歇移动。
 （　　）

11. 硬质合金受制造方法的限制，目前主要用于制造形状比较简单的切削刀具。 （　　）

12. 切削用量三要素对切削力的影响程度是不同的，背吃刀量（切削深度）影响最大，切削
速度影响最小。 （　　）

13. 在切削用量中，对切削热影响最大的是背吃刀量（切削深度），其次是进给量。 （　　）

14. 切削温度的最高点在刀尖处。 （　　）

15. 切削用量中，影响切削温度最大的因素是切削速度。 （　　）

16. 积屑瘤的产生在精加工时要设法避免，但对粗加工有一定的好处。 （　　）

17. 硬质合金是一种耐磨性好、耐热性高及抗弯强度和冲击韧性都较高的刀具材料。 （　　）

18. 刀具切削部位材料的硬度必须大于工件材料的硬度。 （　　）

19. 主偏角增大，刀具刀尖部分强度与散热条件变差。 （　　）

20. 从 $\xi = h_{ch}/h_D$ 可知，ξ 应是一个大于或等于 1 的数，当 $\xi > 1$ 时说明切削过程有变形，当
$\xi = 1$ 时则说明切削过程没有变形。

五、综合分析与简答题

1. 何为刀具寿命？刀具磨损的原因有哪些？

2. 车刀切削部分的材料应具备哪些基本性能？

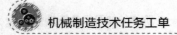

3. 车削外圆面，已知工件转速 $n = 320$ r/min，车刀移动速度 $v_f = 64$ mm/min，其他条件如图 1-4 所示，试求切削速度、进给量、切削深度、切削厚度、切削宽度及切削面积。

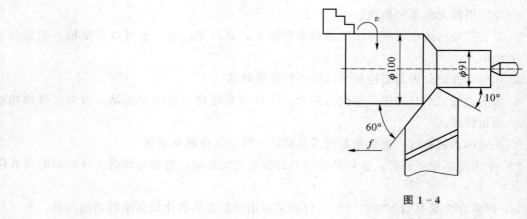

图 1-4

学习情境二　实心轴加工设备选用

一、填空题

1. 成形运动按其组成情况不同，可分为＿＿＿＿＿＿＿和＿＿＿＿＿＿＿两种运动。

2. CA6140 型普通车床的主参数是＿＿＿＿＿＿＿＿＿＿。

3. 根据切削过程中所起的作用不同，成形运动又可分为＿＿＿＿＿＿＿和＿＿＿＿＿＿＿。

4. 为实现加工过程中所需各种的运动，机床必须具备＿＿＿＿＿＿＿、＿＿＿＿＿＿＿和传动装置。

5. 机床的精度包括＿＿＿＿＿＿＿、＿＿＿＿＿＿＿和＿＿＿＿＿＿＿。

6. 卧式车床主要由＿＿＿＿＿＿＿、＿＿＿＿＿＿＿、＿＿＿＿＿＿＿和刀架组成。

7. 车床适用于加工＿＿＿＿＿＿＿＿＿的表面。

8. 车刀按加工表面不同可分为＿＿＿＿车刀、＿＿＿＿车刀、＿＿＿＿车刀、＿＿＿＿车刀和＿＿＿＿车刀。

9. 根据不同的加工情况，车孔刀可分为＿＿＿＿镗刀和＿＿＿＿镗刀两种。

10. 卧式升降台铣床的主轴是＿＿＿＿＿方向布置。

11. 按铣刀结构不同，可分为＿＿＿＿铣刀、＿＿＿＿铣刀、＿＿＿＿铣刀、＿＿＿＿铣刀和＿＿＿＿铣刀等。

12. 万能外圆磨床主要用来磨削＿＿＿＿面、＿＿＿＿面，其基本磨削方法有＿＿＿＿磨削法和＿＿＿＿磨削法两种。

13. 磨削用量是指＿＿＿＿＿＿＿、＿＿＿＿＿＿＿、＿＿＿＿＿＿＿和＿＿＿＿＿＿＿。

14. 刨床主要用于加工各种＿＿＿＿＿＿和＿＿＿＿＿＿。

15. 齿轮轮齿的形成方法，从加工原理上看，可分为＿＿＿＿和＿＿＿＿两类。

16. 钻床的主要类型有＿＿＿＿钻床、＿＿＿＿钻床和＿＿＿＿钻床等几大类。

17. 麻花钻由＿＿＿＿、＿＿＿＿和＿＿＿＿组成。

18. 拉刀的种类很多，按工件加工表面的不同，可分为＿＿＿＿和＿＿＿＿。

19. 插床的主要参数是＿＿＿＿＿＿＿。

20. 插齿是按＿＿＿＿＿的原理来加工齿轮的。

二、单项选择题

1. 机床型号中的第二位字母是机床通用特性代号，其中"W"表示的意思是（　　　）。
   A. 精密　　　　　　B. 万能　　　　　　C. 自动　　　　　　D. 仿形

2. M1432A 磨床表示该磨床经过第（　　）次重大改进。
   A. 六　　　　　　　B. 一　　　　　　　C. 四　　　　　　　D. 零

3. 机床型号的首位字母"Y"表示该机床是（　　　）。
   A. 水压机　　　　　B. 齿轮加工机床　　C. 压力机　　　　　D. 螺纹加工机床

4. 在金属切削机车加工中，下述哪一种运动是主运动。（　　）

    A. 铣削时工件的移动   B. 钻削时钻头的直线运动

    C. 磨削时砂轮的旋转运动   D. 牛头刨床工作台的水平移动

5. CA6140 型车床主轴可获得（　　）级正转转速。

    A. 30   B. 24   C. 20   D. 18

6. 在车床上，用丝杠带动溜板箱时，可车削（　　）。

    A 外圆柱面   B. 螺纹   C. 内圆柱面   D. 圆锥面

7. 在普通车床上车削外圆面，其尺寸精度可达（　　）。

    A. IT10～IT8   B. IT12   C. IT1～IT2   D. IT18～IT17

8. 车床主电动机的旋转运动，经过带传动首先传入（　　）。

    A. 主轴箱   B. 进给箱   C. 溜板箱   D. 丝杠

9. 车床的溜板箱是车床的（　　）。

    A. 主传动部件   B. 进给传动部件   C. 刀具安装部件   D. 工件安装部件

10. 转塔式六角车床不具有（　　）部件。

    A. 横刀架   B. 主轴箱   C. 丝杠   D. 光杠

11. 车台阶孔和不通孔时使用内孔镗刀，主偏角一般取（　　）。

    A. 10°～15°   B. 40°～45°   C. 63°～75°   D. 92°～95°

12. 下列哪一种刀具不适宜进行沟槽的铣削。（　　）

    A. 立铣刀   B. 圆柱形铣刀   C. 锯片铣刀   D. 三面刃铣刀

13. 磨削是零件的精加工方法之一，其经济尺寸精度等级和表面粗糙度值 Ra 分别为（　　）。

    A. IT4～IT2，$Ra0.05～0.1\ \mu m$ B. IT6～IT5，$Ra0.8～0.2\ \mu m$

    C. IT7～IT5，$Ra0.05～0.1\ \mu m$ D. IT9～IT11，$Ra1.6～3.2\ \mu m$

14. M1432A 型万能外圆磨床不能够加工工件的（　　）。

    A. 外圆柱面   B. 内圆柱面   C. 螺纹   D. 端面

15. 细长轴精磨后，应（　　）。

    A. 水平放置   B. 垂直吊挂   C. 斜靠在墙边   D. 没什么要求

16. WA 是哪类磨料的代号？（　　）

    A. 白刚玉   B. 棕刚玉   C. 铬刚玉   D. 单晶刚玉

17. 按照工作精度来划分，钻床属于（　　）。

    A. 高精度机床   B. 精密机床   C. 普通机床   D. 组合机床

18. 加工一些大直径的孔，（　　）几乎是唯一的刀具。

    A. 麻花钻   B. 深孔钻   C. 铰刀   D. 镗刀

19. 在车床上用钻头进行孔加工，其主运动是（　　）。

    A. 钻头的旋转   B. 钻头的纵向移动   C. 工件的旋转   D. 工件的纵向移动

20. 标准麻花钻切削部分切削刃共有（　　）个。

    A. 6   B. 5   C. 4   D. 3

21. 除（　　）外，下列运动均属于卧式镗床的工作运动。

    A. 镗轴的轴向进给运动   B. 平旋盘刀具溜板的径向进给运动

    C. 工作台的转位运动   D. 主轴箱的垂直进给运动

22. 关于拉床的使用范围及类型，下列说法不正确的是（　　）。

    A. 拉床主要用于加工通孔、平面、沟槽及直线成形面

    B. 拉削加工精度较高，表面粗糙度较细

    C. 拉床的主参数是机床最大拉削长度

    D. 一种拉刀只能加工同一形状的表面

23. 牛头刨床的主参数是（　　）。

    A. 最大刨削宽度　　　　　　　　　B. 最大刨削长度

    C. 工作台工作面宽度　　　　　　　D. 工作台工作面长度

三、判断题（在正确的题后打"√"，在错误的题后打"×"）

1. CA6140 中的 40 表示床身最大回转直径为 400 mm。（　　）

2. 主轴转速分布图能表达传动路线、传动比、传动件布置的位置以及主轴变速范围。

    （　　）

3. 机床加工某一具体表面时，至少有一个主运动和一个进给运动。（　　）

4. 自动机床只能用于大批大量生产，普通机床只能用于单件小批量生产。（　　）

5. 铣床主轴的转速越高，则铣削速度越大。（　　）

6. 用键槽铣刀和立铣刀铣削封闭式沟槽时，均不需要事先钻好落刀孔。（　　）

7. 在转速不变的情况下，砂轮直径越大，其切削速度越高。（　　）

8. 磨削加工除了用于零件精加工外，还可用于毛坯的预加工。（　　）

9. 砂轮表面的每颗磨粒，其切削作用相当于一把车刀，所以磨削加工是多刀多刃的加工方法。

    （　　）

10. 砂轮的硬度取决于磨料的硬度。（　　）

11. 磨粒粒度号越大，颗粒尺寸就越大。（　　）

12. 滚齿机能够进行各种内外直齿圆柱齿轮的加工。（　　）

13. C1312 自动车床适用于大批量生产。（　　）

14. 机床按照加工方式及其用途不同共分为十二大类。（　　）

15. 麻花钻的前角以外缘处最小，自外缘向中心逐渐增大。（　　）

16. 普通铣床上采用指状、盘状成形铣刀，备有 8 个号数，每号可铣 1 个齿数，所铣齿廓形状精确。

17. 镗削适合加工复杂和大型工件上的孔，尤其是直径较大的孔及内成形表面或孔内回环槽。

    （　　）

18. 钻孔几乎是在实体材料上加工孔的唯一切削加工方法。（　　）

19. 普通铣床上铣齿适用单件、小批生产，以及修配和加工精度不高的齿轮。（　　）

20. 展成法加工齿轮精度高，生产率低，常用于批量生产。（　　）

21. 加工齿轮用机床有滚齿机、插齿机、刨齿、铣齿、拉齿、研齿机、剃齿机、磨齿机等。

    （　　）

22. 滚齿机上一把刀可加工任意齿数和模数的齿轮。（　　）

23. M1432A 型万能外圆磨床可以加工内圆锥面。（　　）

24. 焊接式车刀与其他刀具相比，其结构复杂、刚度小、制造困难。 （　　）

25. 铣床是用多齿刀具加工，所以效率较低。 （　　）

26. 机床的进给运动可以有多个。 （　　）

四、简答题

1. 车削加工的特点是什么？主要适用于哪些表面形状的加工？

2. 常用车刀的类型有哪些？有什么用途？

3. 请举例说明铣削加工的特点及用途。常用的铣刀有哪些？有什么用途？

4. 铣床主要有哪些类型？各用于什么场合？

5. 刨床与铣床都能加工平面和沟槽，其主要区别是什么？

6. 砂轮硬度的选用原则是什么？

7. 外圆磨床与车床比较，如何提高机床的加工精度？

8. 钻床和镗床都能加工孔，其主要区别是什么？

9. 拉削加工有何特点？它有哪些典型的应用？

10. 齿轮加工的方法有哪些？圆柱齿轮加工滚齿、插齿、剃齿和珩齿加工各有什么特点？

学习情境三 铣削加工专用夹具设计

一、填空题

1. 机床夹具按通用性可分为_____、_____和_____。
2. 工件的装夹包括_____和_____，这两个工作过程既有本质区别，又有密切联系。
3. 夹具通常由_____、_____、_____、_____四部分组成。
4. 工件定位的目的是_____，定位的任务是_____，定位的实质是_____。
5. 定位种类通常有_____、_____、_____和_____四类。
6. 夹紧力的方向应尽量_____于工件的主要定位基准面，夹紧力的方向应尽量与_____的方向保持一致。
7. 夹具的_____装置是指在工件定位后将其固定的装置，可用以保持工件在加工过程中的_____不变。
8. 工件的定位是通过工件的_____与夹具的_____接触来实现的。
9. 工件定位时，作为基准的点和线往往由某些具体表面体现出来，这种表面称为_____。
10. 在夹具中，用分布适当的、与工件接触的六个_____，来限制工件的六个_____的原理，称为六点定位原理。
11. 工件以平面定位时的定位元件主要有_____、_____、_____和_____等。
12. 支承钉有_____型、_____型和_____型等结构形式。
13. 工件以内孔定位时，其定位元件主要有_____和_____。
14. 夹紧装置的种类很多，按其结构可分为_____夹紧装置、_____夹紧装置和_____夹紧装置。
15. 由于斜楔夹紧机构产生的夹紧力_____，因此在夹具中单独使用较少，一般情况下是斜楔与其他元件或机构组合起来使用，用来改变夹紧力的_____和增大夹紧力。
16. _____装置的夹紧力大，自锁性能好，适用于手动夹紧。
17. 长圆柱体工件在长 V 形架上定位时，可限制_____个自由度，即_____个移动自由度、_____个转动自由度。
18. 圆盘形工件在短 V 形架上定位时，只能限制_____个自由度。
19. 工件在夹具中定位时，往往会产生两种_____误差和_____误差。

二、单项选择题

1. 任何一个工件在定位前，它在空间直角坐标系中是自由体，共有（　　）个自由度。
   A. 4　　　　　　　　B. 6　　　　　　　　C. 8　　　　　　　　D. 3
2. 下列夹具不属于通用夹具的是（　　）。
   A. 三爪卡盘　　　　　B. 顶尖　　　　　　C. 钻模　　　　　　D. 中心架

3. 下列支承钉适用于已加工表面的定位的是（　　　）。

    A. A 型　　　　　　　B. B 型　　　　　　　C. C 型　　　　　　　D. D 型

4. 下列支承不起定位作用的是（　　　）。

    A. 固定支承　　　　　B. 可调支承　　　　　C. 自位支承　　　　　D. 辅助支承

5. 下列定位元件属于工件以内孔定位的是（　　　）。

    A. V 形架　　　　　　B. 支承钉　　　　　　C. 心轴　　　　　　　D. 半圆弧

6. 下列夹紧装置应用最广泛的是（　　　）。

    A. 螺旋压板夹紧装置　　　　　　　　　B. 楔块夹紧装置

    C. 偏心夹紧装置　　　　　　　　　　　D. 螺钉式夹紧装置

7. 削边销能限制工件的（　　　）个自由度。

    A. 1　　　　　　　　　B. 2　　　　　　　　　C. 3　　　　　　　　　D. 4

8. 工件以一面两孔定位是属于（　　　）。

    A. 完全定位　　　　　B. 部分定位　　　　　C. 欠定位　　　　　　D. 重复定位

9. 四爪卡盘是车床的附件，属于（　　　）夹具。

    A. 通用　　　　　　　B. 专用　　　　　　　C. 组合

10. （　　　）夹具针对性强，结构紧凑，操作方便。

    A. 通用　　　　　　　B. 专用　　　　　　　C. 组合

11. 在产品相对稳定、批量较大的生产中，使用各（　　　）夹具可获得较高的加工精度和生产效率。

    A. 通用　　　　　　　B. 专用　　　　　　　C. 组合

12. （　　　）的作用是将定位、夹紧装置连成一个整体，并使夹具与机床的有关部位相连接，确定夹具相对于机床的位置。

    A. 定位装置　　　　　B. 夹紧装置　　　　　C. 夹具体　　　　　　D. 辅助装置

13. 压板是夹具中的（　　　）。

    A. 定位装置　　　　　B. 夹紧装置　　　　　C. 夹具体　　　　　　D. 辅助装置

14. 工件定位时，定位元件实际所限制的自由度数目少于 6 个，但工件能够正确定位的是（　　　）定位。

    A. 完全　　　　　　　B. 不完全　　　　　　C. 重复　　　　　　　D. 欠

15. （　　　）主要用于大型轴类工件及不方便于轴向装夹的工件。

    A. V 形架　　　　　　B. 定位套　　　　　　C. 半圆弧　　　　　　D. 圆锥定位夹具

三、判断题（在正确的题后打 "√"，在错误的题后打 "×"）

1. 工件在圆柱孔中定位，方法简单，应用广泛，适用于粗基准的定位。　　　　　（　　　）

2. 欠定位不能保证加工质量，往往会产生废品，因此是绝对不允许的。　　　　　（　　　）

3. 专用夹具主要用于新产品的试制和单件小批生产。　　　　　　　　　　　　　（　　　）

4. 工件的夹紧力越大越好。　　　　　　　　　　　　　　　　　　　　　　　　（　　　）

5. 夹紧力的作用点应尽量远离加工表面，防止工件振动变形。　　　　　　　　　（　　　）

6. 夹紧力的作用点应尽量落在主要定位面上。　　　　　　　　　　　　　　　　（　　　）

7. 中心架属于专用夹具。（　　）

8. 三爪自定心卡盘是通用夹具。（　　）

9. 所谓定位基准面是指工件上与夹具定位元件接触的表面。（　　）

10. 用两顶尖装夹车轴时，轴的两中心孔就是定位基准。（　　）

11. 欠定位又称为部分定位。（　　）

12. 为了保证定位可靠，一般采用三点定位的方法，并尽量减小支承点之间的距离。（　　）

13. 在用大平面定位时，应把定位平面的中间部分做成凹的，以提高工件定位的稳定性。
（　　）

14. 可调支承和辅助支承不起任何限制工件自由度的作用。（　　）

15. 在使用夹具对工件进行夹紧时，对工件施加的夹紧力越大，对保证加工质量越可靠。
（　　）

四、理论自由度限制分析题

根据表 3-1 所示的工件加工要求，分析理论上应该限制哪几个自由度。

表 3-1　理论上分析工件应该限制自由度

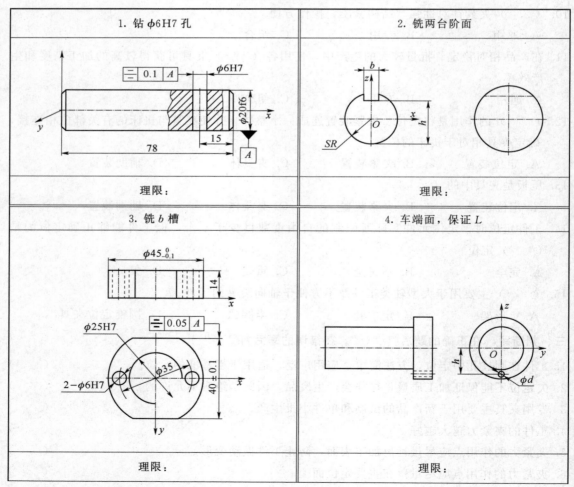

续表

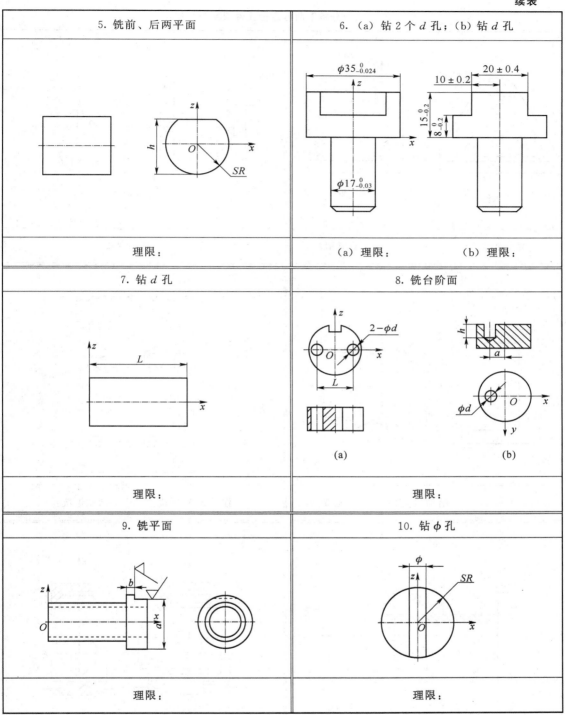

5. 铣前、后两平面	6.（a）钻 2 个 d 孔；（b）钻 d 孔	
理限：	（a）理限：	（b）理限：
7. 钻 d 孔	8. 铣台阶面	
理限：	理限：	
9. 铣平面	10. 钻 ϕ 孔	
理限：	理限：	

五、定位元件限制自由度分析题

如表 3-2 所示，分析下面各定位元件都限制了哪几个自由度。

表 3 - 2 　分析下面各定位元件限制自由度

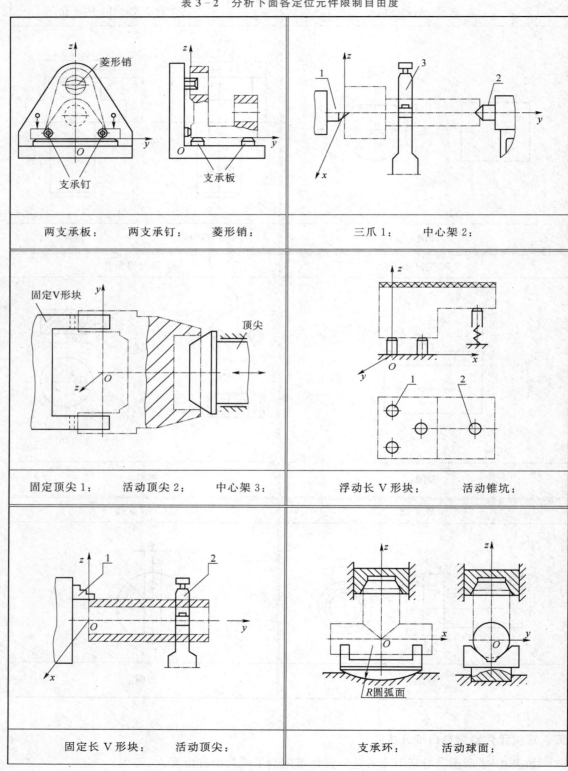

两支承板：	两支承钉：	菱形销：
三爪 1：	中心架 2：	
固定顶尖 1：	活动顶尖 2：	中心架 3：
浮动长 V 形块：	活动锥坑：	
固定长 V 形块：	活动顶尖：	
支承环：	活动球面：	

续表

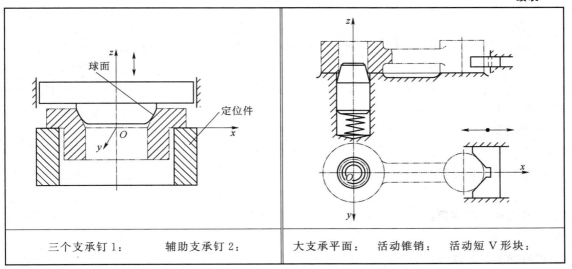

三个支承钉 1：　　　辅助支承钉 2：	大支承平面：　　活动锥销：　　活动短 V 形块：

六、定位误差分析计算

1. 如图 3-1 所示钻 $\phi12$ mm 孔，试分析工序尺寸 $90_{-0.1}^{0}$ mm 的定位误差。

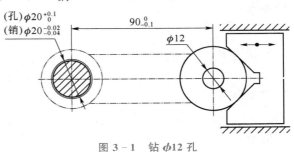

(孔)$\phi20_{0}^{+0.1}$
(销)$\phi20_{-0.04}^{-0.02}$

图 3-1　钻 $\phi12$ 孔

2. 如图 3-2 所示在工件上铣台阶面，保证工序尺寸 A，采用 V 形块定位，试进行定位误差分析。

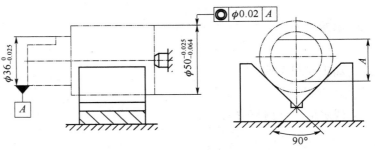

图 3-2　铣台阶面

学习情境四　加工工艺路线拟定

一、名词解释

1. 生产过程：

2. 机械加工工艺过程：

3. 零件的年生产纲领：

4. 机械加工工艺规程：

5. 结构工艺性：

6. 基准：

7. 工序集中：

8. 加工余量：

9. 装配：

10. 互换法：

11. 加工精度：

12. 原始误差：

13. 加工原理误差：

14. 残余应力（内应力）：

15. 机械加工表面质量：

二、填空题

1. 机械加工工艺系统包括 _____ 、_____ 、_____ 、_____ 等四个方面。

2. 根据工序的定义，只要_____ 、_____ 、工作对象（工件）之一发生变化或对工件加工不是连续完成，即为另一个工序。

3. 在切削加工中，若同时用几把刀具加工零件的几个表面，则称这种工步为_____ ；若一把刀具同时加工几个表面，则称这种刀具为_____ 。

4. 如图 4-1 所示一批工件，钻 4-ϕ15 mm 孔时，若先钻 1 个孔，然后使工件回转 90°钻下一个孔，如此循环操作，直至把 4 个孔钻完，则该工序中有_____ 个工步、_____ 个工位。

5. 某轴尺寸为 $\phi 50^{+0.043}_{-0.018}$ mm，则该尺寸按"入体原则"标注为_____ mm。

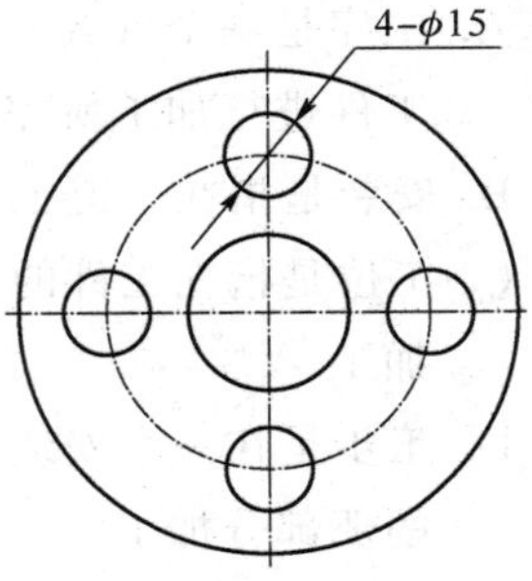

图 4-1

6. 根据产品零件的大小和生产纲领，机械制造生产一般可以分为_____ 、_____ 和_____ 三种不同的生产类型。

7. 工艺过程应分阶段进行，一般可划分为_____ 、_____ 、_____ 和_____ 四个阶段。

8. 工艺过程划分加工阶段的原因有：_____ 、_____ 、_____ 、_____ 和_____ 。

9. 精加工阶段的主要任务是_____ 。

10. 根据作用的不同，基准通常可分为_____ 和_____ 两大类，定位基准属于_____ 。

11. 选择粗基准时一般应遵循_____ 、_____ 、粗基准一般不得重复使用原则和便于工件装夹原则。

12. 为了保证加工质量，安排机加工顺序的原则是_____ 、_____ 、_____ 和_____ 。

13. 为了改善切削性能而进行的热处理工序，如_____ 、_____ 、调质等，应安排在切削加工之前。

14. 零件的加工精度包括_____ 、_____ 和_____ 三方面的内容。

15. 根据零件的互换程度不同，互换法可以分为_____ 和_____ 。

16. 完全互换法适用于_____ 生产，所有零件公差之和应_____ 于装配公差。

17. 达到装配精度的方法有_____ 、_____ 、_____ 和_____ 四种。

18. 机械加工中获得尺寸精度的方法有_____ 、_____ 、_____ 和_____ 四种。

19. 各装配精度之间存在一定的关系，如接触精度是尺寸精度和位置精度的基础，而_____ 又是相对运动精度的基础。

20. 最常见的调整方法有_____ 、可动调整法和误差抵消调整法。

21. 最常见的修配方法有_____、合并加工修配法和自身加工修配法。

22. 按照在一批工件中误差出现的规律，加工误差可分为_____和_____两大类。

三、单项选择题

1. 判断下列哪个定义正确（   ）。

A. 工序是一个（或一组）工人在一台机床（或一个工作地），对一个（或同时对几个）工件进行加工所完成的那部分加工过程

B. 安装是指在一道工序中，工件在若干次定位夹紧下所完成的工作

C. 工位是指在工件的一次安装下，工件相对于机床和刀具每占据一个正确位置所完成的加工

D. 工步是在一个安装或工位中，加工表面、切削刀具及切削深度都不变的情况下所进行的那部分加工

2. 编制零件机械加工工艺规程，编制生产计划和进行成本核算最基本的单元是（   ）。

A. 工步　　　　　　B. 安装　　　　　　C. 工序　　　　　　D. 工位

3. 整体式箱体时应采用的粗基准是（   ）。

A. 顶面　　　　　　B. 主轴承孔　　　　C. 底面　　　　　　D. 侧面

4. 中批量生产中用以确定机加工余量的方法是（   ）。

A. 查表法　　　　　B. 计算法　　　　　C. 经验估算法

5. 材料为20CnMnTi，6～7级精度的齿轮渗碳淬火后，齿形精加工的方法是（   ）。

A. 剃齿　　　　　　B. 滚齿　　　　　　C. 珩齿　　　　　　D. 磨齿

6. 在加工精密齿轮时，用高频淬火把齿面淬硬后需进行磨齿，则较合理的加工方案是（   ）。

A. 以齿轮内孔为基准定位磨齿面

B. 以齿面为基准定位磨内孔，再以内孔为基准定位磨齿面

C. 以齿面为基准定位磨齿面

D. 以齿轮外圆为基准定位磨齿面

7. 轴类零件加工中，为了实现基准统一原则，常采用（   ）作为定位基准。

A. 选精度高的外圆

B. 选一个不加工的外圆

C. 两端中心孔

D. 选一个中心孔和一个不加工的外圆

8. 箱体类零件常使用（   ）作为统一精基准。

A. 一面一孔　　　　　　　　　　　　B. 一面两孔

C. 两面一孔　　　　　　　　　　　　D. 两面两孔

9. 在选择粗基准时，首先要保证工件加工表面与不加工表面间的位置要求，则应以（   ）为基准。

A. 不加工表面　　　　　　　　　　　B. 加工表面本身

C. 精基准　　　　　　　　　　　　　D. 三者都对

10. 机械加工安排工序时，应首先安排加工（　　）。
　　A. 主要加工表面　　　　　　　　　　B. 质量要求最高的表面
　　C. 主要加工表面的精基准　　　　　　D. 主要加工表面的粗基准

11. 加工尺寸精度为 IT8，表面粗糙度中等的淬火钢件，应选用（　　）加工方案。
　　A. 粗车—精车　　　　　　　　　　　B. 粗车—精车—精磨
　　C. 粗车—精车—细车　　　　　　　　D. 粗车—精车—粗磨—精磨

12. 加工 $\phi 20$ mm 以下未淬火的小孔，尺寸精度为 IT8，表面粗糙度为 $Ra3.2\sim1.6$ μm，应选用（　　）加工方案。
　　A. 钻孔—镗—磨　　　　　　　　　　B. 钻—粗镗—精镗
　　C. 钻—扩—机铰　　　　　　　　　　D. 钻—镗—磨

13. 有一铜棒，外圆精度为 IT6，表面粗糙度为 $Ra0.8$ μm，则合理的加工路线为（　　）。
　　A. 粗车—半精车—精车　　　　　　　B. 粗车—半精车—粗磨—精磨
　　C. 粗车—半精车—精车—金刚石车　　D. 粗车—半精车—精车—磨—研磨

14. 在材料为 45 钢的工件上加工一个 $\phi 40H7$ 的孔（没有底孔），要求 $Ra=0.4$ μm，表面要求淬火处理，则合理的加工路线为（　　）
　　A. 钻—扩—粗铰—精铰　　　　　　　B. 钻—扩—精镗—金刚镗
　　C. 钻—扩—粗磨—精磨　　　　　　　D. 钻—粗拉—精拉

15. 铸铁箱体上 $\phi 120H7$ 孔常采用的加工路线是（　　）。
　　A. 粗镗—半精镗—精镗　　　　　　　B. 粗镗—半精镗—铰
　　C. 粗镗—半精镗—粗磨　　　　　　　D. 粗镗—半精镗—粗磨—精磨

16. 选配法适用的条件是（　　）。
　　A. 形位公差精度要求高　　　　　　　B. 装配精度要求高
　　C. 组成环数多　　　　　　　　　　　D. 相关件 2～3 件

17. 在大批量生产中一般不使用（　　）。
　　A. 完全互换法装配　　　　　　　　　B. 分组互换法装配
　　C. 修配法装配　　　　　　　　　　　D. 固定调整法装配

18. 汽车、拖拉机装配中广泛采用（　　）
　　A. 完全互换法　　B. 大数互换法　　C. 分组选配法　　D. 修配法

四、判断题（在正确的题后打"√"，在错误的题后打"×"）

1. 工序是组成工艺过程的基本单元。（　　）

2. 有色金属的精加工不宜采用磨削加工。（　　）

3. 在大量生产中，单件工时定额可忽略准备与终结时间。（　　）

4. 轴类零件常用两中心孔作为定位基准，这是遵循了"自为基准"原则。（　　）

5. 遵守"基准统一"原则，可以避免产生基准不重合误差。（　　）

6. 工序集中优于工序分散。（　　）

7. 工序尺寸公差的布置，一般采用"单向入体"原则，因此对于轴类外圆表面工序尺寸，应标成下偏差为零；对于孔类内孔表面工序尺寸，应标成上偏差为零。（　　）

8. 在中批生产中，机械加工工艺规程多采用机械加工工序卡片的形式。 （　　）

9. 采用复合工步可以节省基本时间，从而提高生产效率。 （　　）

10. 如果工艺过程稳定，则加工中就不会出现废品。 （　　）

11. 滚切法既可加工直齿和斜齿圆柱齿轮，也可加工蜗轮。 （　　）

12. 设计箱体零件加工工艺时，应采用基准统一原则。 （　　）

13. 平面磨削的加工质量比刨削和铣削都高，还可以加工淬硬零件。 （　　）

14. 镗孔加工可提高孔的位置精度。 （　　）

15. 车削具有圆度误差的毛坯时，由于"误差复映"而使工件产生与毛坯同样大小的圆度误差。 （　　）

16. 固定调整法通过改变调整件的相对位置来保证装配精度。 （　　）

17. 工件表面残余应力的数值及性质一般取决于工件最终工序的加工方法。 （　　）

18. 如果工件表面没有磨削烧伤色，则说明工件表面层没有发生磨削烧伤。 （　　）

19. 采用直接选配法装配时，最后可能出现"剩余零件"。 （　　）

20. 由于部件的接触刚度远远低于实体零件本身的刚度，因此，提高接触刚度是提高工艺系统刚度的关键。 （　　）

五、简答题

1. 何谓工序、安装、工位、工步、走刀？在一台机床上连续完成粗加工和半精加工算几道工序？若中间穿插热处理又算几道工序？

2. 通常情况下，制定机械加工工艺规程包含哪些步骤？

3. 毛坯的种类包括哪几种？选择毛坯时要考虑哪些方面的因素？

4. 在机械加工的过程中为什么通常都要划分加工阶段？

5. 安排加工顺序时需遵循什么原则？

6. 零件的机械加工结构工艺性有哪些内容？

7. 装配精度有哪几类？它们之间的关系如何？保证装配精度的工艺方法有哪些？

8. 装配的组织形式有几种？各有何特点？各应用于什么场合？

9. 机械加工质量包括哪些内容？它们对机器使用性能有哪些影响？

10. 为什么要注意选择机器零件加工的最终工序和加工方法？